《海洋石油工程设计指南》

第四册

海洋石油工程平台结构设计

《海洋石油工程设计指南》编委会　编著

石油工业出版社

内 容 提 要

《海洋石油工程设计指南》主要内容包括了海洋石油工程所有各专业的设计和施工、HSE（职业卫生、安全与环保）评价报告的编写，以及海上油气田的陆上终端的介绍。

本册包括了第五篇海上平台结构设计。第五篇是按照详细设计深度要求而编写的，着重强调海上平台结构专业的设计基础、设计内容、设计步骤、设计深度等基本要点以及设计过程中的技术关键。

本指南适合从事海洋石油工程设计的技术人员和管理人员使用。从事海洋石油工程研究、建设和海上油气田生产管理的人员可参考使用。

图书在版编目(CIP)数据

海洋石油工程平台结构设计/《海洋石油工程设计指南》编委会编著. —北京:石油工业出版社,2007.4

（海洋石油工程设计指南）

ISBN 978-7-5021-5990-0

Ⅰ. 海…

Ⅱ. 海…

Ⅲ. 海上油气田 – 海上平台 – 结构设计

Ⅳ. TE951

中国版本图书馆 CIP 数据核字(2007)第 034068 号

海洋石油工程平台结构设计

《海洋石油工程设计指南》编委会　编著

出版发行:石油工业出版社

（北京安定门外安华里2区1号　100011）

网　址:www.petropub.com

编辑部:(010)64523535　图书营销中心:(010)64523633

经　销:全国新华书店

印　刷:北京中石油彩色印刷有限责任公司

2007年4月第1版　2018年1月第3次印刷

889×1194毫米　开本:1/16　印张:14.25

字数:386千字

定价:78.00元

（如出现印装质量问题,我社图书营销中心负责调换）

版权所有,翻印必究

《海洋石油工程设计指南》
编委会

主　任：周守为

副主任：曾恒一　李　宁　刘立名　杨树波　安维杰
　　　　蔡振东　汪沛泉

委　员：(按姓氏笔画排列)
　　　　尤钊瑛　田　楠　白秉仁　仰书陶　吴植融
　　　　李志刚　李新仲　邱　里　陈荣旗　单彤文
　　　　房晓明　姚德彬　姜锡肇　赵英年　栾湘东

秘　书：秦晓彤

编写组

组　长：安维杰

副组长：蔡振东　汪沛泉

组　员：各册编写人

第四册《海洋石油工程平台结构设计》编写人名单

第五篇　海上平台结构设计	编写人	校对人	审核人	统稿人
第一章　海上平台结构设计总则	付昱华	李建民	谢　彬	刘杰鸣
第二章　导管架设计				
第一节　结构总体确定	李建民	付昱华	侯金林	
第二节　结构模拟	李建民	付昱华	侯金林	
第三节　荷载模拟	李建民	付昱华	侯金林	
第四节　结构在位分析	崔玉军	粟　京	侯金林	
第五节　建造安装阶段分析	粟　京	崔玉军	侯金林	
第六节　附属结构设计	侯金林 陈晓平	张　红	侯金林	
第三章　平台上部结构设计				
第一节　结构总体确定	张　红	侯金林	侯金林	
第二节　结构模拟	张　红	侯金林	侯金林	
第三节　荷载模拟	张　红	侯金林	侯金林	
第四节　结构在位分析	崔玉军	粟　京	侯金林	
第五节　建造安装阶段分析	粟　京	崔玉军	侯金林	
第六节　附属结构设计	侯金林 陈晓平	张　红	侯金林	
第四章　生活楼及工作间舾装设计	张　琳	崔玉军	侯金林	
第五章　海上平台防腐设计总则	常　炜	李忠涛	安维杰	安维杰
第六章　海上平台防腐设计	常　炜	李忠涛	安维杰	
附录1　国内现有平台结构设计参考资料	付昱华	粟　京	侯金林	侯金林
附录2　打桩锤资料	粟　京	付昱华	侯金林	
附录3　常用钢材特性表				
一、常用结构钢管特性表	侯金林	张保军	崔玉军	
二、常用型钢特性表	孙　政	张保军	崔玉军	
三、常用国产钢材机械性能表	孙　政	张保军	崔玉军	
附录4　常用结构程序使用要点				
一、SACS 程序使用要点	张保军	崔玉军	侯金林	
二、PDPWAVE 使用要点	于春洁	张保军	侯金林	
附录5　附属结构算例	于春洁	张保军	侯金林	

序　言

随着海洋石油工业的发展，海洋石油工程设计的技术水平和管理水平在不断进步和提高，海洋石油工程设计队伍也在不断成长壮大。广大工程设计人员在努力借鉴国际先进技术的基础上，发扬勤于探索、勇于实践的精神，从生产实际出发、从中国海洋石油工业的特点出发，完成了大量的工程设计和工程研究任务，创造出了一批国际先进和国内领先工程设计，为海洋石油工业做出了十分重要的贡献。

为适应海洋石油工业的高速发展和不断提高海洋石油工程设计水平的需要，中国海洋石油总公司组织了 200 余位具有丰富实践经验和理论基础的工程设计技术人员，用了近 5 年的时间，在总结既往 20 多年海洋石油工程设计经验的基础上，吸收国际先进设计技术，编写了这套《海洋石油工程设计指南》。该指南聚焦于海洋石油这一专长领域各类工程的设计，内容丰富，具有强烈的中国海洋石油特色，是一部权威的关于海洋石油工程设计的指导性专著，是中国海洋石油总公司"三基"工作的重大成果，填补了国内工程技术界在该领域里的空白。这部指南的出版凝聚了一大批海洋石油工程设计专家和骨干技术人员的心血，也是海洋石油工程界集体智慧的结晶，是值得庆贺的一件大事。相信该指南对于促进海洋石油工程设计水平和设计质量的进一步提高将会起到重要且不可替代的作用。

希望广大工程设计人员，在工作中结合实际，遵循指南，开展工作。同时，还要结合新的技术发展和技术实践对指南不断丰实和完善。

中国海油正在以前所未有的高速度和高质量向国际一流的能源公司的目标大踏步迈进。希望我们的工程设计队伍在技术创新和技术发展上发挥更大作用，把海洋石油工程设计提高到一个更高的水平上。

2006 年 10 月 8 日

前 言

编写《海洋石油工程设计指南》的目的是为了总结海洋石油工程设计20多年来的经验,吸收国际海洋石油工程科学技术的发展成果,从而指导海洋石油工程设计水平的全面提高。同时也是中海石油研究中心和海洋石油工程股份有限公司自身发展所需要的一项十分重要的基础工作。《海洋石油工程设计指南》的编写与出版是我国海洋石油工程设计发展史上的一个重要里程碑,对海洋石油工程设计水平向国际一流迈进有着重大的意义。从此,我们的海洋石油工程设计更加有章可循;我们的海洋工程建设技术理论基础更加可靠。对于保证和提高海洋工程建设质量和水平有着深远的影响。

中国海洋石油总公司各级领导高度重视《海洋石油工程设计指南》的编写工作。将该指南的编写列入了"三基"工作计划,在人力和财力上给予了大力的支持。中国海洋石油总公司成立了专门的指南编写委员会和编写组,全面负责指导和组织该指南的编写工作。

该指南由编写委员会负责筹划和指导,由编写组负责组织中海石油研究中心和海洋石油工程股份有限公司进行具体的编写工作。中海石油研究中心和海洋石油工程股份有限公司动用了200余名专业技术人员参加编写和校审工作,共组织了5次编委会和26次专家审查会。最终出版的指南共由13册18篇132章组成,约500万字。中国海洋石油总公司相关职能部门以及中海石油研究中心和海洋石油工程股份有限公司对此项工作的高度重视及体现出的卓越的执行能力与科学态度,是该指南成功出版的关键因素。

该指南的内容囊括了海洋石油地面工程设计的方方面面。其中,海洋石油工程设计概论描述了我国海洋石油工程和海洋石油工程设计发展的历史与基本状况;海上油气田工艺设计,海上油气田机械设备设计,海上油气田电气、仪控、通信设计,海上平台结构设计以及海底管道设计是按详细设计深度要求而编写的,着重强调设计基础、设计内容、设计步骤和设计深度等基本要点以及设计过程中的技术关键;加工设计、安装设计和海上油气田调试是按施工设计的深度编写的,是在以上基础上介绍在更深一步的设计步骤中要继续进行的设计工作的基本内容与主要要求;环境保护、安全评价和职业卫生是按基本设计的深度编写的,它满足第三方评价的要求,是海洋石油工程设计所特有的重要组成部分;浮式生产储油装置(FPSO)选型设计、单点系泊系统选型设计及陆上终端设计是按概念设计深度编写的,部分达到基本设计深度,旨在指导设计人员能掌握重要的概念并编制出有相当深度的基本设计委托书;LNG接收终端、深水油气田开发技术、海上边际油气田开发技术是按可行性研究的深度编写的,则是简要介绍了总体设计和单元设计的主要技术特点与技术要求的框架。总之,该指南的内容来源于海洋石油工程设计的第一线,有很强的针对性和实用性,对不同领域和各个阶段的海洋工程设计工作都有十分重要的指导意义。

《海洋石油工程设计指南》的出版是全体编审人员共同努力的结果,是来自于海洋石油工程设计战线上的专家、技术骨干辛勤劳动的结晶,其中一些人已经退休,但他们把经验和心血留给了我们,使我们得以在今后的工作中会做得更好。

目前,海洋石油工程正站在一个高速发展和开创新局面的崭新起点上,指南的出版恰逢其时,影响深远。希望我们的工程设计人员今后能继续发扬优良传统,保持旺盛的进取心、创造力和严谨的作风与科学态度,把海洋石油工程设计水平提到一个新的高度;另一方面也要在实践中不断修正、完善与充实指南。应该说,指南在工作中的使用和对其讨论与丰富才是其价值的最好体现与发挥。希望《海洋石油工程设计指南》常用常新,持续提高!

2006 年 10 月 19 日

总 目 录

第一册　海洋石油工程设计概论与工艺设计

第一篇　海洋石油工程设计概论
　第一章　海洋石油工程概述
　第二章　海洋石油工程设计概述

第二篇　海上油气田工艺设计
　第一章　海上油气田工艺设计总则
　第二章　原油和天然气的基本性质
　第三章　油气处理工艺设计
　第四章　辅助系统工艺设计
　第五章　给水、排水和水处理
　第六章　安全消防和救生
　第七章　P&I 图设计
　第八章　总图设计
　第九章　配管设计

附录一　《概念设计、基本设计、详细设计技术文件典型目录》

第二册　海洋石油工程机械与设备设计

第三篇　海上油气田机械设备设计
　第一章　海上油气田机械设备设计总则
　第二章　电站装置选型设计
　第三章　热站装置选型设计
　第四章　吊机选型设计
　第五章　泵类设备选型设计
　第六章　空气压缩机装置选型设计
　第七章　天然气压缩机装置选型设计
　第八章　容器类设备设计
　第九章　钻/修井装置、设施与海洋工程平台设计
　第十章　采暖、通风、空调(HVAC)设计

附录一　《概念设计、基本设计、详细设计技术文件典型目录》之表 4 机械设备

第三册 海洋石油工程电气、仪控、通信设计

第四篇 海上油气田电气、仪控、通信系统设计

第一章 海上油气田开发工程电力系统设计总则
第二章 电力系统设计
第三章 电力系统的中性点接地和电气设备的安全接地
第四章 电力系统的保护
第五章 电机拖动应用技术
第六章 海底电缆的设计
第七章 不间断电源(UPS)系统
第八章 导航及障碍灯系统的设计
第九章 照明和信号灯系统的设计
第十章 电伴热系统的设计
第十一章 海上油气田仪控系统设计总则
第十二章 常用测量方法选择及仪表选型设计
第十三章 仪控系统的设计
第十四章 仪控工程设计
第十五章 仪表新技术的应用
第十六章 海上油气田通信系统概述
第十七章 海上油气田通信系统设计
第十八章 通信系统方案设计及设备选型

附录一 《概念设计、基本设计、详细设计技术文件典型目录》之表 5 电气、表 6 仪表、表 11 通信

第四册 海洋石油工程平台结构设计

第五篇 海上平台结构设计

第一章 海上平台结构设计总则
第二章 导管架设计
第三章 平台上部结构设计
第四章 生活楼及工作间舾装设计
第五章 海上平台防腐设计总则
第六章 海上平台防腐设计

附录 1 国内现有平台结构设计参考资料
附录 2 打桩锤资料
附录 3 常用钢材特性表
附录 4 常用结构程序使用要点
附录 5 附属结构算例

附录一 《概念设计、基本设计、详细设计技术文件典型目录》之表 8 结构、表 9 浮体及舾装、表 12 防腐

第五册　海洋石油工程海底管道设计

第六篇　海底管道设计
　　第一章　海底管道工艺设计总则
　　第二章　海底输油管道工艺设计
　　第三章　海底输气管道工艺设计
　　第四章　海底多相流混输管道设计
　　第五章　海底输水管道工艺设计
　　第六章　海底管道工艺计算软件
　　第七章　海底管道结构设计总则
　　第八章　海底管道结构设计
　　第九章　海底管道防腐设计总则
　　第十章　海底管道防腐设计

附录一　《概念设计、基本设计、详细设计技术文件典型目录》之表 10 海底管线、表 12 防腐

第六册　海洋石油工程结构、焊接、防腐加工设计

第七篇　海洋石油工程加工设计
　　第一章　加工设计总则
　　第二章　结构加工设计
　　第三章　焊接加工设计
　　第四章　防腐加工设计

附录二　《施工设计、完工设计技术文件典型目录》之相关部分

第七册　海洋石油工程配管、机械、电仪信加工设计及调试

第七篇　海洋石油工程加工设计
　　第一章　加工设计总则
　　第五章　配管加工设计
　　第六章　机械设备加工设计
　　第七章　电气、仪表及通信加工设计

第九篇　海洋石油工程调试
　　第一章　调试总则
　　第二章　调试准备工作
　　第三章　调试技术文件的编写
　　第四章　调试工作基本要求
　　第五章　调试安全管理
　　第六章　调试的管理

附录二　《施工设计、完工设计技术文件典型目录》之相关部分

第八册　海洋石油工程安装设计

第八篇　海上石油工程安装设计
　第一章　安装设计总则
　第二章　设计规范和标准
　第三章　设计依据和条件
　第四章　导管架安装设计
　第五章　组块安装设计
　第六章　单点系泊安装设计
　第七章　沉箱的安装设计
　第八章　海底管线安装设计
　第九章　海底电缆安装设计

附录二　《施工设计、完工设计技术文件典型目录》之相关部分

第九册　海洋石油工程 FPSO 与单点系泊系统设计

第十篇　浮式生产储油装置(FPSO)选型设计
　第一章　FPSO 选型设计总则
　第二章　FPSO 方案选择
　第三章　FPSO 总体设计
　第四章　FPSO 船体结构设计
　第五章　FPSO 的发电装置与配电系统
　第六章　FPSO 的仪表控制系统
　第七章　FPSO 的生产辅助系统与公用系统
　第八章　FPSO 的救生与消防系统
　第九章　FPSO 舾装设计

第十一篇　单点系泊系统选型设计
　第一章　单点系泊系统选型设计总则
　第二章　单点系泊系统的几种主要形式
　第三章　国内两种典型单点系泊装置的选型设计

附录一　《概念设计、基本设计、详细设计技术文件典型目录》之表 9 浮体及舾装

第十册　海洋石油工程陆上终端与 LNG 接收终端

第十二篇　陆上终端设计
　第一章　陆上终端设计总则
　第二章　油气处理工艺
　第三章　供水、排水与消防

第四章　供、配电工程
第五章　供热及采暖通风
第六章　自控仪表
第七章　计量
第八章　机械设计及维修
第九章　防腐、保温、保冷
第十章　通信
第十一章　总图及运输
第十二章　土建工程
第十三章　劳动安全卫生和环境保护
第十四章　工程经济
附录　中国海油已建陆上终端简介

第十三篇　液化天然气（LNG）接收终端

第一章　概述
第二章　天然气的液化
第三章　LNG 运输
第四章　LNG 接收终端专用码头
第五章　接收站的工艺流程
第六章　接收站的主要工艺设备

第十一册　海洋石油工程环境保护、安全评价和职业卫生

第十四篇　环境保护

第一章　海洋环境保护论述
第二章　海洋石油工程环境影响评价大纲
第三章　海洋石油工程环境影响报告书
第四章　海洋石油工程环境保护篇

第十五篇　安全评价

第一章　"总论"卷中的安全保障部分
第二章　"职业卫生、安全与环保"卷中的安全保障部分
第三章　安全预评价报告
第四章　安全专篇

第十六篇　职业卫生

第一章　"总论"卷中的职业卫生部分
第二章　"职业卫生、安全与环保"卷中的职业卫生部分
第三章　职业卫生专篇

附录一　《概念设计、基本设计、详细设计技术文件典型目录》之表 13 环境保护、表 14 安全评价、表 15 职业卫生

第十二册　海洋石油工程深水油气田开发技术

第十七篇　海洋深水油气田开发技术
　　第一章　概述
　　第二章　深水浮式平台及海上安装技术
　　第三章　水下生产系统
　　第四章　深水海底管道、立管系统及敷设技术
　　第五章　深水模拟实验技术
　　第六章　天然气水合物开发技术

第十三册　海洋石油工程边际油气田开发技术

第十八篇　海洋边际油气田开发技术
　　第一章　概述
　　第二章　新型简易钢结构平台技术
　　第三章　单层保温海底管道技术
　　第四章　筒型基础平台技术
　　第五章　可移动式小型生产装置技术
　　第六章　开发边际油气田新思路

目 录

第五篇 海上平台结构设计

第一章 海上平台结构设计总则 (3)
第一节 平台结构设计的范围 (3)
第二节 平台结构设计的原则 (4)
第三节 平台结构设计应遵循的规范和标准 (4)
第四节 固定设施 (7)
一、固定设施的类型 (7)
二、各种固定设施简介 (8)
第五节 结构分析程序 (13)
一、SACS 程序 (13)
二、MOSES 程序 (14)
三、SESAM 程序 (14)
四、ANSYS 程序 (14)
五、TNOWAVE(PDPWAVE)程序 (14)
第六节 平台结构设计在各设计阶段设计文件编制的内容和深度 (15)
第七节 平台结构设计的基础资料及与其他专业在各阶段的资料交接 (15)

第二章 导管架设计 (20)
第一节 结构总体确定 (20)
第二节 结构模拟 (22)
一、坐标系统 (22)
二、编号 (22)
三、腐蚀裕量 (22)
四、冰磨蚀裕量 (22)
五、优化增量 (23)
六、结构模拟 (23)
第三节 荷载模拟 (32)
一、固定荷载 (32)
二、活荷载 (33)
三、吊机和钻/修井机荷载 (33)
四、海洋环境荷载 (33)
五、荷载组合 (41)
第四节 导管架结构在位分析 (42)

一、概述 ……………………………………………………………………… (42)
二、设计参数 ………………………………………………………………… (42)
三、静力分析 ………………………………………………………………… (43)
四、动力分析 ………………………………………………………………… (44)
五、地震分析 ………………………………………………………………… (44)
六、疲劳分析 ………………………………………………………………… (46)
七、波浪拍击分析 …………………………………………………………… (52)
八、涡激振动分析 …………………………………………………………… (53)
九、桩基分析 ………………………………………………………………… (57)

第五节 建造安装阶段分析 …………………………………………………… (58)
一、施工方案确定 …………………………………………………………… (58)
二、装船分析 ………………………………………………………………… (59)
三、拖航分析 ………………………………………………………………… (61)
四、吊装分析 ………………………………………………………………… (63)
五、下水分析 ………………………………………………………………… (64)
六、扶正分析 ………………………………………………………………… (65)
七、对接就位分析 …………………………………………………………… (66)
八、打桩分析 ………………………………………………………………… (66)
九、桩的自由站立分析 ……………………………………………………… (66)
十、坐底稳定性分析 ………………………………………………………… (66)
十一、桩与导管架连接强度分析 …………………………………………… (66)

第六节 附属结构设计 ………………………………………………………… (67)
一、吊耳和吊装索具设计 …………………………………………………… (67)
二、滑靴设计 ………………………………………………………………… (67)
三、过渡段和过渡锥设计 …………………………………………………… (68)
四、隔水导管及导向固定结构 ……………………………………………… (69)
五、靠船及防碰结构设计 …………………………………………………… (70)
六、立管及电缆护管设计 …………………………………………………… (71)
七、灌浆和灌水系统设计 …………………………………………………… (71)
八、调平系统设计 …………………………………………………………… (73)
九、下水滑道结构设计 ……………………………………………………… (73)
十、桩腿连接板设计 ………………………………………………………… (73)
十一、泵护管设计 …………………………………………………………… (74)
十二、防沉板设计 …………………………………………………………… (74)

第三章 平台上部结构设计 …………………………………………………… (76)
第一节 结构总体确定 ………………………………………………………… (76)
第二节 结构模拟 ……………………………………………………………… (77)
第三节 荷载模拟 ……………………………………………………………… (77)

第四节　甲板结构在位分析 ………………………………………………………………（86）
　　第五节　建造安装阶段分析 ………………………………………………………………（88）
　　第六节　附属结构设计 ……………………………………………………………………（90）

第四章　生活楼及工作间舾装设计 …………………………………………………………（96）
　　第一节　生活楼及工作间的功能和要求 …………………………………………………（96）
　　第二节　生活楼及工作间舾装设计范围 …………………………………………………（96）
　　第三节　生活楼及工作间舾装设计原则 …………………………………………………（98）
　　第四节　生活楼及工作间舾装设计应遵循的规范和标准 ………………………………（99）
　　第五节　生活楼及工作间舾装设计在各设计阶段文件编制的内容和深度 ……………（99）
　　第六节　生活楼及工作间舾装设计的基础资料及与其他专业在各阶段的资料交接 ………（102）

第五章　海上平台防腐设计总则 ……………………………………………………………（103）
　　第一节　海上平台防腐设计的范围和原则 ………………………………………………（103）
　　第二节　海上平台防腐设计应遵循的规范和标准 ………………………………………（103）
　　第三节　海上平台防腐设计在各设计阶段设计文件编制的内容和深度 ………………（104）
　　第四节　海上平台防腐设计的基础资料及其他专业在各阶段的资料交接 ……………（104）

第六章　海上平台防腐设计 …………………………………………………………………（105）
　　第一节　概述 ………………………………………………………………………………（105）
　　第二节　上部组块防腐设计 ………………………………………………………………（105）
　　　一、涂层系统设计 ………………………………………………………………………（105）
　　　二、内防腐设计 …………………………………………………………………………（108）
　　第三节　导管架防腐设计 …………………………………………………………………（118）
　　　一、阴极保护系统设计 …………………………………………………………………（118）
　　　二、阴极保护监测系统设计 ……………………………………………………………（127）
　　　三、涂层系统设计 ………………………………………………………………………（131）

附录1　国内现有平台结构设计参考资料 ……………………………………………………（133）
附录2　打桩锤资料 ……………………………………………………………………………（150）
附录3　常用钢材特性表 ………………………………………………………………………（151）
附录4　常用结构程序使用要点 ………………………………………………………………（162）
附录5　附属结构算例 …………………………………………………………………………（174）
附录一　《概念设计、基本设计、详细设计技术文件典型目录》之表8 结构、表9 浮体及舾装、
　　　　表12 防腐 ……………………………………………………………………………（204）

第五篇　海上平台结构设计

第一章 海上平台结构设计总则

第一节 平台结构设计的范围

本章的内容和要求主要适合于导管架固定平台,部分内容也适合于浮式系统的模块设计。

海上平台结构设计是海上平台设计一个非常重要的组成部分。特别是对于海上平台的安全性和可靠性至关重要。

海上平台结构设计包括设计导管架结构、甲板结构和附属结构等各个方面内容。例如确定结构布置原则,正确地选用材料和计算荷载方法,选取适用的荷载系数,确定荷载组合方式,进行强度、刚度和稳定性计算,编制材料表以及有关设计文件等。

海上平台结构设计范围的分类,可以有不同的方法。

总体而言,平台结构设计的最终成果包含下述内容。

一、图纸文件目录

(略)。

二、规格书

(1)结构设计规格书;
(2)结构材料规格书;
(3)制造规格书;
(4)焊接规格书;
(5)装船运输规格书;
(6)安装规格书。

三、设计报告

(1)在位分析(包括计算机的输入输出结果);
(2)施工分析。

主要施工分析如下:
① 吊装分析(包括吊点分析);
② 拖航分析;
③ 打桩分析;
④ 装船分析;
⑤ 下水分析。

(3)附属结构和构件分析。

主要附属结构和构件计算如下:
① 吊耳设计计算;
② 防沉板设计计算;
③ 靠船防撞构件设计计算;
④ 桩腿连接设计计算;
⑤ 直升机甲板设计计算;
⑥ 火炬臂设计计算;
⑦ 桩结构自由站立计算。

（4）重量控制报告。
（5）其他分析计算和报告。

四、材料表

平台结构分为许多部分。从大的方面来分，可以分为上部结构和下部结构。一般情况下可以分为如下几个部分。

(1) 导管架结构设计；
(2) 桩结构设计；
(3) 甲板结构设计；
(4) 生活楼和工作间设计；
(5) 火炬臂结构设计；
(6) 栈桥设计；
(7) 浮式系统模块设计；
(8) 其他结构设计。

对于以上各部分的具体内容，将在后面有关章节论述。

需要指出的是，以上所叙述的平台结构设计范围，仅对一般情况而言。对于某些特殊情况，需要对设计范围进行必要的调整与补充。

第二节 平台结构设计的原则

平台结构设计总的原则是：先进、合理、安全、经济、满足规范要求，且方便采办、制造、安装、检验和维护等。

结构总体布置的基本原则是：总体布局合理，传力路径短，构件综合利用性好，材料利用率高，满足其他专业对结构型式的要求。

结构材料选取的基本原则是：结构材料的选取既要考虑强度要求，又要考虑结构工作场所的环境条件，在结构中的部位和可能使用的加工方法等。

结构总体布置，结构构件选取，结构材料选取等方面的一般考虑，参见本篇的第二章及其他章节。

为了具体实施平台结构设计的原则，设计人员应当不断地总结经验，有所发现，有所发明，有所创造，有所前进。

第三节 平台结构设计应遵循的规范和标准

确定平台结构设计应遵循的规范和标准，是一个非常重要的问题。

除特殊情况外，所用标准、规范和法规均应为最新版本。

平台结构设计应遵循的主要规范和标准如下。

一、中国国家标准、行业标准和企业标准

1. 国家标准

国家经济贸易委员会	海上固定平台安全规则
GB/T 699	优质碳素结构钢
GB/T 700	碳素结构钢
GB/T 701	低碳钢热轧圆盘条
GB/T 704	热轧扁钢尺寸、外形、重量及允许偏差

GB/T 706	热轧工字钢尺寸、外形、重量及允许偏差
GB/T 707	热轧槽钢尺寸、外形、重量及允许偏差
GB/T 709	热轧钢板和钢带的尺寸、外形、重量及允许偏差
GB/T 9787	热轧等边角钢尺寸、外形、重量及允许偏差
GB/T 9788	热轧不等边角钢尺寸、外形、重量及允许偏差
GB/T 1591	低合金高强度结构钢
GB/T 3077	合金结构钢
GB/T 5313	厚度方向性能钢板
GB/T 8162	结构用无缝钢管
GB/T 8163	输送流体用无缝钢管
GB/T 3277	花纹钢板
GB/T 11263	热轧 H 型钢和剖分 T 型钢
YB 3301	焊接 H 型钢
YB/T 4001	钢格栅板
GB/T 5780	六角头螺栓 C 级
GB/T 5781	六角头螺栓全螺纹 C 级
GB/T 56	六角厚螺母
GB/T 95	平垫圈 C 级
GB/T 1228	钢结构用高强度大六角头螺栓
GB/T 1229	钢结构用高强度大六角头螺母
GB/T 1230	钢结构用高强度垫圈
GB/T 1231	钢结构用高强度大六角头螺栓、大六角头螺母、垫圈技术条件

2. 行业标准

SY/T 10002—2000	结构钢管制造规范
SY/T 10004—1996	海上平台管节点用碳锰钢板规范
SY/T 10008—2000	海上固定式钢质石油生产平台的腐蚀控制
SY/T 10009—2002	海上固定平台规划、设计和建造的推荐作法——荷载和抗力系数设计法
SY/T 10011—1997	海上油田总体开发方案编制指南
SY/T 10028—2002	海洋石油工程制图规范
SY/T 10030—2002	海上固定平台规划、设计和建造的推荐作法——工作应力设计法
SY/T 10031—2000	寒冷条件下结构和海管规划、设计和建造的推荐作法
SY/T 10036—2000	海洋石油工程设计文件编制规程
SY/T 10038—2002	海上固定平台直升机场规划、设计和建造的推荐作法
SY/T 10040—2002	浮式结构物定位系统设计与分析的推荐作法
SY/T 10049—2004	海上钢结构疲劳强度分析推荐作法
SY/T 10050—2004	环境条件和环境荷载规范
SY/T 10051.1—2004	海上结构用改良韧性的碳锰钢板规范
SY/T 4805—92	海上结构物上生产设施的推荐作法
中国船级社	海上固定平台入级与建造规范
中国船级社	海上固定平台、移动平台入级与建造规范补充规定

3. 企业标准

Q/HSn 3000—2002	中国海海冰条件及应用规定
Q/HS 3003—2002	渤海海域钢质固定平台结构设计规定

Q/HS 3005—2003	海上钢结构疲劳强度分析的推荐作法
Q/HS 3007—2003	环境条件和环境荷载指南
Q/HS 4010—2003	易燃易爆危险场所安全管理规定
Q/HS 7002—93	海洋石油工程设计文件编制规程
Q/HS 7003—93	海洋石油工程制图标准

二、国外标准

AISC S335	Specification for Structural Building——Allowable Stress Design and Plastic Design with Commentary （钢结构建筑物规范——容许应力设计和塑性设计）
API RP 2A - WSD	Recommended Practice for Planning, Designing and constructing Fixed Offshore Platform——Working Stress Design （海上固定平台规划、设计和建造的推荐作法——工作应力设计法）
API RP 2A - LRFD	Recommended Practice for Planning, Designing and constructing Fixed Offshore Platform——Load and Resistance Factor Design （海上固定平台规划、设计和建造的推荐作法——荷载和抗力系数设计法）
API RP 2L	Recommended Practice for Planning, Designing and constructing Heliports for Fixed Offshore Platforms （海上固定平台直升飞机场的规划、设计和建造的推荐作法）
API RP 2N	Recommended Practice for Planning, Designing and constructing Fixed Offshore Structures in Ice Environments （北极条件下结构和海底管线的规划、设计和建造推荐作法）
API RP 2X	Recommended Practice for Ultrasonic Examination of Offshore Structural Fabrication & Guidelines for Qualification of Ultrasonic Technicians （海上结构建造的超声波检验推荐作法和技师资格考核指南）
API Spec. 2B	Specification for Fabricated Structural Steel Pipe （结构钢管制造规范）
API Spec. 2H	Specification for Carbon Manganese Steel Plate for Offshore Platform Tubular Joints （海上平台管节点用碳锰钢板规范）
ASTM A6	Specification for General Requirements for Delivery of Rolled Steel Plates, Shapes, Sheet Piles and Bars for Structural Steel （结构用轧制钢板、型钢、板桩、钢棒的一般要求）
ASTM A123	Standard Specification for Zinc (Hot - Dip Galvanized) Coating on Iron and Steel Products （铁和钢制品镀锌层(热浸镀锌)的标准规范）
ASTM A370	Standard Test Method and Definations for Mechanical Testing of Steel Products （钢制品机械试验的标准试验方法和定义）
ASTM A578/A578M	Standard Specification for Straight beam Ultrasonic Examination of Plain and Clad Steel Plates for Special Applications. （特殊设备用的普通钢板和包覆钢板的直波束超声探伤检验的标准规范）
AWS D1.1	Structural Welding Code - Steel

（钢结构焊接规范）

Det norske Veritas	DnV Rules for the Design Construction and Inspection of Offshore Structures

挪威船级社近海结构物的设计、建造和检验规范

Appendix A Environmental Conditions
（附录 A 环境条件）

Appendix B Loads
（附录 B 荷载）

Appendix C Steel Structures
（附录 C 钢结构物）

Appendix D Concrete Structures
（附录 D 混凝土结构）

Appendix E Hydrostatic Stability and Anchoring
（附录 E 水静力稳性及锚泊）

Appendix F Foundations
（附录 F 地基）

Appendix G Dynamic Analysis
（附录 G 动力分析）

Appendix H Marine Operations
（附录 H 海上操作）

Appendix I In Service Inspection
（附录 I 使用期的检验）

Appendix J Documentation
（附录 J 文件）

Japanese Industrial Standard（JIS）

G3106—95	Rolled Steels for Welded Structure(SM)
	（用于焊接结构的轧制钢）
G3101—95	Rolled Steel for General Structure(SS)
	（用于一般结构的轧制钢）
AISC	Code of Standard Practice for Steel Building and Bridges
	（钢建筑物和桥梁的标准作法）
ABS	Rules for Building and Classing Mobile Offshore Drilling Units, Section
	（海上浮式钻井设备入级与建造规范）

第四节 固 定 设 施

一、固定设施的类型

海上油田的生产一般以固定设施为基地。固定设施是指建立在海上的固定建筑物。固定设施的工作年限较长，一般都在 15 年以上，而且在使用期内又不能移动，所以固定设施的安全性和可靠性非常重要，它要承受在使用期限内该海域可能出现的最大环境荷载，而且要在最恶劣的环境条件下能够生存和继续工作，否则将造成严重的人员伤亡、设备损失、油田停产与环境污染等危害事件。

由于海上固定设施是用于海底石油开发及采油、储运等工作以及工作人员的生活居住，加上

海洋水深及海况的差异、油藏面积的不同、开采年限不一,因此固定设施类型众多。一般情况下,基本上可分为四大类:

$$
\text{固定设施的类型}\begin{cases}\text{桩基式固定设施}\\\text{重力式固定设施}\\\text{人工岛}\\\text{顺应塔平台}\end{cases}
$$

二、各种固定设施简介

固定设施是用桩基、座底式基础或其他方法固定在海底,并具有一定稳定性和承载能力的海上结构物。海上固定设施有各种各样的形式,按其结构形式可分为桩基式平台、重力式平台、人工岛和顺应塔平台;按其用途可分为井口平台、生产处理平台、储油平台、生活动力平台以及集钻井、井口、生产处理、生活设施于一体的综合平台。另外,还有一种被称为简易平台的固定设施,也显示出良好的应用前景,例如海上简易筒型基础平台。为经济有效地开发海上边际油田,中国海洋总公司正在研制多种类型的简易式平台。继无人平台、二腿三桩平台之后,又自行研制了可移动式筒型基础平台,该项技术已在渤海锦州9-3的系缆平台取得成功。筒型基础技术可使平台基础呈筒型结构,利用负压自动下沉就位,待该平台的生产结束后,可将基础拔起,再重复使用。

1. 桩基式固定设施

桩基式固定设施一般系指桩基式固定平台,通常为钢质固定平台,是目前海上油(气)生产中应用最多的一种结构形式。

钢质固定平台中最多的是导管架式平台,主要由三大部分组成:导管架、桩和甲板组块。

1) 导管架

导管架系钢架结构,由大直径、厚壁的钢管焊接而成。钢桁架的主柱(也称大腿或腿柱)作为打桩时的导向管,故称导管架。其主管可以是三根的塔式导管架,也有四柱式、六柱式、八柱式等,视平台上部模块尺寸大小和水深而定。导管架的腿柱之间由水平横撑与斜撑、立向斜撑作为拉筋,以起传递负荷及加强导管架强度的作用。

在导管架的结构设计中,确定导管架的主要轮廓尺寸是一项很重要的工作,其主要内容如下:

(1) 导管架的顶高程;
(2) 导管架的底高程;
(3) 导管架的层间高程;
(4) 导管架腿柱的倾斜度;
(5) 水面附近的构件尺度。

钢质固定平台的结构如图5-1-1所示。

2) 桩

导管架依靠桩固定于海底,桩结构有主桩式,即所有的桩均由主腿内打入;也有裙桩式,即在导管架底部四周布置裙桩套筒,裙桩通过套筒打入,裙桩一般是水下桩。

桩的尺寸主要取决于桩的数量、上部设施与设备荷载、海底土质性状、水深、环境条件及沉桩方法。

3) 甲板组块

进行甲板组块结构设计时,首先要确定甲板结构的主要轮廓尺度。

图5-1-1 钢质固定平台

甲板结构轮廓尺度主要指甲板面积和甲板高程。

甲板面积和甲板高程是平台总体规划中的两个重要尺度,它对决定支承结构轮廓尺度有重要影响。

4)生活模块

生活模块是供海上工作人员生活、娱乐和休息的场所。生活模块可以布置在一个专门的平台上,通常称为生活平台。生活模块也可以与钻井区和生产区布置在同一平台上,这种平台称为综合平台。

5)直升机甲板

直升机甲板是设在海上平台上的直升机起降场。直升机甲板必须具有足够的面积供直升机起落和装卸作业;必须具有足够的强度能承受直升机降落时的冲击荷载。

6)栈桥

栈桥是平台上部设施的一部分,是连接相邻两个平台的通道。

栈桥的主要作用:除了作为海上相邻两个平台的交通通道外,同时也用来做为各种管道的支撑结构,例如原油管道、饮用水管道、公用水管道、电缆导管、通信线路以及气管道等。

7)火炬臂

火炬臂是一种钢架结构物。

火炬臂的主要作用:将多余的天然气以燃烧的方式进行处理。

2. 重力式固定设施

重力式固定设施一般系指重力式平台,是与桩基平台不同的另一种型式的平台。它不需要用插入海底的桩去承担垂直荷载和水平荷载,完全依靠本身的质量直接稳定在海底。根据建造材料的不同,又分为混凝土重力式平台和钢质重力式平台两大类。

1)混凝土重力式平台

把混凝土重力式结构物用于岸边和浅水地带已有悠久历史,而用于外海却在20世纪70年代以后。目前,混凝土平台可以适应从浅到深的各种水深。

混凝土重力式平台如图5-1-2所示。

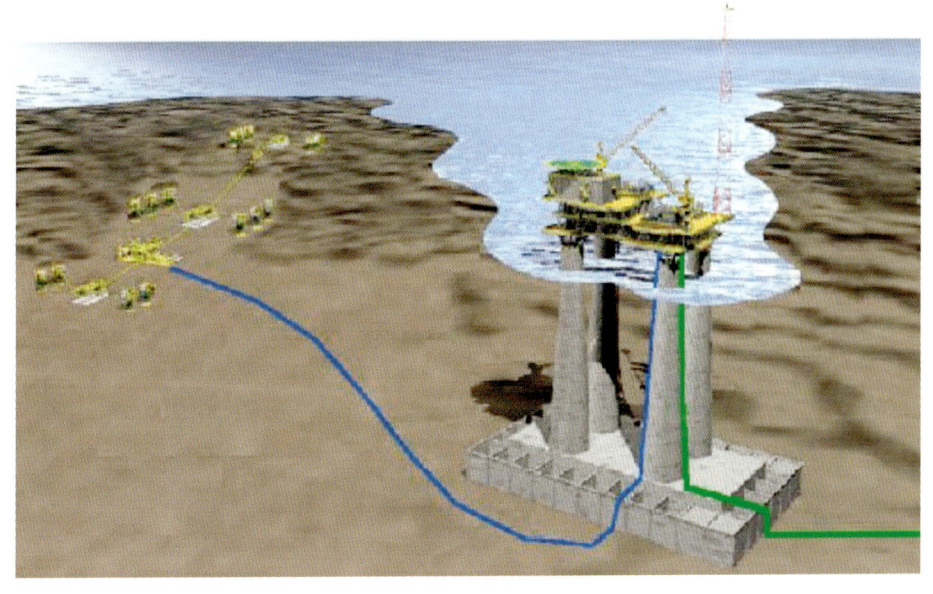

图5-1-2 混凝土重力式平台

混凝土重力式平台简称混凝土平台,其一般特征如下。

(1)主要组成部分。

混凝土平台主要由底座(或沉垫)、甲板和立柱三部分组成。已建成和正在研究、设计的混凝土平台种类繁多,有把底座做成六角形、正方形、圆形,也有把立柱做成三腿、四腿、独腿等各种形式。

(2)主要组成部分简介。

① 底座:底座是整个建筑物的基础。为了抵抗巨大的风浪推力,要求平台有很大的底座结构,而较大的底座又正好可以用来储存原油,这就使得混凝土平台具备了把钻、采、储三者兼顾起来的优点。

② 甲板:甲板为生产提供工作场所,在甲板上可安装各种生产处理设施和生活设施。

③ 立柱:立柱连接在沉垫和甲板之间,用于支撑甲板。

2)钢质重力式平台

除混凝土重力式平台外,钢质重力式平台也是重力式平台的一个重要分支。一般情况下整个平台由沉箱、支承框架和甲板三部分组成,沉箱兼作储罐。建造时,先把各个沉箱、支承框架、甲板分别预制,而后在岸边组装成整体,再拖运到井位下沉安放。

和混凝土平台相比,钢质重力式平台的储油量虽小,但在对储油量要求不大的情况下,钢质重力式平台反而有较高的经济效益。又由于它比混凝土平台轻得多,所以预制过程中不需要较深的施工水域,拖航时要求的拖轮马力小,使用中对地基承载力的要求也不高。

钢质重力式平台避免了混凝土平台许多缺点,但在省钢材、耐腐蚀、储油量、隔热等方面,都不如混凝土平台,这又是它的缺点。

3. 人工岛

人工岛是在海上建造的人工陆域,可以很方便地将人类的活动由陆地延伸到海上。

人工岛的型式多种多样,以下简要介绍三类常见的人工岛型式:斜坡式人工岛,沉箱式人工岛,钢管式人工岛。

1)斜坡式人工岛

斜坡式人工岛又称护坡式人工岛。斜坡式人工岛一般使用碎石、砾石筑成,砂袋、砌石或其他人工块体等作为人工岛的护面和护坡。建造时先由底部开口的驳船向岛的四周抛填砾石,接着码放砂袋,稍高出水面形成水下围堤,然后填充岛体。

斜坡式人工岛地基处理一般要求不高,根据当地工程地质条件决定开挖与否及开挖程度,岛体内通常抛填砂土、碎石等。

斜坡式人工岛一般适用于水较浅、波浪较小且具有充足的砂、石资源的地区。

斜坡式人工岛的优点是节省钢材、工程造价较低。其缺点是海上工程量大,施工易受天气影响。

2)沉箱式人工岛

沉箱式人工岛的分类比较复杂。下面介绍两种分类方法。

沉箱式人工岛按材料划分可分为钢沉箱围闭式人工岛,钢筋混凝土沉箱围闭式人工岛和移动式极地沉箱人工岛。沉箱式人工岛的特点是由一个钢或钢筋混凝土整体沉箱或多个钢或钢筋混凝土沉箱围成,中间回填砂土。沉箱可在陆上预制,然后自浮拖至现场安装就位,通过调节水下砂基床的高度以使沉箱适用于不同的水深,人工岛不再使用时,可排除压载,起浮后拖到其他地点再用。

目前钢沉箱围闭式人工岛能成功地用于 26m 水深。

沉箱式人工岛按结构形式划分一般可分为整体沉箱人工岛和组合式沉箱人工岛两类。由于这种分类方法比较有利于结构设计,所以下面进行较详细的叙述。

(1)整体沉箱人工岛。

整体沉箱人工岛即整个人工岛就是由一个沉箱构成。该人工岛一般在船坞或陆上的预制场预制,然后拖到海上就位。海上就位后,就可以像常规钢质平台那样安装,随后立即进行开发钻井作业。

整体沉箱对不能满足其稳定性的海底表面要求进行大面积地基处理,或开挖基坑将沉箱下沉,或通过深层注入水泥法处理。

整体沉箱人工岛的优点是它可以在陆上整体预制,因此缩短了海上施工周期;其次是用钢量少。其不利的一面是沉箱拖航条件要求高;由于该人工岛在陆上整体预制,岛面面积受到限制;储油一般考虑箱内存储,但工艺复杂。另外,地基处理如果采用开挖下沉,土方量相当大,施工易受影响;如果采用深层注水泥法,就需要专用工作船,处理费用高。

(2)组合式沉箱人工岛。

组合式沉箱人工岛即在陆上船坞预制若干个沉箱,拖到海上后围成设计形状。地基处理要求与整体沉箱人工岛基本相同。由数个沉箱圈闭的岛体,其体内一般用砂土充填或就地用挖泥船吹泥回填。如果采用吹泥回填,则需采取特殊措施,例如采用真空预压,进行软基加固,以加速基土固结,缩短工程周期,从而尽快转入钻采作业。

组合式沉箱人工岛的优点是岛面上各类设施比整体沉箱人工岛灵活,且用钢量较少。其缺点是多个沉箱需多次拖航,有一定风险,海上施工有一定难度。

3)钢管式人工岛

钢管式人工岛一般分为单排钢管桩人工岛和双排钢管桩人工岛。

(1)单排钢管桩人工岛。

单排钢管桩人工岛的结构是在岛的外围打一排钢管桩,桩间有锁口,其顶部由圈闭梁连成一体。岛体由钢管桩圈闭后,其体内可以充填砂土,也可以由挖泥船就地吹泥回填。

单排钢管桩人工岛适用于软地基,它可避开地基处理问题。但这种人工岛用钢量大,打桩工程工序复杂(如打桩过程中桩的固定等),受环境条件影响较大,建造周期长。

(2)双排钢管桩人工岛。

双排钢管桩人工岛,即在人工岛外围打双排钢管桩,在外圈钢管桩之间采用锁口连接,内圈则不必。其他方面与单排钢管桩人工岛基本相同。

与单排钢管桩人工岛相比,双排钢管桩人工岛耗钢量更大,但人工岛的整体稳定性好。

4. 顺应塔平台

所谓顺应塔平台是指在海洋环境荷载作用下,围绕支点可发生允许范围内某一角度摆动的深水平台。这种平台是一种细长的框架结构,沿高度方向的横截面一般不变。框架每隔一定的高度有重复的结构型式,井槽在平台的中部。有的顺应塔平台在每个角各有数根桩支持,桩穿过导管打下后,桩顶部高出泥线某一高度,套管大约上至平台高度的一半,桩与导管之间灌注水泥浆,凝固后便组成一套管与桩的组合体,在这个组合体的顶部附接导管架。这样大的长度提供了足够的轴向弹性来产生柔性恢复力,调整组合体的长度可得到系统适应不同环境的结构参数。有的顺应塔平台借助牵索(如绷绳塔平台)用一些浮筒(如浮塔式平台)来产生恢复力,浮筒也可给平台提供向上的浮力,从而可减少结构的轴向压力。

顺应塔平台的特点如下:

(1)自振周期大,刚性小,故随着波浪的作用而运动。而由组合体(由桩和套管组成)和导管架形成的阻尼器却使其运动幅度大大减小,具有很好的抗疲劳特性。

(2)可用铰接接头或大型浮筒和阻尼器,不需要因限制甲板运动而安装特别装置。

(3)建造简单。一般工程与建造时间少于2年。

(4)重复结构和定型构件很多。

(5)横截面积小,质量轻,起重安装容易。

(6)可按常规方法运输、下水和扶正作业。

(7)由于质量轻,结构简单和安装方便,与常规钢导管架平台相比费用低。

顺应塔平台如图5-1-3所示。

5. 其他类型平台

1)海上简易平台

简易平台又称为轻型平台。轻型平台有单腿、两腿和三腿结构型式。

单腿轻型平台有别于传统导管架平台的最大特点,在于它多采用单腿柱型式并辅以水下的斜撑,从而大大减小了平台腿柱和桩的用钢量和海上施工量,相应地使平台造价为之降低。

单腿柱的平台结构有两种基本类型:

一类是以钻井的隔水导管作为腿柱,再在水下加设斜撑而构成平台的下部结构,斜撑的方式可根据具体情况和应用的经验而有多种,如2撑、3撑、4撑,与腿柱采用机械连接或与腿柱采用焊接连接,与腿柱的结点在水上以及与腿柱的结点在水下等,斜撑用柱固定于海床。此类平台配有单层至三层的上部甲板,用于单

图5-1-3 顺应塔平台

井平台或配以计量分离器、井控、化学药剂注入等设备成为可支持4~6口井的多井平台。它们多与已有的中心平台配合使用,或者依托近岸的陆上生产设施进行生产。

另一类此种平台不采用隔水管作为腿柱,而是采用更大直径(如3m)的单腿柱环套其外作为平台的支撑。腿柱的下端位于泥面以上,腿柱用3根或4根斜撑支持并辅以必要的横撑,用桩固定于海床。

北部湾W11-4C平台是国内海上第一座轻型井口平台,其结构型式为三桩两腿单层井口平台。

2)筒型基础平台

筒型基础是在压差式沉入桩的长期应用基础上发展而来的,其完全不同于传统的打入式或外钻入式桩基,筒形基础免除了惯用的长桩,而采用连接于导管架腿桩底端的倒置的钢质筒型结构。筒的顶板与平台腿桩固接,顶板下具有筒型裙板,底端敞开。

当平台沉放于海床就位时,先靠其自重将筒裙的底端压入泥中一定深度并形成底端密封,用泵抽汲使筒体内外产生压力差,将筒压入泥中直到预定深度。完成沉放就位后,筒中的压力差会随水在土体中的渗透而逐渐消失。

在依靠泵的适度抽汲产生压力差使筒基沉入时,由于水力梯度和渗流的存在,会使筒裙底端处砂层的有效正应力和剪切强度大幅度下降,从而大大减少了沉贯中的裙端阻力,形成极为有利的沉贯条件,此为筒型基础技术的一个突出特点。

就位后的筒型基础依靠其顶板和其下的海床承受重力,如通常的重力式平台。当平台在环境及外力作用下产生倾覆力矩(上拔力)时,即会在筒的顶面和相连土体中产生吸附力。依靠于一定时间内存大的这一吸附力,并与平台重力、土塞质量以及筒裙的侧壁摩擦阻力等一起,共同平衡上拔荷载,保持平台稳定。这就是筒型基础技术有别于传统桩基技术的又一特点。

作为一项全新的导管架平台基础工程技术,筒型基础的沉放和承受工作荷载时土力学参数的变化有非常密切的关系,其中最为关键的是相关土体孔隙水压的变化,而这一变化又与相关土体的工程地质特性、荷载特性、筒体的几何结构性等密切相关。此外,任何对相关土体的工程地质特性构成影响的因素,如沉放中的水力动力扰动等,也会对其构成影响。由于这些因素诸多而且内在联系比较复杂,因此,筒型基础的应用只有根据具体环境和平台条件进行必要的试验和研究,才能为其成功应用提供必需的基础。渤海湾锦州9-3油田的穿梭油轮系缆墩就是筒型基础结构形式。锦州9-3油田筒型基础系缆墩如图5-1-4所示。

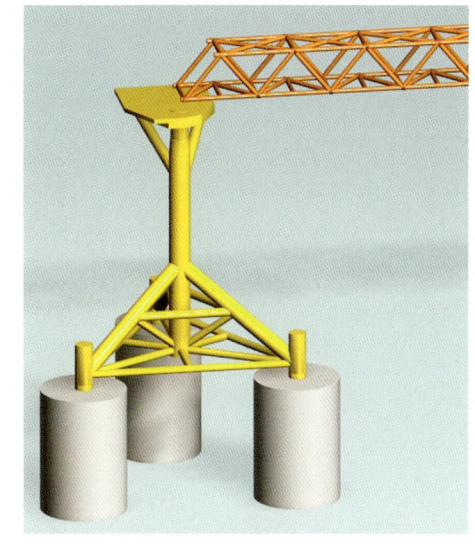

图 5-1-4 锦州9-3油田筒型基础系缆墩

第五节　结构分析程序

我国和国外许多单位都已研制开发出有关的海洋平台结构分析程序。主要程序简介如下。

一、SACS 程序

SACS(Structural Analysis Computer System)程序由 Engineering Dynamics, Inc. 开发,是用于海洋平台结构分析的软件。它被遍及世界的上百个与海洋工程有关的设计公司或油公司使用,并得到世界各个权威检验机构的认可。该程序的另一个显著特点是随着海洋工程的不断发展和新技术新经验的不断应用特别是随着每4年修订一次的新规范新标准的应用而不断的更新,随时适用于海洋工程发展的需要。

该程序由20多个不同功能的模块组成,以便完成各种不同计算功能的要求。

SACS 程序的广泛应用除了它的功能全、计算方法和结果满足海洋工程的需要以外,该程序可以自动生成风、波、流等荷载并对平台结构进行结构强度分析和动力分析,以便确定平台甲板、导管架和桩的构件大小。它的主要功能如下:

自动生成结构模型、构件特性以及环境荷载,并能显示两维和三维立体图形,使结构模型的建立和修改极其简便容易;

生成风、波、流、自重等荷载并可输入集中、均布、非均布、面、位移、温度等荷载;

对结构进行求解并对计算结果进行规范校核;

对管节点进行冲剪力校核;

对结构自振周期的计算;

进行地震、机械振动、冰激振动等计算;

对波浪动力响应分析;

对桩和结构与桩基相互作用非线性分析;

对结构进行疲劳校核;

对结构进行拖航分析;

对结构进行下水分析;

对结构进行漂浮和扶正分析；

对结构进行上（装）船分析；

对结构进行倒塌分析以便了解结构的安全储备和安全度；

根据需要，对结构进行各种工况的组合；

自动生成结构的图形文件。

二、MOSES 程序

MOSES(Multi-Operational Structural Engineering Simulator)程序由 Ultramarine, Inc. 开发，是用于海洋工程结构分析等领域的软件。其前身为 1977 年问世的 Oscar 程序（该程序至今仍然广泛用于浮式结构的分析和设计）。它的主要功能如下：

浮式系统（包括系泊缆绳和连接器）的运动状态模拟和应力分析；

水动力分析（可分别应用莫里森公式，二维绕射理论和三维绕射理论）；

对结构进行下水分析；

对结构进行扶正分析；

对结构进行上（装）船分析；

张力腿平台的时域和频域分析；

船载结构物的时域和频域分析；

船体的压载和稳定性分析；

铺管船铺管分析。

三、SESAM 程序

SESAM 程序由 DNV 开发，是用于海洋工程结构分析等领域的软件。适用范围包括：导管架和上部设施；半潜式平台；张力腿平台；系泊系统；浮式系统和重力式平台。它的主要功能如下：

建立结构和环境模型；

确定作用在结构上的荷载及其效应；

强度计算（包括静态和动态有限元分析等）；

评价分析结果是否满足设计前提、质量和安全要求。

四、ANSYS 程序

ANSYS 程序由 ANSYS, Inc. 开发，为第一个通过 ISO9001 质量认证的分析设计类软件。是用于结构分析（钢结构，混凝土结构，复合材料结构分析）等领域的软件。它的主要功能如下：静力分析，动力分析，大位移非线性分析，抗震分析，疲劳分析，流体力学分析，热分析等。

在海洋工程领域，ANSYS 程序已用于导管架平台结构有限元分析，海底管线有限元分析，半潜式平台及锚泊定位系统有限元分析。另外，ANSYS 程序的 DesignSpace 等模块曾经用于深海探测器的结构分析与设计，据应用者反映该程序使工作进度大大加快。

五、TNOWAVE(PDPWAVE) 程序

TNOWAVE(PDPWAVE)程序由 Profound B. V. 开发，是用于桩基础分析等领域的软件。TNOWAVE 程序包括 4 部分：PDPWAVE, DLTWAVE, SITWAVE 和 VDPWAVE。其中 PDPWAVE 的主要功能如下：

冲击锤打桩分析：可用于协助承包商、基础工程师和咨询师对于特殊的工程承包、荷载工况、位移、轴向摩擦力、能量和打桩深度等不同情况确定桩和锤的类型。

第六节　平台结构设计在各设计阶段设计文件编制的内容和深度

概念设计阶段、基本设计阶段和详细设计阶段设计文件编制的内容请见本手册总附录。

关于设计深度，一般情况下是由概念设计到基本设计再到详细设计逐步增加的。例如在概念设计阶段，有时设计图纸只需用单线图完成。至于各阶段具体的设计深度，必须按照设计项目组的有关规定执行，必要时可以参照已经完成的有关设计图纸及技术文件。

第七节　平台结构设计的基础资料及与其他专业在各阶段的资料交接

一、平台结构设计的基础资料

对于海上平台的设计和建造，首先需要掌握足够的基础资料，然后按照一定的设计条件和标准进行。在着手进行平台结构设计之前，要对各种基础资料和设计条件进行全面的调查与研究，以便选择合理的结构型式。其次是根据设计条件和一定的设计标准（规范）对平台作出周密的规划与布置，以便确定设计荷载，对结构进行强度、刚度、稳定性分析。一个好的设计应该是既经济又能安全可靠的工作，同时还可满足所要求的各种功能。

由于平台结构设计的基础资料种类繁多，以下只能概要地论述部分基础资料，其余部分将在后面有关章节中论述。

1. 主要设计条件

海上平台结构设计应该明确和掌握的主要设计条件包括使用要求、环境条件和地质条件。

1）使用要求

平台的使用要求主要包括平台的用途和工艺要求。

平台设计和建造之前，应由平台使用部门明确平台的用途，如钻井、采油、储油、居住或其他用途，或同时具备其中几项用途。根据用途决定使用条件。

平台设计一般应明确下列使用要求。

(1) 使用年限；

(2) 平台设置的位置及该位置的水深；

(3) 平台是否有人居住，若有人居住，居住人数、人员上下平台方法及紧急状态的撤离方法；

(4) 平台工艺布置要求及处理方法；

(5) 供应船的尺度、停靠方式；直升机的型号及直升机停泊的布置；起重设备的能力及数量；

(6) 油（气）井的数目、间距；

(7) 对于保证工作人员和设备的安全、防止污染、减少振动及防火的措施。

2）环境条件

海上平台在安装使用期间始终是处在海洋环境之中，有产生荷载作用的风、波浪、潮汐、海流、海冰、地震、海啸等，有影响工作条件的雨、雪、雾、霜、温度、湿度等，有关荷载计算及平台使用寿命的地基土壤、海水腐蚀、海生物附着、含盐度等。

在平台设计中，确定设计环境条件时，常将环境条件分为下列两种情况：

工作环境条件：是指平台在施工和使用期间经常出现的环境条件，以保证平台能正常施工和生产作业为标准。

极端环境条件:是指平台在使用年限内,极少出现的恶劣环境条件,作为保证平台生存标准。其选用各种荷载重现期均大于平台使用年限。

对不同的设计环境条件其荷载资料取值及处理也是不同的。

应当尽量收集和充分掌握环境资料,才能对环境条件作出适当的较符合实际的分析。如果有条件可根据需要在拟建平台的海域中增设相应台站,对已建成的海上平台,同时增设水文,气象观测站也是可行的,以不断扩大、收集积累资料。

3) 工程地质条件

在平台设计之前,对平台位置海域进行地质调查,收集现场海底地貌情况,浅地层剖面及地球物理测量结果,以及周围土层的分类、年代、成因类型、状态、分布规律,软硬岩土层的接触关系及接触面的坡度、坡向,了解本海域不良工程地质现象,如海沟、古河道、断层及海底冲刷情况。根据以上资料,分析该场地工程地质条件,判定不良地层现象对平台安装的影响,推荐适宜建筑地基的持力层。

地质调查必须进行钻探取样,现场静力触探与取土试验相结合。对钻探孔上部软黏土不易取样应进行现场十字板剪切试验,对不同岩土层场应用标准贯入试验及旁压试验等。

将地层调查及现场钻探取样试验进行资料整理、分析,阐明各建筑物的工程地质条件,着重说明地层分布,提供地基设计所需各单元土体的物理力学性质指标、柱状图及试验成果报告等。

进行海底勘测时,应同钻探结合起来,探测出海底的凹凸不平和障碍物,如砂波、小丘、气渗和泥流等。

由于海流和波浪引起的海底土壤移动,造成冲刷,这是一种地质侵蚀过程,也可能由于结构物或构件妨碍海底附近的自然流动状态而引起冲刷。在靠近海底的砂和粉砂部位,由于冲刷产生的势能特别大,会引起支座竖向和横向位移,造成底部基础有害沉陷和基础构件产生过大应力。在可能受到冲刷的地方应考虑预防措施。

由于波浪、地震及重大自然灾害等原因,还可能导致不稳定海底的严重滑移。海底滑移会使地基受到非常大的横向作用力和竖向作用力。海底不稳定性可能在许多土壤中发生。迅速成长的三角洲所包围的软土和不固结的泥土,容易产生这样的滑移,应该了解海底地形,沉积速率和含气量等详细资料,以便估计可能产生滑移的范围。

在有地震活动的区域,应调查海底土壤因地震活动引起的土壤液化、失稳和海底滑移、断层情况、土壤运动等特性对油田开发的影响。

2. 基础资料

与上述设计条件相关的平台结构设计基础资料主要包括下述内容。

1) 环境条件资料

(1) 地理位置:

地理位置包括油田及平台所处海域,离岸距离,经纬度数据等。

(2) 水深及水位:

水深及水位包括以下内容;

油田的海图水深,单位为米(m);

极端高水位,单位为米(m);

极端低水位,单位为米(m);

操作高水位,平均海平面,单位为米(m);

操作低水位,平均海平面,单位为米(m)。

(3) 风、浪、流资料:

风、浪、流包括如下有关资料:

强风向,强浪向,强流向;

重现期分别为 1 年、10 年、25 年、50 年和 100 年的有效波高,最大波高,单位为米(m);有效波周期,平均跨零周期,波谱峰值周期,单位为秒(s);

重现期分别为 1 年、10 年、25 年、50 年和 100 年的 1h 平均风速,10min 平均风速,1min 平均风速,3s 阵风风速,单位为米/秒(m/s);

重现期分别为 1 年、10 年、25 年、50 年和 100 年的表层流速,中层流速,底层流速,单位为米/秒(m/s)。

除此以外,应要求有关方面提供考虑方向的波浪、风和流 3 个参数的联合概率值。

(4)海冰资料:

最大冰期、最小冰期和平均冰期,单位为日(d);

重现期分别为 1 年、10 年、25 年、50 年和 100 年的单层冰厚,单位为厘米(cm),及其抗压强度,单位为 MPa;重叠冰厚,单位为厘米(cm),及其抗压强度,单位为 MPa。

(5)海生物资料:

海生物分布情况:不同高程处的厚度,单位为厘米(cm),以及平均值,单位为厘米(cm);不同高程处的饱和密度,单位为 g/cm^3,以及平均值,单位为 g/cm^3。

(6)地震资料:

地震资料包括地震烈度及地震加速度和地震反应谱等。

(7)地基资料:

地基资料包括钻孔资料和冲刷深度等。

2)荷载条件资料

荷载条件见后面有关章节及有关规范。

3. 装船设备和方法

需要确定导管架和甲板是采用滑移的方法装船还是采用吊装的方法装船。

对于采用滑移的方法装船,应明确在装船过程中支承条件的变化。支承条件应考虑可能的场地沉降和驳船的运动。

对于采用吊装的方法装船,应按有关规范的要求执行。

1)吊装设备和方法

在进行吊装分析时,应明确有关的设备和方法。

应注意吊装设备的安放和使用,其中吊绳与水平面的夹角不宜小于 60°。

2)拖航设备和方法

在进行拖航分析时,应明确有关的设备和方法。

二、与其他专业在各阶段的资料交接

1. 结构专业与各专业的资料交接

结构专业与各专业的资料交接的一般内容如下所述。至于这些资料在哪些阶段交接,应按照设计项目组的规定执行,或者根据设计深度和内容来确定。以下资料交接内容仅供参考。

1)结构专业与总体专业的资料交接

(1)由总体专业按设计项目组规定的内容向结构专业提供的资料。

① 总体说明书:

包括油(气)田概况,设计项目概况等。

② 总规格书:

包括设计概况,设计采用的标准、规范等。

③ 设计基础数据:

包括环境数据、工程地质数据、油气田基本数据(油气物性、组分等)、油(气)田开发数据等。

④ 总体布置图:
a. 油(气)田开发总体布置图;
b. 各类生产平台、井口平台、钻井平台等单项设施总布置及分层布置图;
c. 生产动力平台、生活平台总布置图;
d. 浮式生产装置甲板上模块布置图。
⑤ 设备布置总图。
(2)由结构专业按设计项目组规定的内容向总体专业提供的资料。
① 规格书(有关部分)(如果没有应提供的部分,则不提供,以下均按此理解);
② 设计报告(有关部分);
③ 导管架结构设计及图纸(有关部分);
④ 组块结构设计及图纸(有关部分)。
2)结构专业与工艺专业的资料交接
(1)由工艺专业按设计项目组规定的内容向结构专业提供的资料。
① 工艺及公用系统描述(有关部分);
② 工艺系统流程图(PFD)(有关部分);
③ 公用系统流程图(UFD)(有关部分);
④ 工艺系统管线及仪表图(P&I 图)(有关部分);
⑤ 公用系统管线及仪表图(P&I 图)(有关部分);
⑥ 工艺系统管线表(有关部分);
⑦ 公用系统管线表(有关部分);
⑧ 数据表(有关部分):
a. 工艺设备;
b. 设备数据表。
(2)由结构专业按设计项目组规定的内容向工艺专业提供的资料。
① 规格书(有关部分);
② 设计报告(有关部分);
③ 导管架结构设计及图纸(有关部分);
④ 组块结构设计及图纸(有关部分);
⑤ FPSU 工艺模块及火炬塔结构设计及图纸(有关部分)。
3)结构专业与机电专业的资料交接
(1)由机电专业按设计项目组规定的内容向结构专业提供的资料。
① 设备规格书(有关部分);
② 设备数据表(有关部分);
③ 设备布置图(有关部分);
④ 设备清单(有关部分);
⑤ 安装图及基座图(有关部分):
a. 设备的安装图;
b. 基座图。
(2)由结构专业按设计项目组规定的内容向机电专业提供的资料。
① 规格书(有关部分);
② 设计报告(有关部分);
③ 导管架结构设计及图纸(有关部分);
④ 组块结构设计及图纸(有关部分);
⑤ FPSU 工艺模块及火炬塔结构设计及图纸(有关部分)。

4）结构专业与舾装专业的资料交接

（1）由舾装专业按设计项目组规定的内容向结构专业提供的资料。

① 海上固定平台生活区布置图（有关部分）；

② 生活区各房间（住房、厨房、医务室、浴室、洗室、洗衣间、餐厅、娱乐室、会议室、办公室、储藏室、化验室等）设备布置安装图（有关部分）；

③ 家具图（包括生活用具等）（有关部分）；

④ 门、窗布置安装图（有关部分）；

⑤ 扶梯栏杆布置安装图（有关部分）；

⑥ 耐火救生艇、救助艇布置安装图（有关部分）；

⑦ 救生设备布置安装图（有关部分）；

⑧ 直升机甲板滑网、系留、风标等布置图（有关部分）；

⑨ 防火构造设计（有关部分）；

⑩ 工作间舾装设备布置安装图（有关部分）。

（2）由结构专业按设计项目组规定的内容向舾装专业提供的资料。

① 规格书（有关部分）；

② 设计报告（有关部分）；

③ 导管架结构设计及图纸（有关部分）；

④ 组块结构设计及图纸（有关部分）。

5）结构专业与防腐专业的资料交接

（1）由防腐专业按设计项目组规定的内容向结构专业提供的资料。

① 涂装设计（有关部分）；

② 阴极保护设计（有关部分）；

③ 阳极块材料表（有关部分）；

④ 阳极块结构图（有关部分）；

⑤ 阳极块配置图（有关部分）；

⑥ 直升机甲板着陆标志图（有关部分）。

（2）由结构专业按设计项目组规定的内容向防腐专业提供的资料。

① 规格书（有关部分）；

② 设计报告（有关部分）；

③ 导管架结构设计及图纸（有关部分）。

6）结构专业与其他有关专业的资料交接

结构专业与其他有关专业的资料交接，需要按照设计项目组的规定，参照与工艺等专业的资料交接情况执行，同时根据设计深度和内容来确定。

2. 其他规定

1）特殊情况

结构专业遇到特殊情况，应委托其他专业提供结构设计所需要的补充资料；其他专业遇到特殊情况，也应委托结构专业提供其他专业设计所需要的补充资料。

2）会签

结构专业的图纸设计完成以后，需要会签时，其他专业负责人应在有关的结构专业图纸上会签；其他专业的图纸设计完成以后，需要会签时，结构专业负责人也应在有关的其他专业图纸上会签。

第二章 导管架设计

第一节 结构总体确定

一、结构总体布置

1. 基本原则

总体布局合理,传力路径短,构件综合利用性好,材料利用率高,满足其他专业的相关要求。

2. 一般考虑

在进行结构总体布置时,一般应考虑下面几个方面:

(1)应尽量使杆件在各种受力状态下都能发挥较大作用,杆件数量和规格力求少,结构尽量对称;

(2)不宜在飞溅区内设置水平构件;

(3)不宜在冰作用区内设置水平构件和斜撑;

(4)一般情况下,管节点宜设计为简单节点;

(5)导管架斜撑的角度(即与水平面夹角)宜在50°左右;

(6)对于主桩导管架,导管架腿的表观斜度宜在7∶1至12∶1;

(7)隔水导管与结构的连接:如业主没有指定,对于动力响应较明显的平台(如三腿或独腿平台),在水上部分(包括在甲板和导管架的水上水平层上),隔水导管和甲板、导管架的连接要用焊接方法固定,水下部分用楔块固定;

(8)各桩的受力力求均匀;

(9)对于滑移装船吊装下水型导管架,滑靴的布置与吊点的布置要协调考虑;

(10)装船滑靴的横向间距的确定应考虑预制场地与运输驳船滑道的间距;

(11)应考虑钻井、修井的要求。

二、结构构件的选取

(1)结构构件的选取要综合考虑强度、刚度、稳定性和经济性等方面的因素。

(2)不论是成品钢管还是卷制钢管,应尽量减少所用材料的规格。

(3)卷制钢管的规格尺寸应满足 AISC 的有关标准。

(4)对于管型构件的选择要考虑下列因素:

① D/t(D——中径;t——壁厚):不宜大于60,对于卷制焊接钢管不应小于20,最好大于30;

② Kl/r(k——有效长度系数;l——侧向无支撑长度,m;r——回转半径,m):对主要杆件不宜大于120;

③ 主要节点:$d/D = 0.4 \sim 0.8$

次要节点:d/D 取值可稍小些;

(d——撑杆直径,D——弦杆直径)。

三、结构材料的选取

1. 基本原则

结构材料的选取既要考虑强度要求,又要考虑结构工作场所的环境条件,在结构中的部位和可能使用的加工方法等。

2. 一般考虑

除业主有特别要求外,一般考虑使用国产钢材和国家标准。卷制钢管、组合梁的尺寸应满足规格书中规定的有关国内和国外的标准,还应考虑制造商的卷制能力。

所选的材料(屈服强度、韧性要求等)及规格、型号必须是能够生产和制造的规格。结构分析中使用的材料屈服强度要与所选用的材料一致。选用钢材时要考虑钢材的冲击试验温度低于预期的最低工作温度以下 $10\sim30℃$。对于关键管节点部位还要考虑材料的 Z 向性能。还应注意在同一最小设计温度(气温或水温)下,选用的钢材等级随着材料厚度的不同而有所不同。

四、桩基布置

1. 设备布置的影响

上部设备的布置和干湿重直接影响着上部甲板的尺寸,进而影响桩的数量及尺寸大小。

2. 设计安全系数

桩的设计贯入深度使桩具有足够的能力,来承受最大的轴向压力和上拔力,并且具有适当的安全系数。贯入深度安全系数是指桩的极限承载力除以桩的允许承载力。API RP 2A 中推荐的安全系数不应小于下列的数值。

荷载条件	安全系数
(1)设计环境条件加适当的钻井荷载	1.5
(2)钻井作业期间的操作环境条件	2.0
(3)设计环境条件加适当的采油作业荷载	1.5
(4)采油作业期间的操作环境条件	2.0
(5)设计环境条件加最小荷载(对上拔情况)	1.5
(6)地震	1.2

安全系数是用来保证桩在受到轴向力作用时设计入土深度处的土体不会受破坏,同时桩体本身的应力也不能太大从而导致桩体材料本身的破坏。桩体应力的校核可参考 AISC Part5 中有关章节。

3. 桩斜度的确定

通常情况下布置在 4 个角上主桩是双斜的,布置在中间的桩是单斜的。对于四腿平台来讲,通常有两根桩是双斜的,考虑到靠船件的设置、钻井船的作业等因素,则另外两根桩是单斜的。

主桩和裙桩的斜度可以一样,也可以不一样。在确定桩的斜度时要考虑水深、导管架在泥面处水平层的最大轮廓尺寸、主桩与裙桩之间的相互作用等因素。

桩设计成有一定的斜度,主要是用来扩大导管架在泥面处水平层的面积从而增大结构的整体稳定性。导管架在泥面处水平层的面积越大,总的倾覆力矩而引起的单根桩的桩头力就会越小。

4. 腿、裙桩的数目与尺寸

在确定腿、裙桩的数目与尺寸时通常要考虑上部荷载的大小、工艺总体布置、水深和以往的经验等。在波浪作用区内尽量少布置杆件和减少杆件受力面积,减少波浪力进而减少对基础的要求。腿的内径要有一定的富裕量,以适应腿和桩的椭圆度。对于桩基导管架,通常情况下要在导管架腿柱与桩之间的环形空间内灌浆,一般而言,对于灌浆型导管架,环形空间的最小值应是 1.5in,而对于非灌浆型导管架,1.0~1.5in 的环形空间基本能满足要求。

5. 导管架桩腿直径的考虑

海洋平台中的杆件通常是用钢管,结构中的撑杆是直接焊到弦杆上的。在这些连接中,有时应力集中十分严重,从而导致节点强度降低很多。改善节点强度的方法之一是避开搭接节点而采用简单节点,这样可以使节点在外力作用下充分发挥作用。小尺寸的导管架腿桩很难避开搭接节点,导管架腿桩尺寸的加大为焊接节点提供了较大的空间,一般会做成简单节点。另一方面,腿桩尺寸的加大会导致波浪力加大,这就需要增加桩的贯入深度。因此在波浪力、腿的尺寸、桩的贯入深度和支撑节点之间需要权衡比较以确定合适的尺寸。

6. 裙桩布置原则

应该合理地将裙桩连接到导管架腿上,以便导管架上的荷载有效地传到裙桩上。裙桩连接结构应避免与导管架的水平撑杆交叉,布置在外面的裙桩相对于布置在里面的裙桩来讲容易做到这些。考虑到群桩效应,裙桩与主桩的距离应选得合适并能有效地传递荷载。

7. 桩贯入深度的确定

在考虑桩的深度时,桩端所在层土的强度不应明显的高于其下一层土的强度,也就是说不应有下卧软土层。在有下卧软土层的情况下,很容易出现桩突然穿过硬层而到软土层,从而引起冲剪破坏。桩端越接近软土层,两层土的强度相差越大,这种潜在的危险就越容易发生。这是由于土体逐渐变软、破坏或者在荷载的作用下下卧黏土层固结造成的。因此选择桩的贯入深度时应使桩端避开有下卧软土层的砂层。另外桩端距离持力层上下边边界的距离还应满足 API RP 2A 中的有关规定。

8. 群桩效应

在初步规划桩的布置时,要考虑群桩效应的可能性。当桩距小于 8 倍桩径时,就要考虑并评价群桩效应。对于仅含有主桩的平台,群桩效应可以忽略,因为对于一座平台而言,主桩的间距都较大。然而,当使用裙桩时,这些裙桩一般距离较近,因此群桩效应的考虑及评价就显得尤为重要。

9. 自升式钻井船作业方面的考虑

这主要与桩的布置有关。如果平台用自升式钻井船进行钻井作业,当考虑桩的布置和平台方位时,应保证钻井船能够方便地在平台旁边抛锚就位。桩与钻井船之间的相互干扰应减少到最小。

10. 桩安装方面的考虑

在初步规划桩的尺寸和贯入深度时,必须考虑其将来在海上安装施工的可能性。使用现有的桩锤应该能将桩打到设计贯入深度。

第二节 结构模拟

一、坐标系统

坐标系统为直角坐标系,Z 轴向上为正,X、Y 为水平轴,Y 轴与结构北一致,X 轴的方向按右手法则确定,坐标原点选在海图水深基准面上。

二、编号

导管架腿在泥线处节点的编号应按逆时针方向编号。

三、腐蚀裕量

在进行在位状态分析时,对处于飞溅区内的构件,要考虑腐蚀,腐蚀裕量应由业主提供,业主未提供时一般取 0.3mm/a。

四、冰磨蚀裕量

在进行在位状态分析时,对处于冰作用区内的构件,要考虑冰的磨蚀,冰磨蚀裕量应由业主提供,业主未提供时一般取 0.1mm/a。

五、优化增量

计算机计算时,壁厚优化增量以 2mm(或 1/8in)为宜。

六、结构模拟

目前在海总范围内海洋石油平台结构设计普遍使用的结构分析程序为 SACS(STRUCTURAL ANALYSIS COMPUTER SYSTEM),它是由美国 EDI 公司开发的,为国际上海洋石油行业通用的结构分析程序,因此本节的结构模拟以 SACS 为例来说明。对其他结构分析软件也有一定的参考价值。

SACSⅣ的结构模拟有三大部分:结构单元特性、结构单元的形成和结构特点。

1. 结构单元特性

SACSⅣ程序单元库包含梁单元、板单元和壳单元。

1)梁单元

梁单元的截面类型分为规则截面和组合截面(包括等截面)。

(1)规则截面有以下几种:圆管、双圆管、工字截面、箱型截面、一般棱柱截面、T 型截面、槽型截面、角钢、锥型过渡体。

在结构分析中需要计算各种截面特性,如 A, I_X, I_Y 及 I_Z 等,在结构杆件的规范校核中又需要截面特性和截面详细尺度,如高、宽、厚和主轴位置等。对截面特性和尺度的计算和输入,SACSⅣ程序用"SECT"卡来完成,其具体格式见结构截面特性卡(NEMBER CROSS SECTION STRUCTURAL PROPERTY CARD)。这个卡片有 3 项内容:截面标识、截面类型、截面详细尺度。

SACSⅣ对力学特性和截面尺度的计算和输入采用了多种不同的输入方法。

① 标准工字钢:

EDI 公司对美国 AISC 钢材中的宽翼缘工字钢、日本和中国产的工字钢形成了材料库,各产品的标识简单表示如表 5-2-1。

表 5-2-1 各产品的标识

美国	AISC	宽翼缘工字钢	Wa×b
日本	JIS G3192	H 型钢	Ha×b
日本	JIS G3192	I 型钢	Ia×b
中国	JIS G3192	型号同日本	Ha×b

表中最右一列为材料的截面标识,第一个字母为材料名称,a,b 为截面型号,例如 W36×100,W 标明为 AISC 宽翼缘工字钢,36×100 为工字钢的型号,由 W36×100 就可从材料库中找到相应截面尺度和力学特性。这个标识也就是相应规范中的标识或型号,可以从相应的规范查到。

对材料库中的材料,只要将上述的标识填入杆件组"GRUP",程序就可从材料库中找到相应材料的尺寸和力学特性,不必再填写"SECT"卡片。

② 标准型钢:

以上列出的规则截面,除美国的 W 型钢,日本的 H 型钢、I 型钢和中国的普通工字钢和轻工字钢已形成材料库之外,其他还尚未形成材料库。对这一部分材料,包括已编入库文件以外的其他类型的工字钢,其截面尺度和力学特性要用以下两种办法输入:

对圆管截面,不需要"SECT"卡,在"GRUP"中也不需要填其截面标识,只要在"GRUP"卡中给出圆管的外径和壁厚,程序就可自动地算出力学特性。

圆管以外的规则截面,包括同心双圆管,需要放置"SECT"卡,用户只填写截面标识、截面类型和截面尺度,对力学特性留以空白,由程序自动计算。

(2)组合截面、等效截面。

在平台上的各种塔架,往往是轻型桁架,其杆件截面又多是组合截面,如图 5-2-1。

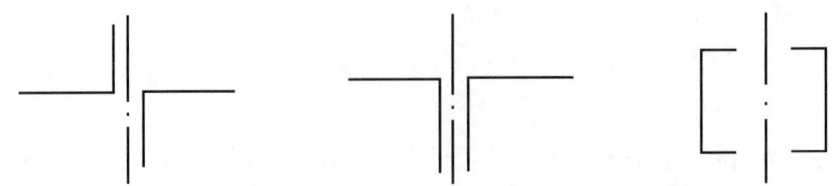

图 5-2-1 组合截面

在设计分析中对桩的等效模拟,或用一个梁来模拟一个上部桁架,则需要设计一个等效的截面。对组合截面和等效截面,其力学特性是比较容易计算的,但其类型和截面尺度则不容易确定。因此对此类杆件,要详细计算其力学特性,初步假定截面类型,估计截面尺度。例如:算出截面积 A,扭惯矩 I_X,抗弯惯性矩 I_Y、I_Z 后,可以假定其类型为宽翼缘工字钢,估计它的高、宽、厚等。然后填写"SECT"卡,并把截面标识填入相应的"GRUP"卡的相应列内。

可以看出对此类杆件,其截面类型和尺度都是不确切的,所得到的应力校核结果也是不准确的。必要时,可以根据应力值和具体截面尺度进行手工复核。

2) 板单元

如果板单元没有加强筋时,它的截面力学特性就很简单。只给出板厚就可以了,不需要专门的描述。如果带有加强筋,就要有专门的卡片"PSTIF"对其进行描述。

加强筋类型:IMB-I 字梁或 T 型梁、ANG-角钢、CHL-槽钢、BOX-箱型截面。

加强筋与板的相对位置:可以放在板任一侧,也可以放在两侧,只要把贴紧板的一边尺度记为 B 就可以了。

加强筋的力学特性也不需要用户直接计算,只需用户在"PSTIF"卡中填入加强筋的有关尺度,并像杆件单元的"SECT"卡一样,给出加强筋的截面标识。这个标识要填入有关板组的"PGRUP"卡中。

2. 单元分组

1) 梁单元分组

梁单元分组,由"GRUP"卡实现。

用"GRUP"卡实现单个单元组的重新设计:

整体结构的重新设计可以用"REDESIGN"卡实现。如果对某个杆件单元组做重新设计,可在"GRUP"卡第 17 列填入相应的参数。

(1)构件长细比。

圆柱形受压构件的长细比,Kl/r 应按照 AISC 的规定来确定。为确定有效长度系数而作的合理分析应该考虑节点的固定程度和位移情况。并且,降低系数的合理确定应考虑构件的截面特征和荷载情况。表 5-2-2 中的数值可以用来代替这种分析。

表 5-2-2 有效长度系数和降低系数

部 位	有效长度系数 K	降低系数 C_m[1]
上部结构腿柱		
有支撑的	1.0	(a)
门架(无支撑的)	K[2]	(a)
导管架腿柱和桩		
灌浆的组合截面	1.0	(c)
不灌浆的导管架腿柱	1.0	(c)
在垫板之间不灌浆的桩	1.0	(b)

续表

部 位	有效长度系数 K	降低系数 C_m [1]
甲板桁架的腹杆		
作用于平面内	0.8	(b)
作用于平面外	1.0	(a)或(b)[4]
导管架撑杆		
主对角线上,面到面的长度	0.8	(b)或(c)[4]
对 K 形撑杆,从腿柱表面到节点中心线的长度[3]	0.8	(c)
对 X 形撑杆,较长杆段[3]	0.9	(c)
一般水平杆	0.7	(c)
甲板桁架的弦杆	1.0	(a),(b)或(c)[4]

注:(1)降低系数规定如下(根据 AISC 的规定):
    (a)0.85。
    (b)$0.6 \sim 0.4(M_1/M_2)$,不低于 0.4,也不高于 0.85。
    (c)$1-0.4(f_a/F_e')$ 或 0.85,取二者中较小值,其中 f_a 为轴向应力,F_e' 为允许的欧拉应力。
(2)采用 AISC 注释中的有效长度计算图。如计算条件与计算图中假定的条件不同时,可以进行修正。
(3)如果节点在平面外没有支撑,则构成节点的构件至少有一对受拉。
(4)上表给出的 K 值为平面内有效长度系数,用于平面外时,要根据平面外的实际支撑长度加以修正。例如:
    ① 对如下 X 撑中的 b 杆在平面内的 K 为 0.9。

平面外则为:$K = \dfrac{a+b}{b} \times 0.9$

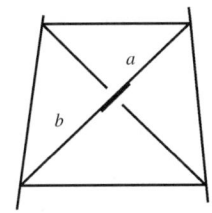

② 门架的腿柱,它的侧向稳定性取决于它本身的刚度和与其连接的梁的刚度。其受压杆件的有效长度不应小于实际的无支撑长度,也就是说 K 值不得小于 1.0。

(2)杆件分段。

对变断面杆件,可分成若干段输入,例如一个具有三种断面的梁,有两种方法输入(图 5-2-2):

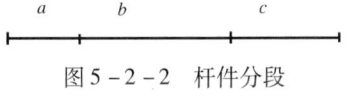

图 5-2-2 杆件分段

第一种方法:输入 a,c 两段的实际长度,b 段长度由程序计算。
第二种方法:输入每段长度和全长的比值。使各段比值之和等于 1.0。
因为三种断面同属于一个杆件,要用三张标识相同的"GRUP"卡片输入:
GRUP   ABC……a
GRUP   ABC……b
GRUP   ABC……c
ABC 为杆件组织标识。a,b,c 为各段的长度,其顺序是从杆件的始端向末端依次排列的,既不能颠倒为 c,b,a,也不能错排为 a,c,b。按比值填写时,每段的比值都要填写:
GRUP   ABC……a/L
GRUP   ABC……b/L
GRUP   ABC……c/L

2)板单元分组

板单元组由"PGRUP"卡来实现。
板的分类,在 17 列填写;

M—薄膜板,平面外弯曲刚度;

S—剪力板;

X—X 方向加筋的板;

Y—Y 方向加筋的板。

对加筋板,在这里要填入加筋的截面标识,即"PSTIF"卡中指定的标识。

每一板单元中在一个方向,可加入两种类型加筋。如果有与其正交的加筋,可以用另外一张"PGRUP"卡加入。加筋在板中的相对位置,可用 56 列填入的如下参数区别:

B—板底加筋(即在 $-Z$ 方向);

T—板顶加筋;

S—对称加筋,即板底和板顶两面加筋;

对每一组加筋要给出一个板组标识。

3. 单元描述

1)梁单元

梁单元描述卡"MEMBER"。

(1)梁单元局部坐标的确定。

① 参考点法:

根据需要,选择任意一点作为参考点,该点可以是结构上的实际节点,也可以是虚设的点,虚设点必须是固定的。通过参考点和杆件轴线作一平面,X' 轴即是杆件轴并从杆件始点指向末点为正,Z' 轴垂直于 X' 轴并指向参考点的方向。X' 和 Z' 同处在这一平面内。按右手法则由 Z' 轴和 X' 定出 Y'。参考点不得与杆件轴共线。

② 参考点缺省法:

参考点缺省时,有两种方法确定杆件局部坐标。

对任意的空间杆件,通过杆件轴作一个平行于总体坐标 Z 轴且垂直于 XOY 平面的平面,杆件局部坐标 $X'Z'$ 都处于这个垂直面内。局部 X' 轴即杆件轴从杆件始端指向末端。局部 Z' 轴垂直于 X' 轴,且指向与总体 Z 轴成最小夹角的方向。按照右手法则由 Z'、X' 轴定出 Y' 轴。

对竖直杆件,即垂直于 XOY 平面的杆件:杆件局部坐标 X' 轴仍为杆件轴并由始端指向末端。令局部 Z' 轴与总体 Y 轴平行并同向,然后,按照右手法则确定 Y' 轴。

(2)梁单元的方向。

SACS 系统根据 AISC 规范规定了各种型钢截面的主轴如图 5-2-3。

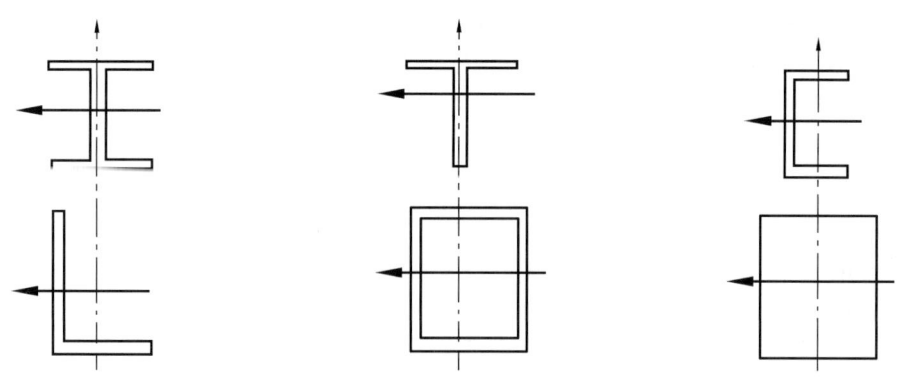

图 5-2-3　截面的主轴钢型

杆件局部坐标系统中的 Z' 轴与杆件截面的主轴 Z 不是相同的。规定了局部坐标还不能最后确定杆件在空间的确切位置。还需再确定 Z' 与 Z 之间的夹角,即方向角。此角以绕 X' 转动为正。

例如在一个斜立面内的水平杆,如图 5-2-4。

因为这个杆件处于一个斜立面内,它的主轴位置如实线所示,应为 Y,Z。但是如果采用参考点缺省的方法确定这个杆件的局部坐标,它就处于虚线的位置,Y',Z'。这时 Z 轴和 Z' 轴就相差一个方向角或称弦角。要正确模拟这个杆件,就必须将 Z' 绕 X' 轴旋转一个角度 α。可以看出,正确得到 α 的准确值是不容易的。如果在 Z 平面内给出一个参考点"a",Z' 轴就被确定与 Z 同处于一个平面内,这时的方向角就为零。而零值在程序中又是缺省值。这种作法既准确又方便。

有时采用参考点法或参考点缺省法仍不能解决问题,如图 5-2-5 所示两个杆件:

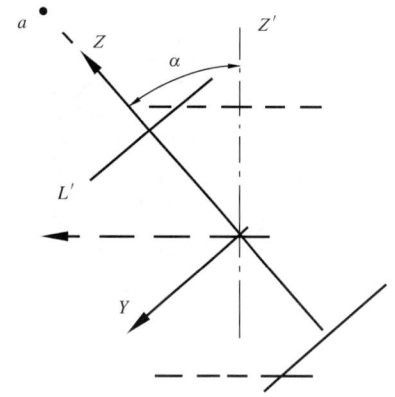

图 5-2-4 方向角示例

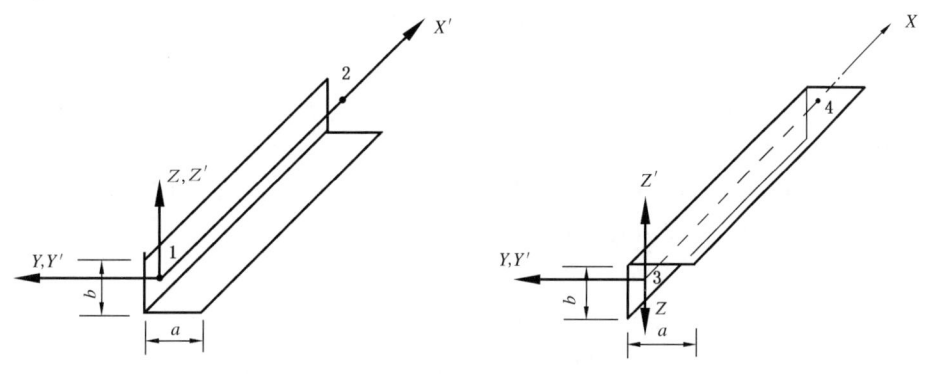

图 5-2-5 杆件空间位置的确定

杆件 1-2 和 3-4 是由截面相同的不等边角钢作成。1-2 杆的局部坐标 Y',Z' 与截面主轴 Y,Z 一致,方向角为 0.0°。3-4 杆则无法找出其方向角。对这种截面要结合"SECT"卡确定其空间位置。在"SECT"卡中把高定为 A,把宽定为 B,对 A,B 的填法按图 5-2-6 处理。

图 5-2-6 对 A,B 的填法

导管架设计中,结构杆件多是圆形截面杆件。圆形截面在空间的位置容易确定,可不考虑方向角。但对斜立面内的圆截面杆件还是给出方向角为好。如果给出了方向角,就可把截面的主轴定在斜立面内,如图 5-2-7 中的实线所示,算出最大的内力。否则程序就以虚线所示的轴线为主轴,可能得到较小的内力。

另外,参考点缺省法定出的杆件局部坐标是可变的。当结构绕总体坐标轴旋转以后,总体坐标不变,局部坐标会发生变化,杆件在空间的位置(方向角)也会改变。如图 5-2-8 所示的工字梁,在总体坐标中处在实线所示的位置。通过结构的旋转变为虚线所示的位置。

由于参考点的缺省,程序仍把它的局部坐标处理为实线所示的位置。这样算出的内力就不对了。结构旋转是经常发生的。在拖航和起吊分析的时候就经常遇到。所以参考点法是可靠的,尽管它会增加数据准备的工作量。

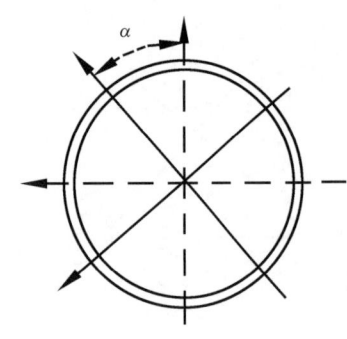
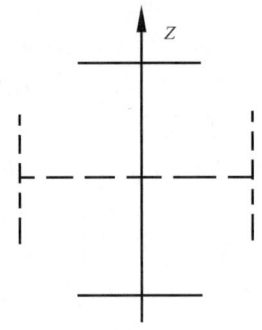

图 5-2-7　圆形截面的方向角　　　　图 5-2-8　结构旋转后的位置

图 5-2-9　板的局部坐标的确定

2）板单元

板单元由"PLATE"卡描述，并用 3 个或 4 个节点连接而成。3 点或 4 点必须共面。板的局部坐标确定如图 5-2-9。

a,b,c,d 为 4 个节点，首先填写 a,b 两点，由 a 到 b 定为 X' 轴。然后填 c，Y' 轴就由 a 指向 c。按右手法则可定出 Z' 轴。板单元可为三角形或四边形。对三角形板单元，只填 a,b,c 3 点。三角形或四边形的任一内角不得大于 180°。

3）壳单元

壳单元由"SHELL"卡描述，并由 6 个、8 个或 9 个节点按逆时针方向依次连接而成。壳单元具有 9 个节点时，最后一个节点即第 9 点为中心点。由 1 点到 3 点定为壳单元局部坐标的 X' 轴的正方向，Z' 轴垂直于 1，3 和 5 点构成的平面。由 1，3 向量到 1，5 向量的向量积方向为 Z' 的正方向。

4）单元端点约束

梁单元的每端有 6 个自由度，每个自由度可以是被约束的，也可以是不被约束的，或称约束释放。SACS 系统用"0"或"空白"表示约束，用"1"表示约束释放。表 5-2-3 所示为几个简单约束释放的例子：

表 5-2-3　约束释放的例子

梁端类型	始端约束						末端约束					
	X'	Y'	Z'	θ_x'	θ_y'	θ_z'	X'	Y'	Z'	θ_x'	θ_y'	θ_z'
	0	0	0	0	0	0	0	0	0	0	0	0
	0	0	0	1	1	1	0	0	0	0	0	0
	0	0	0	0	0	0	0	0	0	1	1	1
	0	0	0	1	1	1	0	0	0	1	1	1

当结构的某个节点为铰节点时，连接到这个节点上的杆件的端部就要释放 3 个旋转自由度。如图 5-2-10 所示：

3 个杆件 a,b,c 连接成节点 m。要注意，在释放约束的时候不能把 a,b,c 3 个杆的 m 端的 3 个转动约束都释放掉。那样会造成刚度阵的不正定。保留一个杆如 a 杆的 m 端的旋转约束而不释放，只释放 b,c 杆仍能使 m 节点成为铰接点。

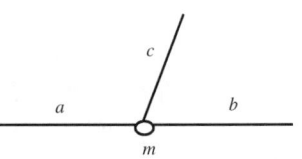

图 5-2-10　铰节点示例

5) 单元的偏心处理

梁、板、壳单元的自然轴端点或交点和实际的结构节点之间往往会有一定的距离,这一距离称之偏心。

图 5-2-11 表示由杆件 a,b,c 和 d 构成一个节点。在结构模拟中把 1 定为结构节点,$1'$ 为杆件 c 的自然端点。1 和 $1'$ 之间的距离即为杆件 c 的 $1'$ 偏心。程序把这一偏心处理为一个刚性无限大的刚臂。偏心值可用其在总体坐标或杆件局部坐标轴上的三个投影分量描述,并从结构节点到杆件自然端点进行量度。

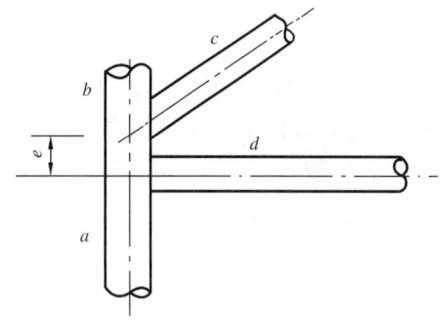

图 5-2-11 杆件的偏心

在程序中有相应的卡片用来处理梁、板、壳单元中所存在的偏心问题。同时还可以用偏心概念处理一些特殊的构造。例如:

不灌浆的桩腿:这时导管和桩之间用楔块连接,楔块只传递横向力而不传递竖向剪力和弯矩。

隔水导管和结构的连接也是只传递横向力而不传递竖向力和弯矩。

施工过程中,可能产生间隙的地方,只能传递横向力,而不传递剪力和弯矩。

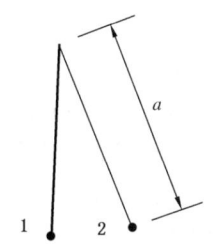

图 5-2-12 "Wishbone" 的形式

在这些地方,两节点往往距离甚近,或为重合点。这样直接连接两点的杆件甚短或长度为零,程序不能接受。因此就利用偏心的概念引入"Wishbone"。它的形式如图 5-2-12。图上说明 1,2 杆的 1 端具有偏心 a。偏心 a 可以是一个指定的适当的长度,如 15cm。然后,将 1-2 杆的一端按上述传力的要求进行释放,其释放标识可为 100111。

4. 节点固定性

对不同类型的分析,可用以下方式指定节点的固定性:

1) 静力分析

0 或 2—自由;

1—固定,弹簧,指定位移;

"PILEHD"或"111111"—对线性静力分析,SACS;

"PILEHD"或"222222"—对桩—结构相互作用分析,psi;

"FIXED"或"111111"—对 SACS;

"PINNED"或"111000"—对线性静力分析,SACS。

在某个节点上有指定弹簧时,必须附加一个弹簧常数指定卡,在这个卡上给出弹簧常数值和弹簧坐标系统。

在某节点上有指定位移时,必须附加一个指定位移卡。在这个卡上按总体坐标给出指定位移,并且指定这一位移属于哪个工况。如不给出荷载工况,则此位移作用于所有工况。

2) 动力分析

"0"或"空白"—自由、表示约化的自由度;

"1"—固定;

"2"—自由,表示保留自由度。

几点注意:

(1) 空间任意一点,例如,作为参考点的点,可以与任何单元连接,但必须完全加以固定。

(2)在泥面处,隔水导管上的点与结构上的点,桩上的点与导管上的点不得用"Wishbone"联接。

(3)当隔水导管,桩在泥面以下与非线性桩连接时,隔水套管与结构,桩与导管可在工作点(Working Point)处固结。当隔水导管桩在泥面以下与等效桩连接时,由于等效桩下端已经固定,隔水导管与结构,在工作点处仍以"Wishbone"联接。

结构必须是几何不变体。结构整体不得作空间的刚体运动。为满足这一要求,在作结构的吊装分析时,必须引入适当的弹簧支座。为模拟吊装的真实性,弹簧常数要足够的小。

5. 桩的结构特性

1)桩的截面特性

在 SACS 系统中,允许桩截面为圆管和 H 型两种形式。选择 H 型截面时则要用"PLSECT"卡输入截面的力学特性(如横截面积、抗扭惯性矩 I_x、抗弯惯性矩 I_y 及 I_z 等),截面的尺度(如 H 截面高、宽和剪切面积 A_y 及 A_z 等)。对每一截面都要给出相应的截面标识,对圆管截面可不要"PLSECT"卡。

2)桩的分组描述

在一个结构中可以有截面和长度不同的桩。同一根桩可以分成截面不同的若干段。桩的分组卡"PLGRUP"用来描述桩的这种结构特性。和 SACS 中对杆件的分组卡一样,对不同截面和长度的桩可用不同的分组标识来区别。对具有不同截面的几个桩段组成的同一根桩,可用具有相同分组标识的几张"PLGRUP"卡描述。桩的分段是从泥面(桩顶)向下依次进行的,各段长度之和等于总的桩长。对每一段,即每一张"PLGRUP"卡中要填入相应的"PLSECT"卡。对圆管截面则要填入相应的管径和壁厚。

在任意一段中可填入 T 修正系数对该段 $T—Z$ 曲线的"T"值进行修正。

对任意一段都可填入"端部支撑面积"。一般情况下,只在桩尖一段填入。支撑面积根据实际的土层和桩长,通过对桩尖具体情况的研究来确定,一般可按表 5-2-4 的几种情况来考虑。

表 5-2-4 端部支撑面积

闭口桩			桩端封闭面积
开口桩	土塞形成	砂	桩端封闭面积
		黏土	桩端封闭面积×0.8
	土塞未形成		桩的横截面积

3)桩的几何位置

(1)桩的局部坐标。

桩的局部坐标和结构杆件局部坐标的确定方法基本相同。在这里只用参考点缺省法,同时规定桩的局部 X' 轴沿着从桩底到桩顶的方向。

(2)桩和结构的连接。

桩顶点在结构的泥面处通过具有固定性为"222222"或"PILEHD"的结构节点与结构相接。所以除了这些与桩顶点连接的节点以外,在结构中其他任何节点不得有"222222"或"PILEHD"固定性标识。

(3)确定桩的斜度的两种方法用"PILE"卡实现:

① 用两个点确定其斜度。首先填写连接点,即带有"222222"或"PILEHD"点的节点号,然后填写沿桩轴线向上结构上的点(或虚设的点)节点号。第二点必须在第一点的上方。填卡时必须先填第一点,再填第二点。

② 斜度坐标。

在"PILE"中填第一点的节点号,不填第二点的节点号,可填第一点上方某点的 X,Y,Z 三个坐标值。

6. 土壤特性描述

1) 土壤对桩的轴向阻力特性

土壤对桩的轴向阻力特性有两类描述方法。

(1) 桩的侧摩阻力,ADHESION。这种方法是用桩侧单位面积上所受的摩擦力描述。它不考虑土壤的变形。桩的轴向力首先传给靠近泥面的土层,超过这层土壤承载能力的轴向力再传给下一层土壤。当桩通过的所有土层都达到了承载能力,剩下的桩轴力再传给桩尖支撑面积,如果该面积也达到了它的承载能力,桩轴力仍有剩余,则这种传递失败。运行程序给出失败信息。桩顶的轴向位移为桩本身的弹性变形,无桩的整体下沉。

桩的侧摩阻力的输入又有两种方法:一种是输入各层土层的土壤特性,程序自动地按照 API RP 2A 的公式计算出侧摩阻力。一种是根据土工试验结果直接输入侧摩擦阻力。

(2) 桩轴向阻力的 $T-Z$ 曲线。这种描述方法考虑了通过桩表面和其周围土壤之间剪切作用传递桩的轴向力时,土壤发生变形。剪切力和变形的关系用 $T-Z$ 曲线表达。根据不同的土层,$T-Z$ 曲线可以是反对称的,也可以不是反对称的。$T-Z$ 曲线可由土工试验得到。利用 $T-Z$ 曲线描述,在轴向荷载作用下,桩顶位移包括桩的弹性变形和整体位移两部分。

2) 土壤对桩的横向阻力特性

土壤的这一阻力特性用 $P-Y$ 曲线表达。Y 表示某一桩截面沿垂直桩轴线方向的位移,P 表示单位长度上所受的土壤抗力,P 值直接与桩径有关。

对 $P-Y$ 曲线也有两种输入方法:一种是利用有关土壤资料,按照 API RP 2A 的有关公式由程序自动计算形成 $P-Y$ 曲线。一种是直接输入 $P-Y$ 曲线。

3) 土壤对桩的端部支撑特性

当土壤对桩的轴向阻力特性用侧摩阻力,ADHESION 描述时,或用 API 法或用直接输入法,在 PILEIN.DAT 和 PSIIN.DAT 卡片流中都不需放置端部支撑输入卡片组 SOIL BEARING HEAD。

只在轴向特性输入卡片 SOIL AXIAL HEAD 的 21-30 列填入桩端支撑特性、土壤承载力就可以了。

当土壤对桩的轴向阻力特性用 $T-Z$ 曲线描述时,在卡片流中就要放置 SOIL BEARING HEAD 为头卡的卡片组。端部支撑特性用 $Q-Z$ 曲线描述。对每一层都可以输入 $Q-Z$ 曲线,但是在具体分析中只需输入桩尖所在土层的 $Q-Z$ 曲线。

4) 土壤对桩的扭转支撑特性曲线

土壤对桩的扭转支撑特性与轴向支撑特性、横向支撑特性和端部支撑特性都是无关的。在 PSI 分析中要考虑杆件的扭转作用,同时也考虑桩的扭转作用,但它在桩的非线性解析中独立进行。单桩分析程序是一个平面解析程序,无法考虑桩的扭转特性,因此在 PILEIN.DAT 中不出现桩的扭转特性卡。

扭转支撑特性有两种输入方法:

(1) 用土壤扭转弹簧输入卡片,在桩顶输入一个扭转弹簧刚度系数,其取值可依经验设定。当桩的轴向支撑特性用 $T-Z$ 曲线输入时,这里可用扭转弹簧常数输入扭转支撑特性。

(2) 用侧摩阻力 ADHESION 输入扭转支撑特性,其输入方法与轴向支撑特性 ADHESION 的输入方法相同。摩阻力取值也可以相同。

5) 土壤分层

实际的桩要穿过各种性质不同的土层。在每一层的顶部和底部要输入如下面各节所提到的轴向支撑特性、端部支撑特性、扭转支撑特性和横向支撑特性。

土壤是从泥面(桩顶)向下逐段垂直分层的。并用从泥面(桩顶)量起的距离确定各层的位置。在每一层土壤中,土壤的支撑特性可能有两种情况:一种是从层顶到层底支撑特性保持不变,另一种是从层顶到层底支撑特性呈直线变化。为完成这两种不同情况的支撑特性输入,用表 5-2-5 方法填写土层位置:

表 5-2-5 土层位置

	层顶位置	层底位置	图 例
①	填写	填写	
②	填写	空白	

(1)支撑特性为常数。
(2)支撑特性从层顶直线地变化为下层层顶的支撑特性。

PILE 程序用有限差分法进行桩分析时,由于差分点的数目远比土层数目为多,差分点与土层分界点不是一一对应的。也就是说不是所有的差分点上都有与其对应的直接输入的支撑特性。为此在每一土层内差分点上的支撑特性可用该土层层顶和底层支撑特性值由内插得到。

支撑特性从泥面(桩顶)开始,向下逐层输入,不得颠倒次序和间断输入,第一土层位置必须从 0.0 开始。

6) 单位制和修正系数

土壤资料所采用的单位制、参考桩径、表达方法与本程序所采用的单位制、桩径、表达方法可能不一样,如果把土壤资料的有关数据都按照本程序的要求加以改变,工作量是相当大的。另外,根据实际情况和不同的分析目的有时也需要改变某些土壤数据。程序引入了一些改变单位制的信息和修正系数来解决这些问题。

7. Dummy 结构

Dummy 结构是这样一种结构,它是为计算环境荷载的需要而模拟的,它只用于传递荷载,而不考虑其本身的刚度,如登船平台等。

Dummy 结构通过边界点与主结构相连,由其产生的环境荷载也通过这些边界点传给主结构。

SACS 程序有 Dummy 结构模拟功能,具体方法参考相关的手册。

8. 非结构单元

非结构单元与 Dummy 结构的定义类似,但是其不需要与主结构相连,即不像 Dummy 结构需通过边界点与主结构相连。如立管所产生的环境荷载的模拟可使用非结构单元。SACS 程序有非结构单元模拟功能,具体方法可参考相关手册。

第三节 荷载模拟

一、固定荷载

1. 固定荷载定义

固定荷载包括平台结构的重量和在某个作业形式下不变化的任何永久设备和附属结构的重量。固定荷载应包括下面各项:

(1)平台结构在空气中的重量,还包括适当的桩、水泥浆和压载的重量;

(2) 永久安装到平台的设备和附属结构的重量；
(3) 作用在水面以下结构上的静水力，包括外压力和浮力；
(4) 海生物重量。

2. 结构自重及浮力模拟

计算模型模拟的构件其自重（包括浮力）一般由程序自动计算。至于模拟构件时为简化而省略的构件如板、次梁、楼梯、栏杆、走道、设备基座、防沉板等，则必须由设计人员另行将其重量（包括浮力）输入模型中或采用系数法，即针对不同计算状态，选用不同的系数或方法。

对于导管架及甲板，根据计算模型的模拟程度和设计阶段的不同，结构重量系数取值不同，在不同设计阶段根据对结构和设施的模拟的详细程度，可采用如下值，但是在不同设计阶段后期，如果有重量控制报告，应根据重量控制报告对选择的系数进行修正。

1) 导管架自重模拟

(1) 概念设计：取1.30（不模拟附属构件）；
(2) 基本设计：取1.10~1.20（视附属构件的模拟情况取值，如模拟了登船平台、靠船件、立管、电缆护管、泵护管、阳极块、桩腿间环行空间内水泥浆重量和隔水导管内容物的重量等，则可取1.10）；
(3) 详细设计：取1.05~1.10（视附属构件的模拟情况取值，如模拟了登船平台、靠船件、立管、电缆护管、泵护管、阳极块、防沉板、隔水导管导向、登船楼梯、吊点、水下桩调平装置、封隔器、桩腿间环行空间内水泥浆重量和隔水导管内容物的重量等，则可取1.05）。

2) 甲板自重模拟

见第三章第三节相关内容，如果缺少上部结构和荷载的资料，可采用等效质量法。

3. 设备自重

见第三章第三节相关内容。

4. 海生物重量模拟

应根据海生物类型和预测的生长厚度，模拟其对结构截面积和重量的影响。

二、活荷载

活荷载是在平台的使用期间作用在它上面的荷载，它可能在一种作业形式期间就发生变化，也可能从一种作业形式到另一种时发生变化。

三、吊机和钻/修井机荷载

见第三章第三节相关内容。

四、海洋环境荷载

1. 环境荷载定义

环境荷载是由包括风、流、波浪、地震、雪、冰和土壤移动等自然现象作用在平台上的荷载。环境荷载还包括由于波浪和潮汐引起水位变化而产生的作用在构件上的静水压力和浮力的变化。环境荷载作用的方向是不定的，除非已掌握的特定条件使得不同于上述的假设更合理。

应要求业主提供考虑方向的波浪、风和流3个参数的联合概率值。

2. 风荷载

见第三章第三节相关内容。

3. 波、流荷载

波流荷载的计算应参见 API RP 2A 中的公式。

计算波浪作用在圆柱形物体上的力取决于波长与杆件直径的比值。当比值较大（大于5）时，则杆件不会明显改变入射波浪，那么，波浪力就可按如下的公式作为拖曳力和惯性力的和来计算：

$$F = F_D + F_1 = C_d \frac{\omega}{2g} AU |U| + C_m \frac{\omega}{g} V \frac{\delta U}{\delta t} \tag{5-2-1}$$

式中　F——垂直作用于构件轴线单位长度上的水动力矢量，N/m(lb/ft)；

　　　F_D——垂直作用于构件轴线并在构件轴线和速度 U 平面内单位长度的惯性力矢量，N/m(lb/ft)；

　　　F_1——垂直作用于构件轴线并在构件轴线和 du/dt 平面内的单位长度的惯性力矢量，N/m(lb/ft)；

　　　C_d——拖曳力系数；

　　　ω——水的重度，N/m³(lb/ft³)；

　　　g——重力加速度，m/s²(ft/s²)；

　　　A——垂直于圆杆轴线单位长度上的投影面积（对圆形杆件为 D），m(ft)；

　　　V——圆杆单位长度上的体积（对圆形杆件为 $\pi D^2/4$），m²(ft²)；

　　　D——包括海生物在内的圆形杆件的有效直径，m(ft)；

　　　U——垂直于构件轴线的水流（由波浪和/或海流引起的）速度矢量的分量，m/s(ft/s)；

　　　$|U|$——U 的绝对值，m/s(ft/s)；

　　　C_m——惯性力系数；

　　　$\dfrac{\delta U}{\delta t}$——垂直于构件轴线的水流局部加速度矢量分量，m/s²(ft/s²)。

这里所用的 Morison 方程，在计算惯性力时忽略了对流加速度分量。同时也忽略了升力，冲击力和轴向的 Froude – Krylov 力。

当结构或杆件的尺寸足够大以致占波长的很大比例时，入射波浪就会发生散射或绕射。这种绕射通常发生在构件的宽度大于波长的 1/5 时。应该使用绕射理论而不是 Morison 方程计算作用在结构上的入射波浪和散射波浪的压力。根据其直径，沉箱可能位于绕射范围内，特别是对于较低海况的疲劳条件时。T. Sarpkaya 和 M. Isaacson 的"海洋结构物波浪力学（Van Nostrand Reinhold 公司 1981 年出版）"叙述了绕射理论。对于一个从海底一直伸出自由液面的圆形构件（沉箱）的线性绕射问题的解决方法见 R. C. Mac. Camy 和 R. A. Fuchs 的"桩柱波浪力"：A Diffraction Therory（Army Corps of Engineers，Beach Erosion Board，Tech. Memo No. 69，1954 年）。

在计算波浪、流荷载时，如果波浪和流同时存在时，应选择将波浪和流从作用在相同方向，水质点的运动特征应考虑波浪和流的联合作用，所以应将波浪和流模拟在同一荷载工况。波浪理论的选择应基于平台场址的具体条件，根据 API RP 2A 的图 5 – 2 – 15 确定。

一般情况下，波、流的方向至少取 8 个方向，方向为 0°、斜向、90°、斜向、180°、斜向、270°和斜向。斜向作用方向的确定应通过方向搜索得到，通过比较不同角度下导管架基底剪力和倾覆力矩的值，从而确定最大基底剪力和最大倾覆力矩的斜向方向。当最大基底剪力和最大倾覆力矩的方向不一致时，如果二者产生的桩头力相差在 5% 以内，可选择产生较大桩头力的方向，否则两个方向均需考虑。不论是对操作条件还是极端条件，都要进行这样的搜索。在条件不具备时，也可选择导管架底层平面对角线垂线的方向作为荷载的斜向作用方向。

在计算波浪力时，应根据下列步骤考虑相关因素（计算程序示意图见 5 – 2 – 13）：

（1）应根据图 5 – 2 – 14 确定波浪的表观周期，以便考虑流对波浪的多普勒（Dopper）效应。

（2）根据平台所处地理位置的波高、风暴水位和表观周期等参数，采取图 5 – 2 – 15 中推荐的方法，确定适合该水域的两维波浪运动理论。

（3）但是两维的波浪理论并不能真实地反映自然界中波浪形状的不规则性和传播的方向性，所以推荐使用波浪运动系数来折减两维波浪理论中的水平速度和加速度。对于热带风暴，推荐使用 0.85~0.95 的波浪运动系数；对于强热带风暴，推荐使用 0.95~1.0 的波浪运动系数。

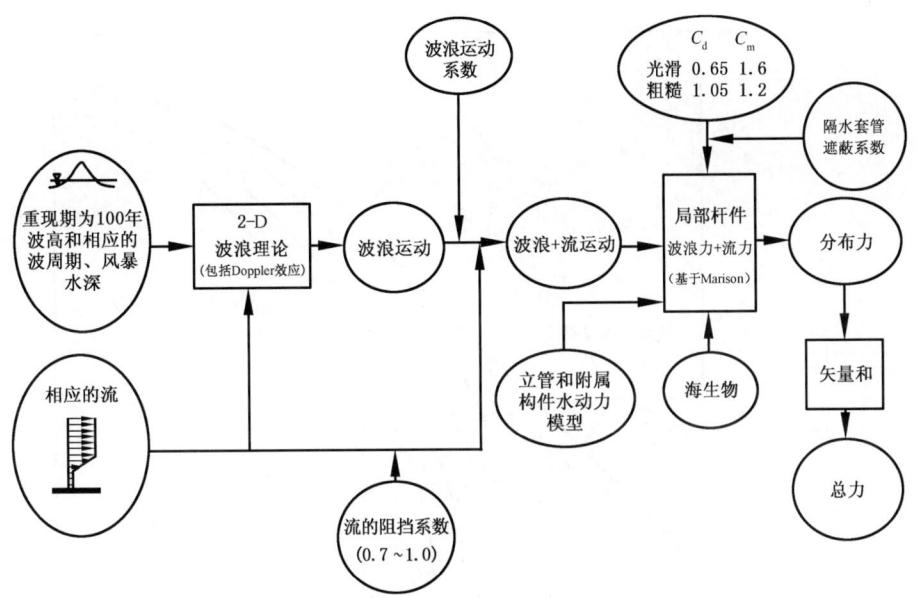

图 5-2-13 计算波浪力+流力的静力分析程序

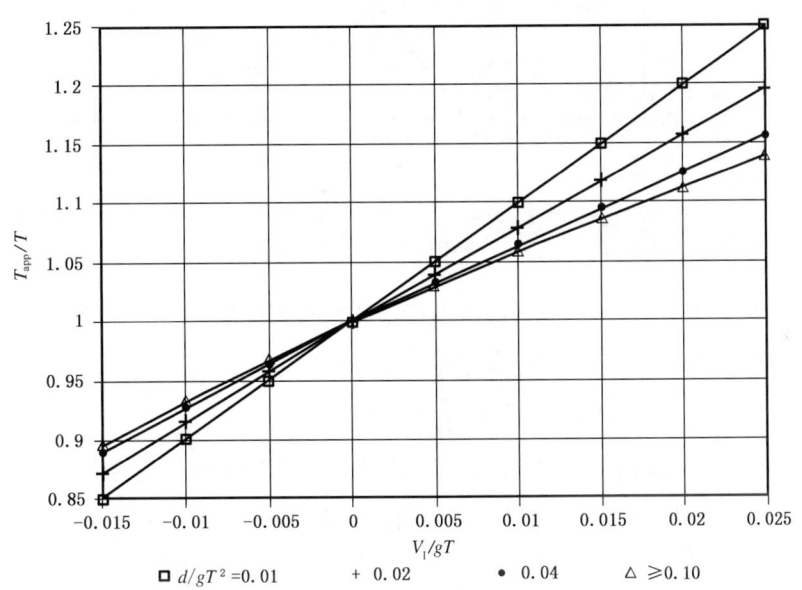

图 5-2-14 稳定流引起的 Doppler 变换

(4)由于平台产生的阻挡作用,靠近平台附近的水流不同于自由水流中的流态,部分水流偏转绕开结构构件,而不是直接作用于结构构件上,导致作用于结构上的流速减小。所以结构分析中一般根据不同的结构形状,选取一定的阻挡系数来考虑流速的降低。表 5-2-6 中对不同腿数的导管架提出阻挡系数推荐值。

表 5-2-6 不同腿数的导管架阻挡系数推荐值

桩腿数	方向	系数	桩腿数	方向	系数
3	各个方向	0.90	6	端面 对角线 侧面	0.75 0.85 0.80
4	端面 对角线 侧面	0.80 0.85 0.80	8	端面 对角线 侧面	0.70 0.85 0.80

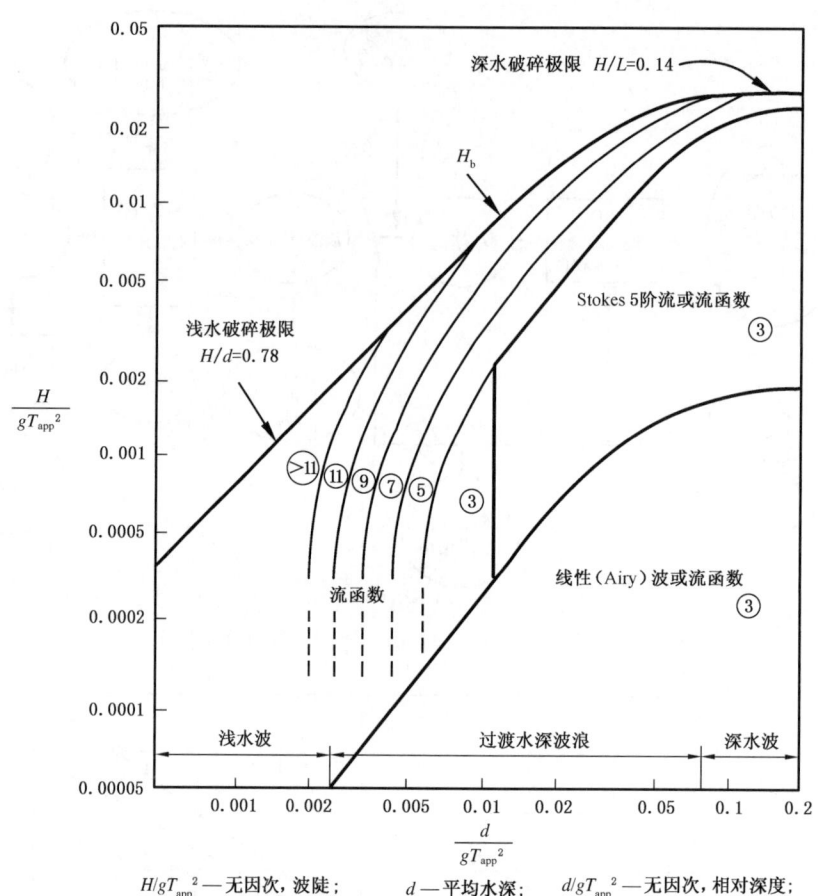

图 5-2-15 流函数、Stokes 5 阶波和线性波理论的适用范围

稳定流的阻挡系数可由"调节盘"模型(Taylor,1991)来估算,即:

$$[1 + \sum (C_d A)_i / 4\bar{A}]^{-1} \qquad (5-2-2)$$

式中 $\sum(C_d A)_i$ ——流场中所有杆件(包括水平杆件)"拖曳面积"的总和;

$\bar{A}$——平台的周边面积内垂直于海流方向的投影面积值。

当结构的几何形状随水深变化较大时,可以根据不同的水深来计算阻挡系数。如果计算的折减系数低于 0.7 时,应考虑将平台模拟成一系列的"调节盘",而不是一个单一的"调节盘"。

在计算阻挡系数时,应考虑参考高程。在选择参考高程时,应避免导管架水平撑所在的位置,以免使用过大的阻挡系数。

(5)在计算作用于结构的波浪力时,需使用波浪运动系数折减后的波浪水质点的速度与不同水深处的流速叠加。但是流速一般只考虑到波浪的平均水面,对于不同的波面位置的流速,可以采用拉伸或压缩的方法来获得。非线性拉伸是较精确的方法,也可以采用线性拉伸的方法。海流垂向分布线性和非线性延伸的比较见图 5-2-16,API RP 2A 中的注释 C2.3.1.b5 对该部分有较详细的描述。

(6)在海生物活动活跃的海域,平均水位以下的结构构件上,会有海生物聚集,从而增加杆件的尺寸、粗糙度和结构自重。生长海生物的结构杆件称为粗糙杆,无海生物生长的杆件称为光滑杆。海生物的分布及性质如范围、厚度和壁厚等一般应从设计基础数据中获得,尤其是海生物厚度,它对平台荷载影响较大,应予以充分重视。如果设计基础数据中没有给出海生物的数据,海生物厚度可参考临近平台的海生物厚度值,海生物生长的上边界可取平均海平面,下边界取海床表面。海生物的密度一般可取 $1.4t/m^3$。

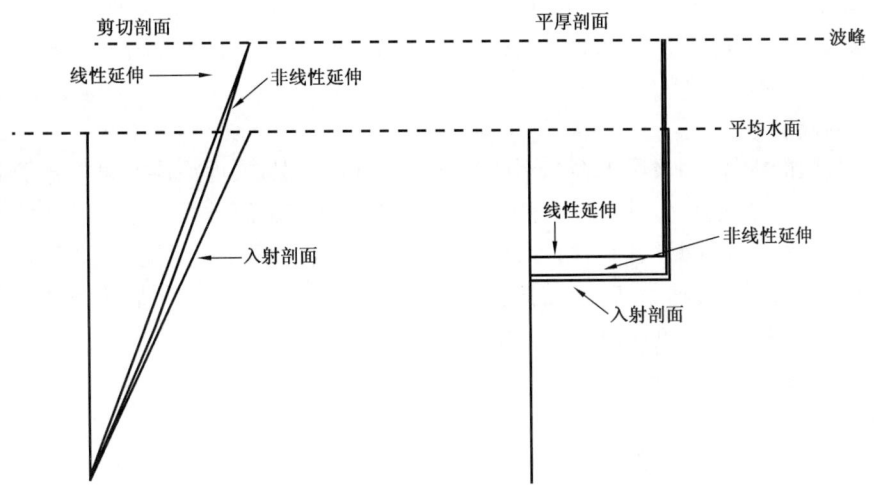

图 5-2-16 海流垂向分布线性和非线性延伸的比较

(7) 对于常规的管状导管架结构杆件,光滑杆件的 C_d、C_m 推荐值分别为 0.65 和 1.6,粗糙杆件的 C_d、C_m 推荐值分别为 1.05 和 1.2。对于非圆管构件,可以参见 DNV 的"海上结构的设计、建造和检测规范:附录 B—荷载"。

(8) 当隔水套管间距较近时,由于水动力的屏蔽作用,作用于隔水套管的波浪力减小,这可以通过对拖曳和惯性力系数使用屏蔽系数来实现。屏蔽系数取决于隔水套管的中心距与隔水套管直径之比,系数的取值详见图 5-2-17。

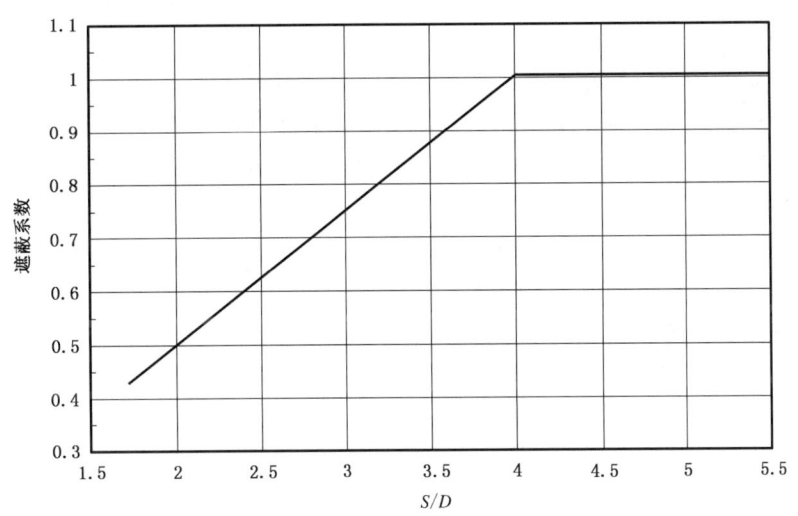

图 5-2-17 隔水套管间距函数的隔水套管组上波浪力遮蔽系数

(9) 附属构件如登船平台、靠船件、走道、斜梯、立管、各类护管、灌浆和充水管线、控制管线、阳极等,应考虑包括在水动力计算模型中。根据附属结构的类型和数量不同,有可能极大地增加整体波浪荷载。如果附属构件对整个结构的刚度影响不大,可以用虚拟杆件或水下体积模拟附属杆件承受的波浪荷载,然后利用刚性分布的原则将荷载分配到附属构件与主结构的连接点上。阳极一般可以采用同等漂浮重量、同等体积的圆管模拟。

根据设计阶段的不同,波浪、流荷载系数可采用如下值:

(1) 概念设计:取 1.30(不模拟附属构件);

(2) 基本设计:取 1.10 ~ 1.20(视附属构件的模拟情况,如模拟了登船平台、靠船件、立管、电缆护管、泵护管、阳极等,则可取 1.10);

(3)详细设计:取 1.05～1.10(视附属构件的模拟情况,如模拟了登船平台、靠船件、立管、电缆护管、泵护管、阳极块、防沉板、隔水导管导向、登船楼梯、吊耳、水下桩调平装置、封隔器等,则可取 1.05)。

飞溅区的确定:

位于飞溅区的构件,阴极保护系统不能对其提供有效的保护,而涂层又可能遭受船舶等碰撞的损伤,所以对该区域的杆件,应采用特殊的涂层并考虑适当的腐蚀裕量。飞溅区的范围可按下面的公式确定。对处于飞溅区内的构件,杆件壁厚应扣除腐蚀裕量。腐蚀裕量一般取值为设计基础条件中建议的年腐蚀速率和平台的设计寿命(年)的乘积,如果设计基础条件中没有包含建议的年腐蚀速率,对于国内近海海域的固定平台,腐蚀裕量可取 0.3mm/a。

飞溅区上边界标高:$DHWL + 2H_s/3 + \Delta$

飞溅区下边界标高:$DHWL - H_s/3 - \Delta$

式中 $DHWL$——操作条件下的设计高水位(对于渤海海域,可采用 HAT),m;

$DLWL$——操作条件下的设计低水位(对于渤海海域,可采用 LAT),m;

HAT——最高天文潮位,m;

LAT——最低天文潮位,m;

H_s——操作条件下的有效波高,m;

Δ——施工和测量误差(当水深小于等于 50m 时,取 0.5m;当水深大于 50m 时,取 1.0m)。

4. 冰荷载

在寒冷地区,冰可能成为平台的控制荷载。冰可以以单层冰、重叠冰、冰脊或冰山的形式存在,在我国海域一般分为单层冰和重叠冰。单层冰和重叠冰的单轴抗压强度一般不同,在设计中应选择相应的值。

(1)冰磨蚀区的确定。如业主没有规定,则按下面确定。对处于冰作用区内的构件,杆件壁厚应扣除冰磨蚀裕量。冰磨蚀裕量一般取值为设计基础条件中建议的年冰磨蚀速率和平台设计寿命(年)的乘积,如果设计基础条件中没有包含建议的年冰磨蚀速率,对于渤海湾海域的固定平台,冰磨蚀裕量可取 0.1mm/a。

磨蚀区上边界标高:$WHAT + 0.1H + \Delta$

磨蚀区下边界标高:$WLAT - 0.9H - \Delta$

式中 $WHAT$——冬季最高天文潮位,m;

$WLAT$——冬季最低天文潮位,m;

H——冰厚,m;

Δ——施工和测量误差(当水深小于等于 50m 时,取 0.5m;当水深大于 50m 时,取 1.0m)。

如无冬季天文潮资料,可用年资料。

(2)在确定冰作用点时,冰在水面以上的高度取冰厚的十分之一。

(3)冰力的计算方法。

① 孤立柱冰力。

作用在垂直和接近垂直(与水平面交角大于 75°)的孤立柱(D 不大于 2.5m)上的水平冰力 F 按下式计算:

$$F = mIf_c\sigma_c Dh \qquad (5-2-3)$$

式中 m——形状系数;

I——嵌入系数;

f_c——接触系数;

σ_c——冰无侧限压缩强度,MPa;

D——冰挤压结构的宽度,m;

h——冰厚,m。

形状系数 m 的取值如下:

圆形截面,$m=0.9$;

方形截面:冰正向作用,$m=1.0$;冰斜向作用,$m=0.7$。

对圆形截面的柱,嵌入系数 I 和接触系数 f_c 的乘积由下面经验公式确定:

$$If_c = 3.57h^{0.1}/D^{0.5} \qquad (5-2-4)$$

式中 h 和 D 单位为 cm,此时采用冰力计算公式时,m 取值为 1.0。

② 导管架冰力。

a. 非堵塞情况:

导管架总冰力为各腿柱和隔水导管的冰力之和,单腿柱冰力按①孤立柱冰力计算。在计算总冰力时,应考虑腿柱和隔水导管间的相互影响。具体如下:

ⓐ 所有隔水导管上的冰力按①孤立柱冰力计算,并按0.9的系数折减;

ⓑ 对于阵列布置的隔水导管群,其遮蔽系数按图5-2-18和图5-2-19两种情况确定;

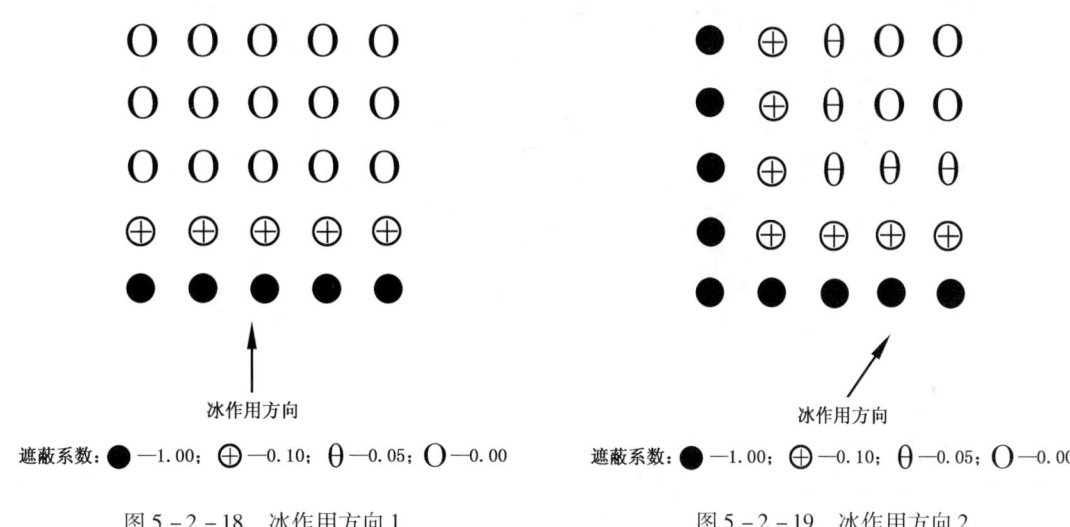

图 5-2-18 冰作用方向 1　　　　图 5-2-19 冰作用方向 2

ⓒ 位于隔水导管群后方,在冰破碎带内的腿上的冰力按0.1的系数折减;而位于隔水导管群后方,不在破碎带内腿上的冰力按0.5的系数折减。

ⓓ 对于没有隔水导管的四腿导管架,腿的冰力系数按图5-2-20、图5-2-21、图5-2-22和图5-2-23 4种情况确定(四腿以上的导管架的冰力系数的确定参照以上处理)。

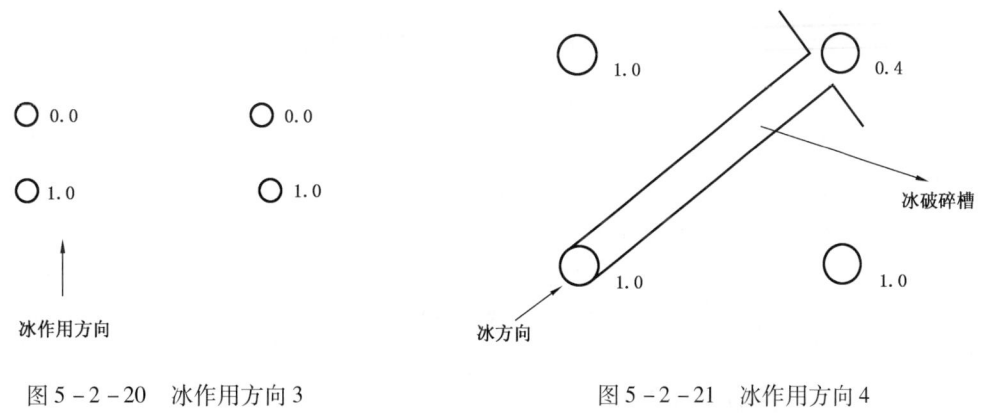

图 5-2-20 冰作用方向 3　　　　图 5-2-21 冰作用方向 4

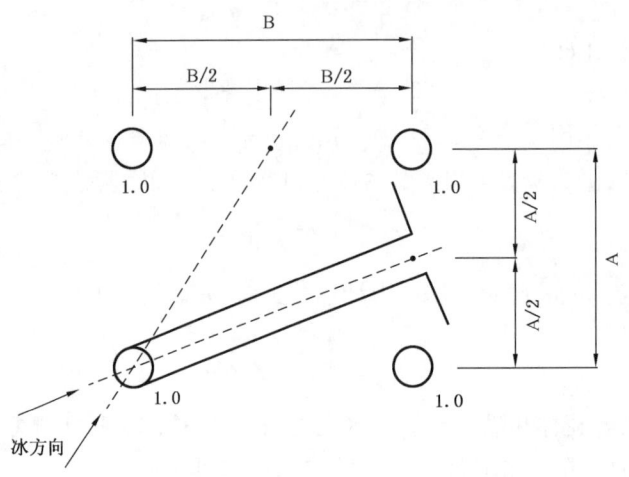

图 5-2-22 冰作用方向 5

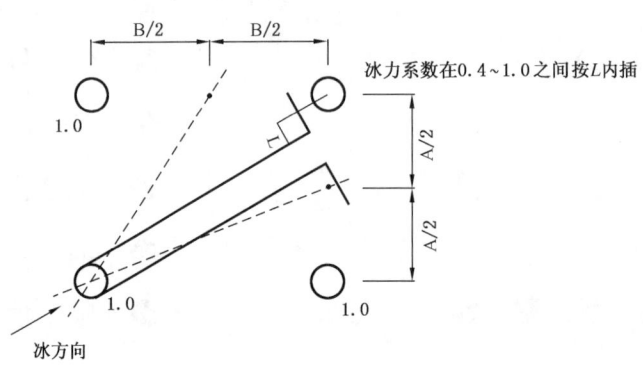

图 5-2-23 冰作用方向 6

b. 部分堵塞情况:

部分堵塞情况是指仅井口区堵塞的情况,此时导管架上的总冰力为堵塞区冰力与导管架所有腿上的冰力之和。在这种情况下,对于堵塞区,取 $If_c=0.4$,而形状系数 m 在冰斜向作用时为 0.9,正向作用时仍为 1.0。其构件间的相互影响如下考虑:

ⓐ 位于隔水导管群后方,在破碎带内腿上的冰力为零;
ⓑ 位于隔水导管群后方,但不在破碎带内的腿上的冰力按 0.5 的系数折减;
ⓒ 在结构分析时,将堵塞区的冰力按隔水导管数均分加到结构上。

c. 全部堵塞情况:

一般不考虑整个导管架全部堵塞的情况。

5. 地震荷载

结构中的地震力是由地面运动引起的,而这个力的大小取决于结构物及基础的刚度。与其他大多数环境力不同,地震力一般是随结构刚度变小而减少,而刚度变小是由于结构构件或基础构件的非弹性屈服或屈曲所引起的。如果这种非弹性效应可能发生,而结构物在重力荷载作用下没有失去稳定,则此结构可经受比第一次屈服时所承受过的更为严重的地面运动而不致倒塌。

由于地震发生的偶然性且不易预测,地震有效加速度重现期的选择一般长于环境荷载的重现期。例如对于 20 年设计寿命的平台,环境荷载的重现期一般取为 100 年一遇,而用于强度水平结构校核的地震荷载的重现期可取 200 年一遇(或 50 年超越概率 10%),用于韧性水平结构校核的地震荷载重现期可取 1000 年一遇(或 50 年超越概率 2%)。

用有效地面加速度可以建立一个量纲化了的标准设计谱,如图 5-2-24 所示。

对于强度水平的地面设计水平加速度小于0.05g的地区,可以不进行地震分析,因为这类地区的平台控制荷载往往不是地震,而是设计环境荷载。

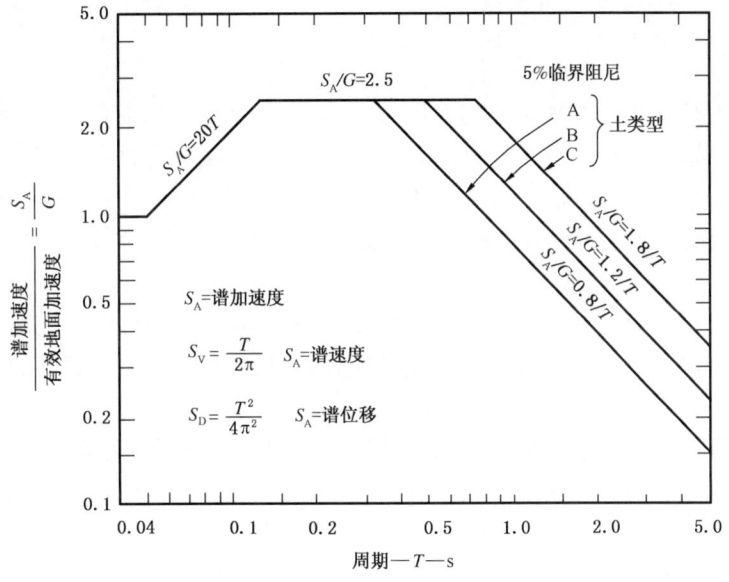

图 5-2-24　响应谱——1.0G 的标准谱

土类型:

A. 岩石—结晶状岩、砾岩或页岩,一般具有超过914m/s(3000ft/s)的横波速度。

B. 浅硬冲积物—牢固砂、淤泥质和硬黏土,抗剪强度超过大约72kPa(1500PSF),深度大约小于61m(200ft),并且覆盖在岩性物质的上面。C. 深硬冲积物—牢固砂、淤泥质和硬黏土,厚度超过大约61m(200ft)并覆盖在岩性物质的上面

五、荷载组合

1. 基本原则

组合荷载工况应考虑所有可能的最不利的荷载组合,包括结构自重、设备自重、设备操作重量、操作活荷载、操作环境荷载、极端环境荷载、冰荷载、地震荷载、偶然荷载等。同时应考虑可能产生的最大桩压力和拔力的荷载工况组合。对于甲板上的运动和移动设备,应考虑不同作业位置与其他荷载的最不利组合。

2. 荷载组合

荷载组合及荷载条件组合系数见表5-2-7。

表 5-2-7　荷载组合及荷载条件组合系数表

	操作	极端风暴	极端冰	拔桩(极端风暴)	拔桩(极端冰)	拔桩(操作)	地震
结构自重	1.0	1.0	1.0	1.0	1.0	1.0	1.0
设备自重	1.0	1.0	1.0	1.0	1.0	1.0	1.0
储罐等液体	1.0	0.75	0.75	0.25	0.25	1.0	0.75
活荷载	1.0	0.75	0.75	0.25	0.25	1.0	0.75
操作风、波、流	1.0					1.0	
极端风、波、流		1.0		1.0			
冰条件冰、风、流			1.0		1.0		

注:此表仅表示荷载条件在参加组合时应取的系数,并不表示真实的组合。具体参与组合的荷载要按实际情况选取。

第四节　导管架结构在位分析

一、概述

导管架结构在位分析是指平台安装就位后,在平台整个生命周期内,对平台承受自重荷载、设备荷载、操作荷载、风荷载、波浪和流荷载、冰荷载、地震荷载及意外荷载等各种荷载工况进行分析,以保证导管架满足指定标准和规范的要求。目前海洋平台导管架的整体设计一般遵循 API RP 2A 最新版的要求进行设计,局部构件的设计一般依据 AISC 和 API RP 2A 最新版的推荐作法。

导管架在位分析主要包括:静力分析、动力分析、地震分析、疲劳分析、桩基分析、波浪拍击分析和涡激振荡分析等。下面针对不同分析过程中的分析方法、构件及节点的校核标准等进行阐述。

如果单独对导管架结构进行模拟分析,应尽可能模拟甲板结构主框架的结构形式,以便合理的模拟上部结构的刚度对导管架结构的影响。对于上部组块的荷载,应合理模拟以反映上部组块真实的重心位置。

二、设计参数

1. 设计荷载

平台在就位作业阶段承受结构及附属构件的自重荷载、平台上部设施的重量和操作荷载、平台上部设施的临时荷载和活荷载、钻井和修井荷载,作用在平台上部设施的风荷载、海流荷载、波浪荷载、冰荷载和地震荷载,以及事故荷载如:船舶碰撞、爆炸和落物等。

各种设计荷载的定义、范围和模拟方法详见本章第二、三节的内容。

2. 相关设计参数的选择

1) 海生物

海生物的分布及性质如范围、厚度等一般应从设计基础数据中获得,尤其是海生物厚度对平台荷载影响较大,应予以充分重视。如果设计基础数据中没有给出海生物的数据,海生物厚度可参考邻近平台的海生物厚度值,海生物生长的上边界可取平均海平面,下边界取海床表面。海生物的密度一般可取 $1.3 \sim 1.4 \text{t/m}^3$。

2) 飞溅区

位于飞溅区的构件,阴极保护系统不能对其提供有效的保护,而涂层又可能遭受船舶等碰撞的损伤,所以对该区域的杆件,应采用特殊的涂层并考虑适当的腐蚀裕量。飞溅区范围的确定可参照第三节的推荐做法。

在位状态分析时,对处于飞溅区内的构件,杆件壁厚应扣除腐蚀裕量。腐蚀裕量一般取值为设计基础条件中建议的年腐蚀速率和平台的设计寿命(年)的乘积,如果设计基础条件中没有包含建议的年腐蚀速率,对于中国近海海域的固定平台,腐蚀裕量可取 0.3mm/a。需要扣除腐蚀裕量的杆件宜按照未腐蚀的杆件直径和壁厚模拟其截面特性,而利用杆件修正将其截面特性修正至扣除腐蚀裕量后的外径和壁厚,这样可以既保持较大的荷载作用面积和结构重量,又使用了较为保守的扣除腐蚀裕量后的杆件截面特性。

3) 冰磨蚀区

对于可能遭受冰作用的导管架,位于冰磨蚀区的杆件还应考虑冰磨蚀裕量,冰磨蚀应按本章第三节中的定义确定范围和冰磨蚀裕量。

在位状态分析时,对处于冰作用区内的构件,杆件壁厚应扣除冰磨蚀裕量。冰磨蚀裕量一般取值为设计基础条件中建议的年冰磨蚀速率和平台设计寿命(年)的乘积,如果设计基础条件中没有包含建议的年冰磨蚀速率,对于渤海湾海域的固定平台,冰磨蚀裕量可取 0.1mm/a。冰磨蚀区的杆件模拟方法与本章第二节相同。

4) 水位选择

并不是所有的平台都是在高水位处产生最大的基底剪力或倾覆力矩,所以在计算平台的环境荷载时应至少选择两个水位进行荷载组合,避免错过最不利的荷载工况。一般宜选择 100 年一遇(渤海海域为 50 年一遇)的极端高水位和极端低水位作为设计水位与平台的设计荷载工况组合,选择一年一遇的极端高水位和极端低水位(无此值时,可选用最高天文潮和最低天文潮)作为设计水位与平台的操作荷载工况组合。对于水面附近结构形状变化较大的导管架结构,或许需要比较更多的水位。

三、静力分析

1. 定义及范围

静力分析包括操作工况分析和极端工况分析。

操作工况是指平台正常操作条件下可能承受的最不利的荷载组合,一般定义为平台承受固定荷载和相应于平台正常操作的最大(或最小)活荷载相组合的作业环境条件。作业环境条件应代表平台现场的适度的恶劣条件,它们不一定是在超过要求时平台中止作业的限制条件。对于中国近海的固定平台,一般取一年一遇的环境条件作为操作环境条件。

极端工况是指平台在服役期内有可能遭遇的最恶劣的环境条件时的最不利的荷载组合,一般定义为平台承受固定荷载和相应于与极端条件相组合的最大(或最小)活荷载组合的设计环境条件。平台在承受该设计环境条件时,平台上的正常生产活动已中止,但平台在该设计条件下应具备满足规范要求的结构强度和刚度,以保证结构的安全性和完整性。

除了地震荷载外的环境荷载,应考虑不同的荷载工况同时出现的概率进行合理的组合,在适用的场合,地震荷载应作为单独的环境荷载条件作用在平台上。

钻井和采油平台的最大活荷载应考虑钻井、采油和修井状态下的操作,以及任何适当的与采油作业相结合的钻井和修井作业。

2. 荷载组合

组合荷载工况应考虑所有可能的最不利的荷载组合,包括结构自重、设备自重、设备操作重量、操作活荷载、操作环境荷载、极端环境荷载、冰荷载、地震荷载等。同时应考虑可能产生的最大桩压力和拔力的荷载工况组合。对于甲板上的移动设备,应考虑不同作业位置与其他荷载的最不利组合。

3. 分析计算

1) 结构构件校核

名义应力校核依据 API RP 2A—WSD 最新版,对于极端风暴条件和极端冰条件,许用应力可以增加 1/3。导管架及其结构附属构件的所有杆件的名义应力校核应满足规范要求,即 UC 值应小于 1。

对于不满足规范要求的杆件,如果应力比接近于 1.0,可以采用增加杆件壁厚方法,提高杆件的承载能力。对于应力比远远大于 1.0 的杆件,应采用增加杆件直径的方法。对于大型滑移下水的导管架,尽可能采用大径厚比的杆件,以提供较大的浮力。

2) 节点冲剪校核

冲剪应力校核依据 API RP 2A—WSD 最新版,对于极端风暴条件和极端冰条件,许用应力可以增加 1/3。导管架及其结构附属构件的所有杆件的冲剪应力校核应满足规范要求,即 UC 值应小于 1。

如果节点的冲剪应力校核不满足规范要求,可以采用在支杆端部增大直径的方法,或者采用增加弦杆壁厚的方法。如果使用了较大的弦杆壁厚节点冲剪仍不满足要求,宜采用在弦杆节点处选用变直径的方法。

3) 位移

每个导管架水平层最大位移应包括在计算结果中,用以判断节点位移是否异常。位移值还受到设备或作业要求的限制。

四、动力分析

1. 概述

动力荷载是由对周期性激励的响应,或由对冲击的反作用而作用在平台上的荷载。对平台的激励可能是由波浪、风、地震、冰或机械振动引起的。

当设计海况在接近平台的自振频率的频率范围包含有显著的波能时,则需要对固定平台进行动力分析。API RP 2A 中规定,当结构自振周期大于 3s 或水深大于 120m 时,需考虑波浪的动力影响。

2. 波浪

对固定平台的动力分析建议采用带有修正峰能量的随机线性波浪理论。

3. 流

相应于设计海况的流可能通过 Morison 方程式中的非线性拖曳力项影响动力荷载,因此在动力分析中应予以考虑。

4. 风

对于导管架式、塔式、重力式或最小型化平台,由持续风产生的总体荷载可以叠加到总体波浪和流荷载上。

5. 冰

冰的振动由于受到结构形式和刚度、冰的破坏模式、冰的运动速度和厚度等多方面因素的影响,冰的动力响应很复杂。所以应对具体的导管架平台进行针对性的动力响应分析,分析方法应选择世界公认的或中国海洋石油总公司认可的方法进行。

6. 结构模拟

固定平台的动力模型应反映质量、阻尼和刚度等主要的分析参数。质量应包括平台钢结构、所有附属构件、隔水套管、甲板荷载、水下圆管构件中包含水的质量、结构上预计生长的海生物质量和水下构件的附连水质量,同时还要考虑由于海生物引起的构件外径的增加。等效黏性阻尼值可用来代替明确的阻尼分量确定值。如果缺少对特定结构阻尼值的可靠资料,对极端波浪分析,可使用 2%~3% 的临界阻尼值。

7. 分析方法

推荐采用时间历程法进行导管架的波浪动力分析。通过对平台进行动力分析,获得平台考虑结构运动的惯性力和波浪荷载的组合后构件的内力,并使用该内力对结构构件进行规范校核。荷载组合和构件校核方法与本节第三部分(静力分析)相同。

五、地震分析

1. 概述

结构中的地震力是由地面运动引起的,而这个力的大小取决于结构物及基础的刚度。与其他大多数环境力不同,地震力一般是随结构刚度变小而减少,而刚度变小是由于结构构件或基础构件的非弹性屈服或屈曲所引起的。

对于强度水平的地面设计水平加速度小于 $0.05g$ 的地区,可以不进行地震分析,因为这类地区的平台控制荷载往往不是地震,而是设计环境荷载。对于强度水平的地面设计水平加速度为 $0.05g$ 至 $0.10g$ 之间的地区,如果采用罕遇的强烈地震加速度代替强度水平的地震加速度,而且结构的强度分析结果满足 API RP 2A 规范的要求,可以不做韧性分析。

2. 强度要求

1) 分析方法

对于初步的设计和研究,平台的选型可以使用响应谱法或时间历程法。

应用响应谱方法时,平台所处地区的谱值应沿着结构的两个正交的水平主方向相等地施加,在竖直方向应施加所在地区的 1/2 谱值。所有三个谱值应该同时施加,如果用时间历程分析进行设计,在每个正交方向的三个时间历程分量可以是不同的。由于平台对输入运动的响应具有潜在的敏感性,设计时至少应考虑三组时间历程曲线。

由于动力响应只能采用线性方法进行分析,对于非线性的桩—土系统,可以采用等效桩或等效基础刚度的方法转换成线性基础,用于结构的地震响应分析。在形成等效刚度基础的时候,应采用与地震力水平相当的荷载施加于结构上,用静力分析的方法形成基础刚度矩阵。当然对于前期研究过程中,如果还不能获得现场土壤资料,可考虑使用 6~8 倍的桩径的嵌固长度对结构进行初步模拟计算。对于硬质土壤,采用较小的嵌固长度,对于较软的土壤,采用较大的嵌固长度。

2) 结构模拟

地震荷载应和其他同时出现的荷载,例如重力、浮力和静水压力进行组合。重力荷载应包括平台的固定重量(包括结构、设备、附属构件),实际活荷载(或最大活荷载的 75%)和 75% 的最大供应和贮备荷载,结构和附属构件中的流体质量以及附加质量。附加质量可按垂直于个别结构框架和附属构件的纵轴线运动的排水质量进行计算。对于沿着结构框架构件和附属构件的纵轴线的运动,附加质量可以忽略。

分析模型应包括平台刚度和质量在三个方向上的分布。应考虑平台刚度或质量的不对称分布可能会引起显著的扭转响应。

在计算有支撑的桩基钢结构的动力特性时,对于弹性分析,应使用单一的 5% 的临界振型阻尼比。在有确定可靠的资料时,也可使用其他的阻尼比。

3) 响应分析

在使用响应谱方法且设计谱被相等地作用在两个水平方向时,对于振型响应组合,可以使用完全二次组合(CQC)方法,对于方向响应组合,可以使用平方和的平方根(SRSS)方法。

在使用时间历程方法时,应按照所考虑的每一个时间历程中的最大值的平均值来计算设计响应。

为了要求得到结构响应的适当代表值,并不需要把所有振型都包括在内,例如被选取的振型可按振型参数,如质量参与系数,或按主要响应参数,例如基底剪力和能量所确定。如果局部杆件效应重要时,可以要求附加振型。重量参与系数在水平方向一般应大于 90%。

4) 响应评价、构件应力

在杆件应力的计算中,地震产生的荷载所引起的应力应与重力、静力压力和浮力所引起的应力相组合。对于强度要求,AISC 的基本容许应力可被增加 70%。

3. 韧性要求

韧性要求的目的是为了保证位于地震活动区域的平台有足够的贮备能力,当平台经受罕见强烈地震作用时,个别结构构件可能损坏,但要求平台的结构—基础系统仍保持稳定。这个要求可能通过使结构具有足够的冗余量,让结构在破坏前,荷载能重新分布和产生非弹性变形和通过尽可能减少结构在垂直方向上刚度的突然变化的方法来达到。

如果结构位于罕见的强烈地震地面运动与强度水平地震地面运动的强度比等于 2 或小于 2 的区域内,桩被确认是位于由罕见强烈地震引起的地面运动下仍为稳定的土壤中,而且在确定结构的形状和选择相应的杆件时能够遵循下列的条件,则对具有四个腿,或更多个腿的常规的导管架式结构,可不进行韧性分析。

(1)对包括内含的任何桩的导管架腿,应使用两倍的强度水平地震荷载进行设计,并满足强度要求。

(2)水平框架间或腿之间的垂直走向内的剪力对于拉和压两个斜向撑杆基本上相等分配,并在受压撑杆失稳、节间传递剪力的能力丧失时,不能使用"K"形撑杆。在这些条件不能满足时,对于包括导管架和甲板之间的"门"形框架内的结构部件应使用两倍的强度水平地震荷载进行设计,并满足强度要求。

(3)应在垂直框架内的水平框架平面上所有各邻腿之间设置水平杆件,并且这些杆件应有足够的抗压能力,以便能够重新分配因邻近斜向撑杆屈曲引起的荷载。

(4)管状构件的韧性和经受周期性荷载时性能降低的特性与D/t和长细比关系密切。在垂直框架内的主要斜向撑杆的长细比(Kl/r)应限于80,并且它们的径厚比在F_y的单位为ksi时应限于$1900/F_y$(在F_y的单位为MPa时,应限于$13100/F_y$)。在垂直框架内的连接处的所有非管状构件应被设计为AISC规范中的紧凑断面,或者使用两倍的强度水平地震荷载,按照强度要求进行设计。

应对不满足上述所列条件的结构—基础系统进行分析,以证明它们具备抵抗罕见强地震而不倒塌的能力。分析方法应能精确合理地反映系统的结构和土壤部分对强烈的地面振动的预计响应。结构和土壤单元模型应包括在极端荷载的反向作用和轴向力与弯矩的相互作用,以及适用时静水压力和局部惯性力相互作用下强度和刚度的降低特性。应考虑由于结构和基础弹性的非弹性变形而产生的P-delta效应。

4. 管节点

节点尺寸是按连接杆件的屈服和屈曲能力来确定的。这样就能防止节点早期破坏,并能充分保证整个结构的韧性。

在确定导管架腿桩的节点加厚段部分的尺寸时,是根据主要斜撑杆的完全屈服和主水平杆件的屈曲荷载。这些水平构件在作弹性分析时,在典型的情况下只承受少量荷载,但当主要斜撑杆屈曲之后,都要承受相当大的压应力,以防止整个结构"拉散开"。为避免节点加厚段部分的厚度过厚,可以在主构件上加做一节锥形短节,或考虑杆件搭接和桩灌浆联结的有利效应。

5. 分析方法

首先进行平台的动力分析,获取平台的动力特性,为了简化计算,可以将结构质量凝结到结构的主要节点上。通过检查质量的参与程度,确定进行地震谱分析的振型数。分别计算不同振型对地震震动的响应并组合,得到不同杆件在地震动力作用下的应力。该应力的正负值分别与只考虑重量影响的构件静应力叠加,用于计算构件的实际应力状态。

六、疲劳分析

1. 概述

导管架的疲劳分析一般采用谱疲劳分析,通过疲劳分析验证管节点和支杆端部的疲劳寿命是否满足平台的使用要求。

对于谱疲劳分析,一般应先确定应力的传递函数。其方法是使用波陡相同的特征波浪,计算结构各节点不同部位(一般取8点)的应力幅值与波高之比与波浪周期的对应关系。然后使用平台场址波浪的统计值,采用波浪谱的方法进行疲劳分析。

2. 分析方法

在管状连接的设计中,应考虑与局部循环应力有关的疲劳问题。对导管架型结构需要进行详细的疲劳分析,建议采用谱分析方法。如果证明对力及杆件响应具有足够的代表性,也可使用其他合理的方法。

必要时,要作如下的累积疲劳损伤详细分析。

(1) 波浪条件应是长期内预期出现的全部海况的集合。为了结构分析的目的,这种集合可以集中为波浪能量谱和具有出现概率的物理参数来表达的代表性海况。

(2) 应进行空间框架分析,以获得给定波浪力作用下结构杆件的名义应力响应。一般采用 Morison 公式计算波浪力。然而,由于流可以忽略,因此不必考虑波浪的表观周期和流的阻挡。另外,疲劳分析的波浪运动系数和隔水套管的遮蔽系数应取 1.0。对小波浪,粗糙杆件取 $C_m = 2.0, C_d = 0.8$,光滑杆件取 $C_m = 2.0, C_d = 0.5$。

应采用谱分析方法来确定每一海况的应力响应。对于在平台自振周期附近具有显著能量的海况,应考虑动力影响。

(3) 发生在管连接处的局部应力应由直接邻近节点连接处考虑了适当应力集中系数的热点应力来表示。发生在焊趾处的局部区域影响要用选择适当的 S—N 曲线来反映。

(4) 对所研究的每一构件相贯线周围的每一部位,都应计算出对各种海况的应力响应,还应充分考虑总体和局部的应力影响。

这些应力响应要组合成为长期的应力分布,从而计算累积疲劳损伤比 D:

$$D = \sum (n/N) \tag{5-2-5}$$

式中　n——给定应力幅值的循环次数;
　　　N——适当的 S—N 曲线上,给定应力幅值的允许循环次数。

换句话说,计算每个海况下的损伤比,然后加以组合而得到累积的损伤比。

(5) 每个节点和构件的设计疲劳寿命应至少是结构使用寿命的两倍(即安全系数 = 2.0)。对设计疲劳寿命,损伤比 D 不应超过 1.0。对那些一旦失效将导致灾难性后果的关键构件,应该考虑应用较大的安全系数。

当由于其他循环荷载作用可能发生疲劳损伤时,例如运输过程中,应该满足如下公式:

$$\sum_i SF_i D_i < 1.0 \tag{5-2-6}$$

式中　D_i——每种荷载类型下的疲劳损伤比;
　　　SF_i——相应的安全系数。

对于运输过程,是用长期的波浪分布来预报短期的损伤,应考虑采用一个较大的安全系数。对于短距离运输,在疲劳分析中可以采用增加 1 年的使用寿命来考虑运输过程中产生的疲劳损伤。

(6) 选择相应于每个频率的波高可使用与波候相适应的不变的波陡。一般使用 1:15 至 1:25 之间的波陡。应使用 0.3m(1ft) 的最小波高和等于操作工况波高的最大波高。

(7) 在疲劳损伤累积的每一点上,根据最少 4 个平台方向(正向、侧向、两个斜向)计算应力幅值传递函数。且应考虑连接的撑杆和弦杆每一侧最少 4 个热点位置。

3. 管连接的 S—N 曲线

对于承受环境荷载或操作引起的交变应力的管连接,可采用图 5-2-25 给出的 S—N 曲线,或采用其他公认的 S—N 曲线,如 DnV 推荐的曲线。一般应避免飞溅区内的连接。对在大气中使用的承受规则的循环荷载的管的连接,X 和 X' 曲线的疲劳极限分别为 10^7 和 2×10^7。

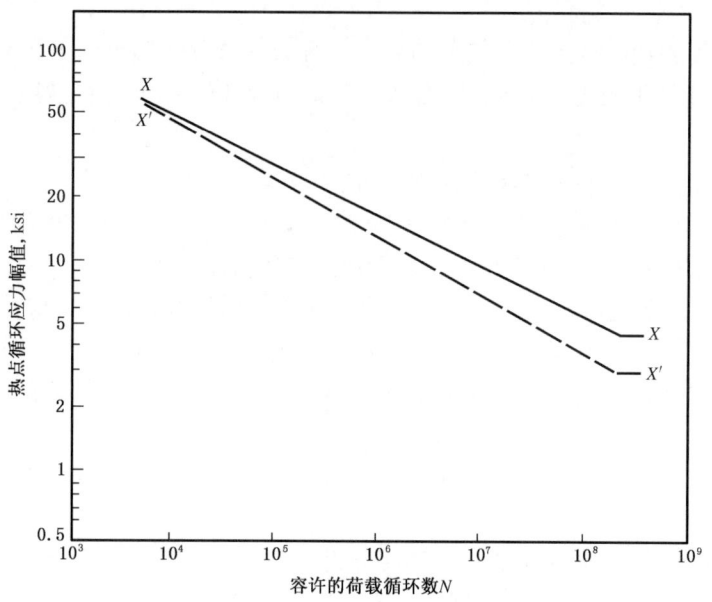

图 5-2-25 疲劳 S—N 曲线

注：这些曲线可以用数学表示为：$N = 2 \times 10^6 \left(\dfrac{\Delta\sigma}{\Delta\sigma_{\text{ref}}}\right)^{-m}$

式中：N 为采用地循环应力范围 $\Delta\sigma$，和下面所列 $\Delta\sigma_{\text{ref}}$ 和 m 时的容许循环次。

曲线	$\Delta\sigma_{\text{ref}}$ 2×10^6 的应力幅值	m 双对数斜率的倒数	200×10^6 的疲劳极限
X	14.5ksi(100MPa)	4.38	5.07ksi(35MPa)
X'	11.4ksi(79MPa)	3.74	3.33ksi(23MPa)

对没有外形控制，但其外形符合基本标准的平滑剖面(ANSI/AWS D1.1-92，图 10.12)和支杆厚度小于 16mm(0.625in)的焊接，可采用 X' 曲线。对更大壁厚的同样平滑的剖面，应考虑 API RP 2A 推荐的尺度效应修正。

尺度效应修正：

$$\text{许用应力} = S_0 \left\{\dfrac{t}{t_0}\right\}^{-0.25} \tag{5-2-7}$$

式中 S_0——由 S—N 曲线得出的许用应力；

t——支杆厚度；

t_0——支杆的限制厚度。

X 曲线适用于具有剖面控制的焊接和支杆厚度小于 25mm(1in)的焊缝。同样情况下，当壁厚更大时，应进行尺度效应修正，但是，不需要修正下面的 X' 曲线。

对支杆壁厚大于 25mm(1in)的焊缝，当其外表打磨光顺后的半径大于或等于支杆壁厚的一半时则可采用 X 曲线，而不考虑尺度效应。最后的研磨标志应该与焊缝轴线垂直，并且整个完工的焊缝应该通过磁粉检验。

4. 应力集中系数

可以使用有限元薄壳分析，以得到与 API X(或 X')曲线相一致的热点应变，只要网格细到足以显示出突变的应力梯度，以及相应于实际焊趾位置，而不是使用相交界面的中点的结果。等轴厚壳元和固体元可被用来更直接地模拟焊接区。

1）应力集中系数的估算

一些经验公式可被用来估算热点应力集中系数，如 API，AWS，DNV 和 KUANG 等方法都是世界公认的方法，应根据具体的节点形式选择合适的计算理论：

(1) 根据大量的薄壳有限元分析推导出 Kuang 公式。在用它推算 X 曲线数据库中的疲劳试验后报热点应变时，其结果比根据测量应变得出的关系要偏于保守。应注意，撑杆侧的应力集中系数已用 5/8 的折减系数修正，这个系数仅适用于应力的放大部分。

(2) 根据 Kellogg 公式的应力集中系数。这组应力集中系数公式被规定用于灌浆的节点。但是有资料指出灌浆仅在导致弦杆成椭圆形状的加载和节点几何形状时影响应力集中系数，所以应谨慎使用这些公式。

(3) 由伦敦劳氏船级社发展的应力集中系数公式，是由聚丙烯模型测得的应变推导的。这些是根据实际合理的范围，而不是统计相关技术。

累积疲劳损伤应在每个管连接的周围最少 4 个点以上予以评价。在鞍点，是组合轴向和平面外弯曲热应力，而在冠点，是组合轴向和平面内弯曲热点应力，如图 5 - 2 - 26 所示。在组合荷载下，最大热点应力可能发生的鞍点和冠点以外的圆周位置上。在 8 点或更多的点外评价损伤时，应使用模型试验，有限元分析或参数研究考虑应力分布。在得不到这种资料时，可以使用简化的应力分布公式。

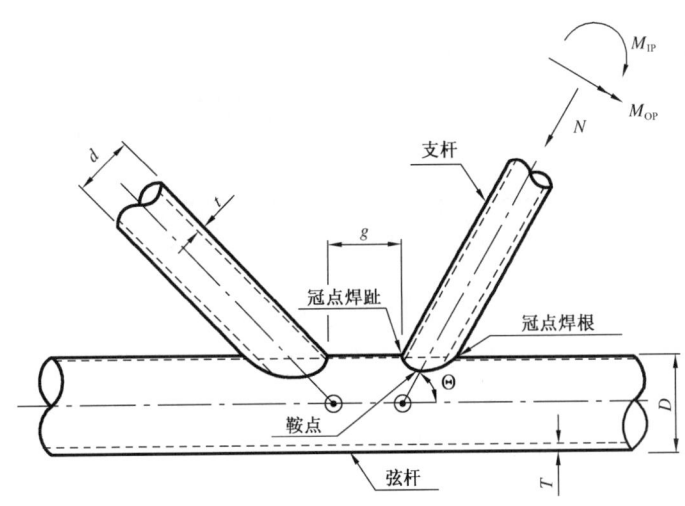

图 5 - 2 - 26　管节点的几何定义

2) 简单管节点的应力集中系数

简单管节点的应力集中系数可以简单的使用节点分类法。节点的分类就是把给定支杆的轴向力对应于应力集中公式中三种节点形式，分解成 K、X 和 Y 三个分作用力的过程。这样划分一般考虑了节点处同一平面内的所有构件。在本规定中，把相差 ±15° 的支杆平面都认为是一个共用平面。该平面内每一支杆都能随作用条件变化而确定唯一分类。该分类可以是以上三种节点类型的组合。

对于按照 K 型节点对待的支杆，其轴向力应该平衡到同一平面内且在该节点同侧的其他支杆轴向力的 10% 以内。对于 Y 型节点，其支杆内的轴向力被弦杆内的剪力总量所平衡。对于 X 型节点，其支杆内的轴向力通过弦杆传递到另一侧的支杆上。

简单管节点的应力集中系数可以采用不同的计算方法获得，如 API，AWS，DNV 和 KUANG 等方法都是世界公认的方法，应根据具体的节点形式选择合适的计算理论。

3) 灌浆管节点

灌浆节点是指弦杆内完全充填水泥浆（单层灌浆节点）或者弦杆与内部构件之间的环形空间内充填水泥浆（双层灌浆节点）。灌浆节点的 SCF 取决于加载历程。如果弦杆及混凝土之间的结合力没有丧失，SCF 就小。在进行灌浆节点的模型试验时，应把它们之间的结合力在测量 SCF 前消除。由于灌浆的影响，拉力及压力作用下的 SCF 可能会不同。

为了得到偏于安全的疲劳设计，建议使用从结合力已被消除掉，节点承受拉力的试验中得出

的 SCF。加大拉力就可以把这种结合力破坏掉,该拉力的大小可由试验得出的力和位移的关系而求得(把荷载增到出现非线性)。

应该把灌浆节点按简单节点来处理,只是支杆和弦杆的鞍点 SCF 计算中 γ 所取的弦杆厚度必须用下面公式中给出的等效弦杆壁厚来代替:

$$T_e = (5D + 134T)/144 \qquad (5-2-8)$$

式中 D 和 T ——分别为弦杆直径及壁厚。

灌浆对 β 比值高或 γ 比值低的节点几乎没有影响。如果缺乏其他证据,对于 β 大于0.9或者 γ 不大于12.0的节点应忽略灌浆带来的作用。

4)管状对接焊缝节点的应力集中系数

由于外侧的 S—N 曲线没有内侧的 S—N 曲线危险,因此特别建议在设计管状对接焊接连接时把厚度过渡段放在外侧(见图5-2-27)。对于这种几何形状,厚度过渡段的 SCF 适用于外侧。内侧可保守的选用 $SCF = 1.0$。制作厚度过渡段时一般采用1:4的坡度。

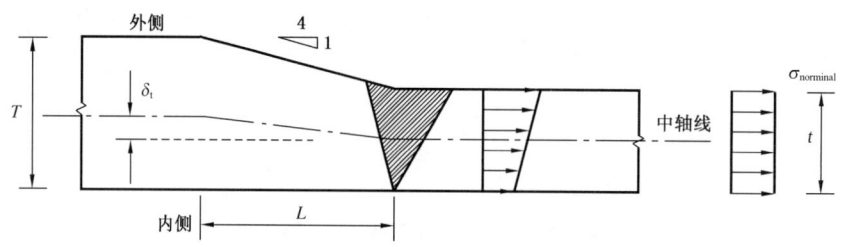

图5-2-27 管状对接焊缝的厚度过渡段首选放在外侧

管状对接焊接连接处的应力集中是由于不同原因造成的偏心而引起的。这些偏心可分为:同心度(管件直径的差异)、连接管件的厚度差异、不圆度以及中心偏心等,把不同原因产生的偏心距直接相加,就可以保守的计算出总偏心距。一般情况下不圆度所产生的偏心距对于总偏心 δ 的影响最大。

用板件的偏心距公式计算管状对接焊接处的 SCF 是保守的。如果 T/t 不大于2,那么使用(5-2-9)式就可以把直径厚度关系的影响包括在内:

$$SCF = 1 + \frac{6(\delta_t + \delta_m - \delta_0)}{t} \cdot \frac{1}{1+(T/t)^{2.5}} \cdot e^{-\alpha} \qquad (5-2-9)$$

式中 $\alpha = \frac{1.82L}{\sqrt{Dt}} \cdot \frac{1}{1+(T/t)^{2.5}}$;

δ_0——S—N 数据固有的轴偏量,$\delta_0 = 0.1t$。

5)非简单管节点的应力集中系数

对于非简单管节点,荷载的传递是由搭接或节点板、加强环等形式来完成的,在支杆中应该用一个最小为6.0的应力集中系数,以代替附加的分析。对于不能提供足够的杆件连接静承载能力的弦杆或节点加强,也要单独对这些单元进行校核。

5. 分析模型

疲劳分析用的空间框架模型应包括刚度、质量、能量耗散、海生物和平台结构部件和基础的加载性质的所有重要特征。分析模型主要包括梁单元。疲劳分析用的计算的杆端应力的充分性要根据使用的模拟技术而定。强度分析用的模拟可能需要修正,例如,增加或修正疲劳敏感的构件。平台刚度和质量分析的不对称可能引起显著的扭转响应,应予以考虑。

1)刚度

模型应包括平台刚度的三维分布。对于典型的导管架杆件,撑杆名义应力应在撑杆和弦杆中心线交点处计算。对于大直径弦杆和短撑杆,应考虑局部刚度。对于飞溅区的杆件,疲劳分析时可保留50%的腐蚀裕量附加到杆件的净壁厚上。

附属构件,例如:下水滑道、防沉板、J型管、立管、裙桩导向结构等对结构整个总体刚度有显著影响时,则在模型中应予以考虑。隔水套管和水平框架的刚度也应包括。另外对于直接在设计波谷高程以下的水平层,应包括足够的细节以能进行个别框架部件的疲劳分析。如果在基础中考虑隔水套管,则对泥面水平层同样还需另外的有限元类型(即壳、板、块体元等)。应足够详细地考虑甲板刚度,以充分表示甲板—导管架的相互关系。

2)质量

质量模型应包括结构钢、设备、隔水套管、附属结构、水泥浆、海生物、封闭水和附加质量。为得到结构总体响应,集中质量模型应是足够的。但是,这个方法可能不会充分地预报局部动力响应。在需要时,局部响应予以检查。包括在模型中的设备质量应考虑在平台上任何给定的操作期间由结构支撑的所有设备。如果设备质量被预计在平台寿命期间对不同的操作是显著变化的,合理的作法是分别进行分析,然后合成疲劳损伤。对于垂直于单个结构框架和附属结构的纵轴运动,可按排开水的质量计算附加质量。

3)能量耗散

阻尼系数的选择可能有极深的影响,根据在低海况的测量,建议2%或更低的临界值。由于在阻力的计算中包含结构速度,这就是增加了系统总阻尼。对于非柔性结构,在测量中没有观测到阻尼的这种增加,因此不应被考虑。对于柔性结构,例如牵索塔,除了2%的结构(包括基础)阻尼外,还可考虑结构速度的影响。

4)自振周期

对于3s以上的结构自振周期,动力放大是重要的,特别是对可能给长期疲劳损伤以最大贡献的普通海况。

由于平台的自振周期可能随设计假设和甲板操作质量显著地变化,因此应严格检查理论周期,特别是当它落入平台基底剪力传递的低谷区时。周期应向传递函数更有利的位置移5%~10%。这应在合理的范围内由调节质量或刚度来实现。选择哪些参数来修正,这是各个平台所固有的,取决于甲板质量、土壤条件和结构形状。调节基础刚度会改变结构底部构件的疲劳荷载。

5)荷载

应表示作用的循环荷载,以使沿杆件荷载分布的影响被包括在杆端应力中。仅仅交点之间的撑杆分布荷载需要考虑。应考虑由隔水套管和附属构件,诸如下水滑道、防沉板框架、J型管、立管、裙桩导向、阳极块等引起的荷载。由于可能与强度分析中为计算波浪设计荷载所使用的波浪理论以及阻力和惯性力系数不同,因此应检查对它们的操作显著变化时(如运输、钻井和采油的情况),最好分别进行分析,并组合各疲劳损伤的结果。

潮汐、海流和海生物都影响着疲劳,但风暴潮和涌浪有显著的影响。

海流是疲劳分析中极难考虑的一个复杂的现象。因为疲劳考虑应力幅值,所以海流的静力影响可以忽略。

由于海生物增加局部和总波浪荷载,因而它可能对构件的疲劳产生不利的影响。如果包含海生物给出安全的结果,则应研究海生物剖面的不同取值,此时可采用简单疲劳分析确定海生物厚度。

6. 简化疲劳分析

作为详细疲劳分析的替代方法,对导管架型平台的管节点,当满足下列条件时,可采用经设计波浪标定过的简化疲劳分析方法,简化疲劳分析的规定适用于水深小于122m(400ft),由韧性钢材建造的导管架型平台的管节点,并且平台是一个具有冗余度的框架结构,自振周期不超过

3s。简化的疲劳分析包括结构中所有管节点的设计,使其在疲劳设计波浪下的峰值热点应力不超过容许峰值热点应力。

1) 疲劳设计波浪

选择极端波浪条件作为参考水平波浪。将这一波浪作用于结构时应不包括风、流和重力荷载的影响。无方向性波浪在所有的设计方向上取 0.88 的波浪运动系数。

2) 容许峰值热点应力

容许峰值热点应力 S_p 是作为水深、杆件的位置、S—N 曲线的设计疲劳寿命的函数来确定的。设计疲劳寿命至少为使用寿命的 2 倍。在水线以上构造的杆件,以及延伸到和包含在刚刚低于疲劳设计波谷高程的水平框架内的杆件,都认为是水线杆件。

7. 分析结果

疲劳寿命在考虑了相应的安全系数后应满足平台的使用要求,对于不满足疲劳寿命要求的节点,可以采用在支杆端部增大直径的方法,或者采用增加弦杆壁厚的方法。如果使用了较大的弦杆壁厚节点冲剪仍不满足要求,宜采用在弦杆节点处采用变直径的方法。

七、波浪拍击分析

1. 概述

位于飞溅区的水平杆件可能要承受波浪冲击力,这些近乎垂直的力是由于波浪穿过时,局部水面上升和下降拍击杆件下部所造成的。由于这些力近乎垂直,它们对平台的总体基底剪力和倾覆力矩的作用非常小,但在局部杆件的设计中需考虑。

平台拖航时,悬出驳船边缘的杆件或导管架下水时首先入水的杆件,也可能产生冲击力。

拍击荷载由拍击在构件上的液体的运动变化速率所引起。因此是构件和自由水面的相对速度和构件对拍击荷载反应的函数。相对拍击速度取决于结构的运动、波高、波浪周期、波浪方向和构件位置。

2. 拍击荷载

管状构件单位长度的拍击荷载用下列公式计算

$$W_s = C_s(w/2g)DU^2 \qquad (5-2-10)$$

式中 D——构件直径;

w——水的重度;

g——重力加速度;

U——拍击速度,即垂直水平面的水质点速度;

C_s——拍击系数,对光滑圆柱体,理论上 C_s 的取值为 0.5~1.7 乘以 C_s 的理论值 π;如果进行动力分析,可以使用 $C_s = \pi$,否则可取 $C_s = 5.5$。

3. 计算方法

拍击速度将由 SACS – SEASTATE 程序输出的波浪剖面及水质点速度得到,将水深在最大和最小水深之间调整,以便得到最大拍击速度。波浪拍击构件的角度由适当的水平及垂直水质点速度得到,流速将被加到水平水质点速度中,垂直杆件的总速度随之确定。

对于极端波浪力引起的拍击力,应考虑杆件的强度要求,对于长期波浪作用引起的拍击力,应考虑对杆件疲劳的影响。

计算的拍击力将与结构整体分析中波向最接近的在位极端风暴分析得到的力进行组合,以校核杆件在拍击力作用下的强度。杆件和节点需校核以满足 API RP 2A – WSD 的要求,许用应力可增加 1/3。

八、涡激振动分析

1. 概述

风或流体通过构件时由于涡泄可形成不稳定流动模式，它将引起构件在垂直于纵轴上的振动，在某临界流速，涡泄频率可能与构件的固有频率或其倍数一致，导致谐波或次谐波共振。

水下杆件的涡激振动计算既要考虑没有海生物情况，也要考虑有海生物情况。如果考虑海生物，杆件的半径会相应变大。

设计上应尽量避免杆件出现涡激振动，对于设计上无法避免涡激振动的杆件，应采用相应的措施消除涡激振动对杆件疲劳的影响。

2. 设计参数

1）自振频率 f_n

杆件的自振频率可由下式得到：

$$f_n = \frac{A_n}{2\pi}\sqrt{\frac{EI}{M_e L^4}} \quad (5-2-11)$$

式中　f_n——杆件自振频率，Hz；

L——杆件长度，m；

E——杨氏模量，$E = 2.1 \times 10^{11} \text{N/m}^2$；

I——钢管面积惯性矩，m^4；

M_e——单位长度的有效质量，kg/m；

A_n——常数，与端部约束有关。

对于部分固定约束，自振频率定义如下：

$$f_n = \frac{[\phi(4.73-\pi)+\pi]^2}{2\pi}\sqrt{\frac{EI}{M_e L^4}} \quad (5-2-12)$$

式中，对端部铰接梁，$\phi = 0$；对端部固定梁，$\phi = 1$。

根据端部固定情况，常数 A_n 见表 5-2-8：

表 5-2-8　常数 A_n 的取值

梁类型	两端约束情况	A_n
悬臂梁	固定—自由	3.52
单跨梁	铰接—铰接	9.87
单跨梁	固定—铰接	15.40
单跨梁	固定—固定	22.40

对于在分析中不能确定其端部固定情况的典型结构支撑杆件，可假设为固定—铰接情况，$A_n = 15.40$。对于设置在导向环中的连续单元（例如沉箱，立管等），可假设为铰接—铰接，$A_n = 9.87$。

2）稳性参数 K_s

控制运动的参数之一是稳定参数 K_s。该参数与阻尼成正比，与总激励涡泄力成反比。因此，当阻尼大时，或与管的总长度相比在构件上的锁定区小时，该参数大。

沿整个构件长度上构件直径相同且流动条件相同时，稳定参数定义为：

$$K_s = \frac{2m_e \delta}{\rho D^2} \quad (5-2-13)$$

式中 ρ——周围介质的质量密度(空气、气体或液体);

D——构件直径;

m_e——单元的单位长度上的有效质量:

$$m_e = \frac{\int_0^L m[y(x)]^2 dx + \sum_{j=1} M_j[y(x_j)]^2}{\int_0^d [y(x)]^2 dx} \qquad (5-2-14)$$

式中 m——沿高度单位长度质量,包括结构质量、附加质量和包含在单元内的所有流体质量,海生物、阳极块等也要考虑在内;

d——单元的浸没长度;

δ——阻尼对数衰减($=2\pi\xi$);

ξ——阻尼和临界阻尼的比值;

$y(x)$——标准化模态振型;

M_j——位置 x_j 处集中质量。

对于空气中和水中的导管架支撑构件,临界阻尼比分别采用 0.005 和 0.01。对于宽松的导向环中的连续构件(沉箱、立管和隔水套管等),其空气中和水中的临界阻尼比分别为 0.009 和 0.02。

3)涡泄频率 f

在稳态流或 KC 数大于 40 的流动中,涡泄频率可按式(5-2-15)计算:

$$f = St \frac{v}{D} \qquad (5-2-15)$$

式中 f——涡泄频率,Hz;

St——Strouhal 数;

v——垂直于构件轴线上的局部流动速度;

D——构件直径。

涡泄与所考虑构件的拖曳力系数有关。通常涡泄越强,拖曳力系数越大,反之亦然。

上述现象说明对固定光滑圆柱体,斯特劳哈(Strouhal)数 St 是雷诺数(Reynold)数 Re 的函数。对圆柱体 St 与 Re 间的关系如图 5-2-28 所示,对其他形状横截面 St 可查表 5-2-9。粗糙表面的圆柱体或振动的圆柱体(包括表面光滑的和粗糙的)的斯特劳哈(Strouhal)数,实际上可认为与雷诺数(Reynold)数无关。

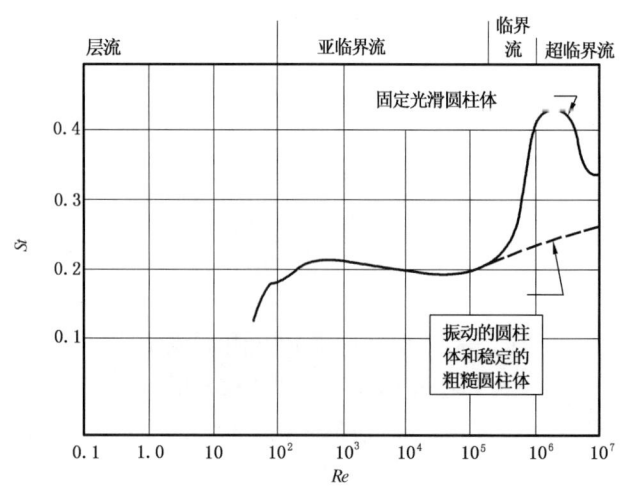

图 5-2-28 圆柱体的斯特劳哈(Strouhal)数与雷诺数(Reynold)数的关系

表 5-2-9 不同形状横截面的斯托劳哈(Strouhal)数

风	剖面尺寸,mm	St 值	风	剖面尺寸,mm	St 值
→	t=2.0, 50×50	0.120	↓	t=1.0, 12.5×25×50	0.147
↓		0.137			
→	t=0.5, 25×25	0.120	↓	t=1.0, 12.5×12.5×50	0.150
↓	t=1.0, 25×50	0.144	←	t=1.0, 50×50	0.145
					0.142
			↙		0.147
↓	t=1.5, 12.5×50	0.145	←	t=1.0, 25×50	0.131
					0.134
			↙		0.137
↓	t=1.0, 25×50	0.140	→	t=1.0, 25×25×25	0.121
		0.153			0.143
↓	t=1.0, 12.5×50	0.145	→	t=1.0, 25×25×25	0.135
		0.168			
→	t=1.5, 50	0.156		t=1.0, 50×100	0.180
		0.145			
圆柱体 11.800 < Re < 19100	⌀25	0.200	↑	t=1.0, 25×50	0.114
					0.145

水动力光滑圆形构件的涡泄现象同流体雷诺数(Reynold)数的关系非常密切,见表 5-2-10。

表 5-2-10 涡泄现象与雷诺数的关系

$10^2 < Re < 0.6 \times 10^6$	周期性泄放	$3 \times 10^6 < Re < 6 \times 10^6$	窄带随机泄放
$0.6 \times 10^6 < Re < 3 \times 10^6$	宽带随机泄放	$Re > 6 \times 10^6$	准周期性泄放

粗糙构件和光滑振动构件在整个雷诺数(Reynold)数范围内涡泄具有强烈的周期性。

4) 衰减流速 v_r

为了确定涡泄和构件特征频率共振以及锁定构件的特征频率的速度范围,引用折算速度参数 v_r。v_r 定义为:

$$v_r = \frac{v}{f_i D} \qquad (5-2-16)$$

式中 v——$v = v(x)$，垂直于构件轴线的瞬时流动速度；

f_i——构件的第 i 个固有频率；

D——$D = D(x)$，构件直径；

x——沿构件轴距离。

3. 风引起的涡泄

风引起管子周期激振，可出现在沿风向或与风向垂直的两个平面内。风激涡泄引起振动的振幅可根据本章第四节八、4.（流引起的涡泄）中稳态流涡泄的简化方法得到，仅需要将水质量密度用空气质量密度（对干燥空气 $\rho_{air} = 1.225 kg/m^3$）代替。

在位状态风引起的涡激振动计算采用极端条件下该高度处的一分钟平均风速。对于制造和运输状态，采用 10 年一遇的一分钟平均风速。

当 $1.7 < v_r < 3.2$ 且 K_s 不大于 1.8 时，可发生沿流向的激振。若无大的集中质量被激励，沿流向的激振一般不会发生。

当 4.7 小于 v_r 小于 8.0 时，可能发生横向激励。若无更精确资料，横向激励的稳定性参数 K_s 的上限可取 25。

4. 流引起的涡泄

当 $1.0 \leq v_r \leq 3.5$ 且 K_s 不大于 1.8 时，沿流向的（平行于流）激振根据不同的流动速度，漩涡将对称地或交替地从圆柱体的两侧泄放。

当 $1.0 < v_r < 2.2$（第一非稳定区）时，涡泄将是对称的，与直径有关的最大振幅决定于稳定参数 K_s，见图 5-2-29。

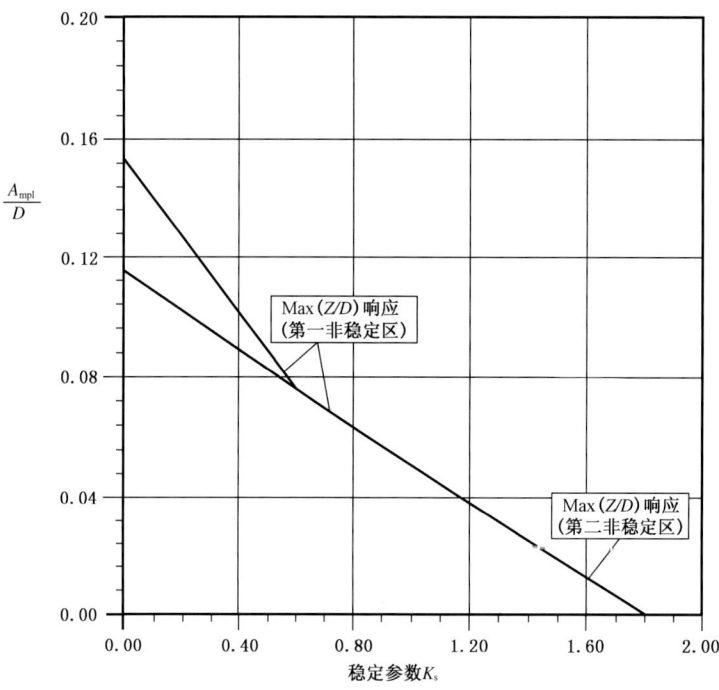

图 5-2-29 沿流向运动的振幅与 K_s 的关系

第一非稳定区内，振动发生的准则见图 5-2-30。

只有当折算速度 v_r 增加时，产生振动的标准才有效。在非稳定流中，其 v_r 由高及低变化。当 v_r 不小于 1.0 时，存在锁定振动。

当 v_r 大于 2.2 时，涡泄将是不对称的，振动将发生在第二非稳定区（$2.2 < v_r < 3.5$ 且 K_s 小于

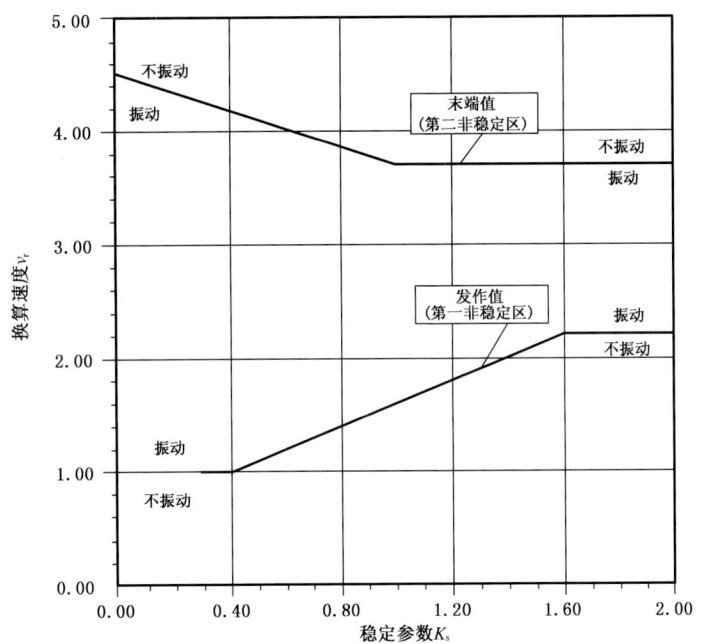

图 5-2-30 在第一非稳定区($1.0 < v_r < 2.2$)和
第二非稳定区末端振动发生的标准

1.8),其最大振幅与 K_s 的关系见图 5-2-29。

对于所有 Reynold 数 $3 \leqslant v_r \leqslant 16$ 时,横向(与流垂直)激振可能出现,但最大响应出现在 $4.8 \leqslant v_r \leqslant 8$ 范围内。

5. 波浪引起的涡泄

尽管波浪产生的涡激振动可在实验中证明确实存在,但对于实际结构却没有明显的记录。如果控制跨度可以防止结构杆件在风中和稳定流中振动的产生,不必校核波浪引起的涡激振动。

九、桩基分析

1. 桩的设计

桩将结构的自重和承受的各种荷载传递到基础,所以桩必须有足够的刚度和强度,以免产生过大的变形或破坏。在分析桩的强度和土壤的承载力时,应分别考虑桩基础在正常操作条件、极端环境条件和地震作用的影响,必要时还要对桩进行疲劳分析。

在进行在位状态分析时,用土壤的位移变形曲线即 p—Y、T—Z 和 Q—Z 曲线模拟。对于桩距小于 8 倍桩径的桩基础,需考虑裙桩效应的影响。在进行地震分析时,用等效桩头刚度矩阵模拟桩—土系统。在形成等效桩头刚度矩阵时,应采用与地震荷载量级相当的荷载。

桩设计中要考虑压桩和拔桩两种情况。在进行压桩计算时,应使用最大的操作重量。在进行拔桩计算时,应使用最小的操作重量,在缺少详细的最小操作重量时,宜使用 25% 的最大操作活荷载、最少可能的设备荷载组合以及可产生最大倾覆荷载的环境荷载组合。

在桩的设计中,应考虑超打和欠打长度。在确定泥面附近的厚壁段时,在缺乏平台现场工程经验的情况下,可考虑欠打不宜超过 6m,超打不宜超过 3m。

在考虑桩的深度时,桩端所在层土的强度不应明显的高于其下一层土的强度,也就是说不应有下卧软土层。在有下卧软土层的情况下,很容易出现桩突然穿过硬层而到软土层,从而引起冲剪破坏。桩端越接近软土层,两层土的强度相差越大,这种潜在的危险就越容易发生。这是由于土体逐渐变软、破坏或者在荷载的作用下下卧黏土层固结造成的。因此选择桩的贯入深度时应使桩端避开有下卧软土层的砂层。应注意桩插入某一土层的深度需大于 3 倍的桩径,且同时保证桩尖距该土层的下边界的距离应大于 3 倍的桩径。但是如果下面另一土层的强度大于桩尖所在土层,则不需考虑桩尖距土层下边界的距离。

桩的强度不但应满足就位状态分析的强度要求,还要满足吊装、打桩和自由站立工况下的强度要求。

2. 桩的应力校核

桩的名义应力校核依据 API RP 2A—WSD 最新版,对于极端风暴条件和极端冰条件,允许应力可以增加 1/3。所有桩段的名义应力校核应满足规范要求,即 UC 值应小于 1。

地震分析中,由于采用等效桩或桩头刚度超单元模拟桩—土系统,等效桩的应力校核是不确切的。因此在地震分析完后,需将桩头处桩的垂直力、水平位移和转角作为外力,加在实际的桩上,用单桩分析程序来校核桩的强度,以确定地震条件下桩的强度和承载能力。在地震条件下,桩的许用应力可放大 1.7 倍。

3. 桩的承载力校核

桩的入土深度应根据结构分析中实际桩头力,对于抗压和抗拉承载力分别加上或减去土中桩的重量和土塞的重量,然后与相应入土深度时桩的实际承载力比较。对于地震条件下可能液化的土层,应不考虑其承载能力。

桩的承载能力一般需从计算报告中获取桩的最大桩头力后,分别考虑压桩和拔桩中桩的重量、土塞的重量和空隙水压力的影响,并考虑相应的安全系数,然后与相应桩径的极限承载能力曲线比较,确定最终的插桩深度。或者根据设计的插桩深度,从桩极限承载能力曲线查得允许承载力,与考虑了桩的重量、土塞的重量和空隙水压力的影响后的桩头力比较,获得桩承载力的安全系数,该系数应大于相应工况中规范要求的安全系数。

桩的设计贯入深度使桩具有足够的能力来承受最大的轴向压力和上拔力,并且具有适当的安全系数。贯入深度安全系数是指桩的极限承载力除以桩的允许承载力。贯入深度安全系数参见本章第一节的要求。

第五节　建造安装阶段分析

一、施工方案确定

导管架建造前应进行施工方案的确定,施工方案的确定应考虑的主要因素有以下几个方面。

1. 建造场地的面积及承载力

每一个建造场地的承载能力是一定的,因此在确定建造施工方案之前,应考虑建造场地的承载能力是否满足要求,如不满足要求,必须对场地进行加固或更换场地。场地的面积不但要包括放置导管架的场地,施工机具的通道以及堆放场地的面积也必须充分考虑。

2. 施工机具的能力

施工机具的能力主要是吊机的起吊能力,应满足分片建造的导管架的最大重量。

3. 导管架的重量及高度

平台导管架几乎都是由钢管焊接而成,轻则数百吨,重则数千吨甚至万吨。因此,导管架建造应考虑分片建造,每片的重量必须控制在施工机具的起吊范围之内。对高度较小的导管架可以考虑直立建造,如果导管架的高度超过起重机起吊的高度,则必须水平建造。

4. 导管架装船的方式

导管架装船方式可以分为直接吊装上船和拖拉滑移两种方式。如果导管架在建造场地上直立建造直立吊装上船,则主要考虑的是导管架建造的方位要与运输驳船靠码头时的方位协调一致,尽量减少起吊过程中浮吊的旋转。如果导管架水平建造,垂直吊装上船,这时要考虑导管架翻身直立的过程,直立后的导管架可直接吊装上船。

对拖拉滑移上船方式,如果导管架是吊装下水,则导管架可以横向或竖向拖拉滑移上船;若导管架滑移下水,则必须竖向拖拉滑移上船,而且导管架大头朝向船艏(图 5-2-31)。

图 5-2-31　导管架横向拖拉

二、装船分析

装船分析主要参照标准为 API RP 2A 第十二章第二节,运输。

导管架一般都是在陆地建造然后装船拖运到海上安装。当导管架重量很大或需要进行外海拖航时,设计人员应特别考虑拖航问题。在进行设计之前,设计人员应咨询建造和拖航承包商,以确定拖航使用的驳船和装船时使用的设备。

导管架的装船通常有直接吊装上船和滑移上船两种方法。以下给出导管架装船、固定和拖航至少要考虑的几个问题和一般方法(参见图 5-2-32 和图 5-2-33)。

图 5-2-32　导管架装船

1. 直接吊装上船法

导管架建造时可以是直立状态或平躺状态。吊装时导管架的节点和与节点直接连接的杆件受力应考虑 1.5 倍的动力系数。其他杆件应考虑 1.15 倍的动力系数,如果码头的环境条件较好,施工过程控制措施得当,也可以根据 API RP 2A 的规定选取较小的动力系数。吊装分析时必须保证吊点的位置在导管架正上方,吊绳与水平面的角度一般不宜小于 60°。

图 5-2-33 导管架装船（桩在最下层）

吊绳可用刚度无限大的杆件模拟，吊点和吊耳用铰接模拟，导管架横向位移可由一定刚度的弹簧约束，当弹簧力接近 0 时，表明吊点位置正好在重心上方。

当导管架的重量接近吊机的极限时，索具和撑杆的重量必须考虑。

2. 滑移装船

滑移装船又可分为纵向和横向两种方式。

横向装船的导管架下水之前，通常由 4 点支撑，在滑动过程中必须考虑最严重的情形即两点支撑的情形。这种情形往往是由于运输驳船压载没有控制好而出现的，如果设计不当，导管架节点有可能损坏。一般而言，导管架是由绞车慢慢拖拉上船的，其运动速度很慢，动力因素可以不必考虑。

纵向装船可分为滑靴装船和滑道装船，滑靴装船所需考虑的情形与上述相同。当考虑使用滑靴装船时，需要考虑以下 3 种情形：

（1）导管架在码头上向驳船滑动前端产生悬臂时；

（2）导管架悬跨在码头和驳船上时；

（3）导管架滑动到驳船上后端产生悬臂时。

另外，如果导管架滑移下水的话，对水深在 50m 以内的导管架，拖拉头的设计可以同时考虑既作为装船的拖拉头，又作为下水的拖拉头，这种拖拉头是双向使用的。若水深大于 50m，则装船和下水的拖拉头一般都分开设置。装船的拖拉头设在导管架的下端，而下水的拖拉头一般设置在导管架中间的加厚的节点上。

应当注意的是，通常桩、隔水导管和导管架都是由同一条驳船运输的，桩平铺在驳船甲板上，导管架固定在桩的上面。所以，在考虑吊装或拖拉上船时，应考虑桩和隔水导管所占的高度。

三、拖航分析

拖航是指将导管架由建造场地托运到海上安装现场,有时要越洋拖航,这样可能遇到很大的风浪。所以,导管架拖航分析要考虑以下几个方面:

(1)拖航驳船与导管架结构系统的静稳定性分析。

(2)驳船与导管架结构系统的动稳定性分析,这其中又包括船舶的完整稳定性分析和破损稳定性分析两种工况。

(3)驳船与导管架结构系统动力运动响应分析。

驳船与导管架结构系统的运动可分为两种运动方式:

第一种转动:横摇、纵摇和艏摇;

第二种线性运动:横荡、纵荡和升沉。

由船舶运动产生的动荷载可以由以下3式计算:

$$R_X = WF_X \tag{5-2-17}$$

$$R_Y = WF_Y \tag{5-2-18}$$

$$R_Z = WF_Z \tag{5-2-19}$$

式中 W——结构的质量;

F_X、F_Y、F_Z——称为荷载系数,分别作用于X、Y、Z三个方向。

这3个系数可按下式计算

$$F_X = \sin\theta + S/g + (40\pi^2)/(gT_p^2)\theta^2 X + (40\pi^2)/(gT_p^2)\theta Z \tag{5-2-20}$$

$$F_Y = \sin\phi + 1/2(40\pi^2)/(gT_p^2)\theta X + (40\pi^2)/(gT_r^2)\phi^2 Y + (40\pi^2)/(gT_r^2)\phi Z \tag{5-2-21}$$

$$F_Z = 1.0 \pm h/g + (40\pi^2)/(gT_p^2)\theta X + (40\pi^2)/(gT_r^2)\phi Y \tag{5-2-22}$$

以上3式计算时X、Y、Z的增量是3m,从驳船导管架系统运动中心算起。

式中 θ——最大纵摇角,rad;

ϕ——最大横摇角,rad;

T_p——纵摇周期,s;

T_r——横摇周期,s;

H——纵荡加速度,以g的倍数表示;

S——横荡加速度。

X、Y、Z三个方向的距离以3m的整数倍计算。

应用以上3式可以计算任何位置的荷载系数,所以任何位置的动荷载即可计算出来。由船舶运动产生的动荷载可由Moses程序分析,结构应力可由SACS程序分析。

综上所述,拖航分析需要考虑的计算步骤如下。

1)拖航时应考虑的计算参数

(1)拖航时的运动响应分析,分析中需要的参数有:

① 海况条件:波谱、有效波高、有效波周期;

② 拖航时船舶状态:平均吃水、倾角;

③ 风荷载;

④ 在风力作用下的最大倾角;

⑤ 导管架重心的位置;

⑥ 浪向,通常考虑 0°、45°和 90° 3 个方向;

⑦ 在没有详细实测海浪谱的情况下,可以按以下条件进行估算船舶的运动响应,即船舶的最大横摇角为 20°,最大纵摇角 10°,周期都是 10s,升沉加速度 $0.2g$。

(2)海上固定结构设计应按以下情况进行考虑:

① 装船固定的管和板的分析;

② 不同压载情况下近海或远海时固定结构物分析;

③ 荷载状况应考虑驳船在码头时的状况、舯拱状况、舯垂状况以及拖航时的浪向。

(3)导管架/驳船系统的完整和破损状况的稳定性分析,该稳性分析也要考虑近海或远海两种状况。

2)结构模型

(1)导管架数据:

用于拖航分析的导管架数据应是施工图数据,附属构件应考虑在内,导管架的回转半径应计算出来。

(2)驳船数据:

驳船的数据应包括船长、船宽、型深、纵向和横向回转半径等。

(3)驳船/导管架系统模型(图 5-2-34):

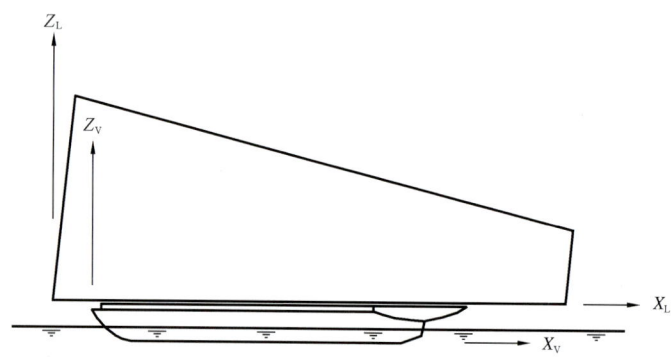

图 5-2-34 驳船导管架模型

图 5-2-35 导管架翻身

应建立两个驳船/导管架系统模型来进行拖航分析：

第一个用来对导管架结构进行分析；

第二个用来对固定结构进行分析。

3) 运动响应分析

运动响应分析要考虑以下几个方面。

(1) 坐标系。

进行运动响应分析时采用的坐标系是运输驳船的坐标系。

(2) 计算程序。

以下计算程序可以完成运动响应分析：

① 计算船舶运动的角速度和角加速度。

船舶运动响应的角速度和角加速度可由 Moses 频域分析得出；

② 计算节点内力。

将船舶的运动加速度输入到 Moses 程序中，可产生导管架每个节点的内力荷载。这些荷载包括由横摇、纵摇和由风引起的船倾产生的重力分量。在内力计算时假定驳船/导管架系统的横摇、纵摇、艏摇是简谐运动。

③ 计算导管架杆件应力。

在得到杆件的内力后，考虑所有可能的荷载组合确定杆件的应力。

4) 装船固定设计

导管架滑移或吊装上船后要进行固定，通常桩是用钢管和钢板来进行固定。

导管架和驳船的相互作用可简述如下。

在拖航过程中，固定结构会受到由导管架和驳船产生的各种荷载的作用，比如导管架相对于驳船的运动就会对固定结构产生较大的荷载。为正确地计算导管架/驳船的相互作用，需要将导管架和驳船的模型结合起来考虑。通常来说驳船的强度是足够大的。

固定结构的校核要按近岸拖航和离岸拖航两种情形考虑。因为在这两种拖航状态驳船的压载是不一样的。

四、吊装分析

对直接吊装上船和直接吊装下水的导管架应进行吊装分析。对重量比较小的导管架可以使用一台吊机吊装，而对于重量大的导管架，则可能需要使用两台吊机吊装(图 5 - 2 - 35)。

1. 吊装荷载

在设计时，吊装荷载应考虑浮吊的回转半径和起吊能力。导管架的重量可以由料单的合计重量给出，通常应考虑保守一些。

2. 吊点

当考虑使用一台浮吊吊装时，吊点的布置应使导管架结构的重心位于吊钩正下方。当使用两台浮吊吊装时，吊点的布置应充分考虑不同浮吊的起重能力，结构重心的位置应在两主吊耳的连线下。

3. 吊耳设计

主吊耳板承受的荷载应考虑两倍的动荷载系数，平面外荷载可取平面内荷载的 5%。荷载的作用点取卸扣中心点。

4. 吊绳

选择吊绳直径时，应仔细确认吊绳上的荷载小于吊绳的安全工作荷载。卸扣和吊绳的选择应配套。

吊绳的静荷载 = 设计起吊重量的静荷载（吊绳与水平面的夹角不宜小于 60°）。

安全工作荷载 = 吊绳静荷载。

吊绳破断荷载 = 4 倍的安全工作荷载。

5. 卸扣

选择卸扣时,应仔细确认吊绳上的荷载小于卸扣的安全工作荷载。卸扣的材质也应特别注意,不同材质的卸扣的许用荷载相差悬殊。

卸扣的静荷载 = 设计起吊重量的静荷载。

安全工作荷载 = 卸扣静荷载。

五、下水分析

导管架下水时,驳船上的绞车通过导管架上的拖拉头拖动导管架在滑道上缓慢滑动,同时给驳船尾部加载,使之有一后倾角。当导管架中心通过下水摇臂时,导管架在重力的作用下自行滑入水中(图 5 - 2 - 36,图 5 - 2 - 37)。

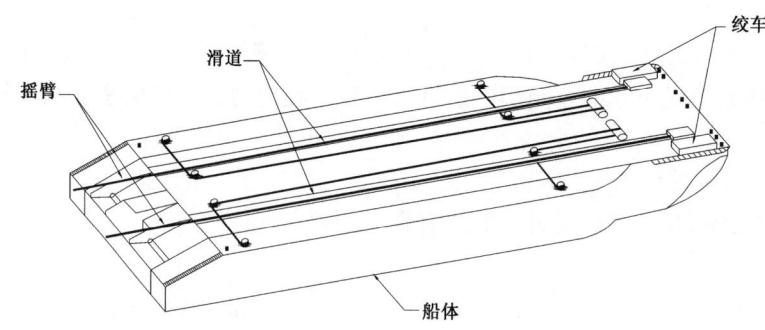

图 5 - 2 - 36　下水驳船示意图

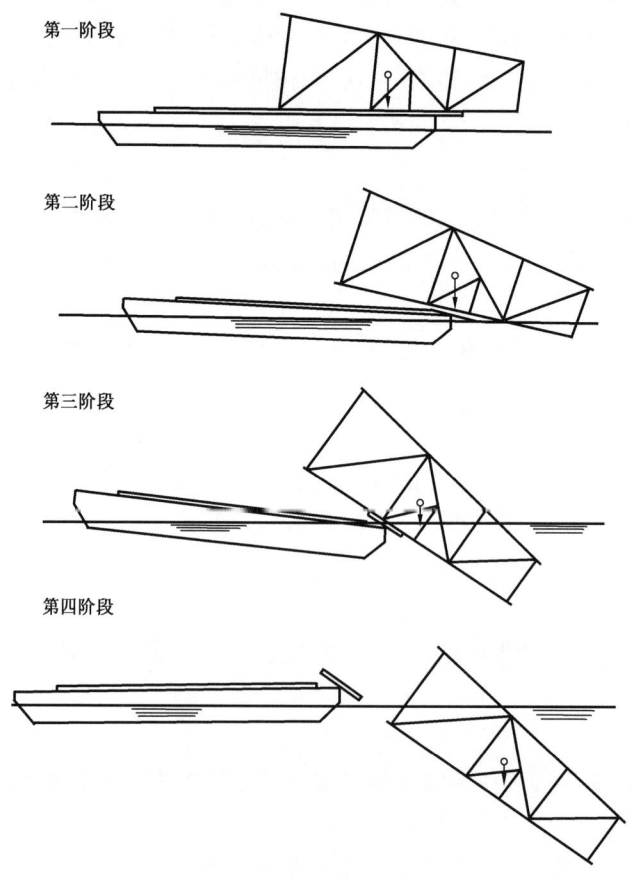

图 5 - 2 - 37　导管架滑移下水过程示意图

当导管架需要通过下滑入水时,导管架腿和撑杆需要特别设计以承受导管架下滑入水时的力。一般说来,当导管架重心通过下水驳船摇臂转轴上方开始转动时,导管架下滑腿受到的力最大。所以,在上述情况下,驳船单个摇臂的反力至少是导管架重量的一半。如果有更精确的分析得到摇臂上的反力,则应按此反力设计下滑腿和支架。导管架下水后必须有足够的浮力使之漂浮在水面上,如果导管架自身浮力不够,应考虑增加浮筒以保证其能够漂浮。

导管架下滑过程通常按以下 4 步进行:

第一步:导管架在驳船滑道上滑动;

第二步:导管架中心通过驳船摇臂后导管架开始转动;

第三步:导管架在摇臂上转动同时向下滑动;

第四步:导管架完全滑离驳船漂浮在水面的平衡位置。

因此,导管架在设计时应考虑如下几点:

(1)在最大受力点处的导管架腿壁厚应加厚,或者整条下滑腿的壁厚都加厚。对直径在 $\phi 44in \sim \phi 53in$ 的导管架腿,建议增加至 1in 的壁厚。然而,详细增加的壁厚还要取决于每一个导管架下水的重量、腿的直径和使用垫块的数量等。导管架腿(或下滑腿)加厚段的厚度一般在 $1 \sim 1.375in$ 之间,为使壁厚增加的量不超过 1.375in,通常要在下滑腿上增加桁架结构,桁架撑杆与导管架腿连接点处可以用环板加强。

(2)撑杆的强度也要按上述所说的情况校核。

(3)对滑动下水的导管架,下水驳船上要设计滑道,滑道上布置滑靴。滑道设计应考虑以下几个方面:

① 滑靴夹板将滑靴和垫木连接起来;

② 垫木的设计在试算时可按如下情形考虑:

导管架腿直径小于 48in 时用 2 块;

导管架腿直径大于 48in 时用 3 块;

对特别情形要特别考虑。

对于大型导管架(高度在 400m 以上),其支撑条件十分复杂,考虑的工况多达几十种。除了要考虑下滑腿局部结构强度外,导管架下滑过程中相当于一个悬臂梁,因此,总体强度也要考虑。

六、扶正分析

导管架滑移下水后是平的漂浮在水面上的,通过调整导管架杆件的冲水状态,保证导管架头部要高出水面,以便于扶正索具的连接。要使导管架由平漂状态变为直立状态,必须经过扶正过程。导管架扶正过程可以用 Moses 或 SACS 程序进行分析,导管架水中的重量不能超过浮吊的吊装能力,分析中还要考虑破舱状态,即有一个舱破损时导管架的稳性问题。另外,一般还要考虑中心的偏移。导管架完整状态至少要有 10% 的剩余浮力,破舱状态至少要求具有正浮力。同时在扶正过程中必须仔细考虑导管架最低点离海底的距离,导管架完整和破舱两种工况都要考虑。

扶正过程通常由以下步骤完成:

(1)提升导管架至适当的高度,给导管架腿或附加的舱室灌水,直到导管架垂直立起之后,再缓慢地下放,直至导管架坐底。

(2)定位。导管架在完全坐底就位前要精确定位。

(3)控制最小底部空间,使导管架腿在扶正过程中不碰底。对水下基盘钻井的情形更应小心控制。

(4)打桩固定。导管架就位后就应打桩固定,桩与导管架腿之间的空隙要通过灌浆管线用水泥浆灌浆固定。

七、对接就位分析

对有预钻井的水下基盘导管架扶正后还要经过对接这一环节。预钻井基盘上设置两根导向桩,这两根导向桩的高差视导管架的大小而定,可以是 1~2m,导管架上设置对接导向。导管架上对接导向结构应能满足导管架扶正过程中在最大纵摇和横摇碰撞所产生的应力。

八、打桩分析

打桩分析通常用波动方程的原理进行。桩的设计不只是要解决桩的直径、壁厚等尺寸,同样重要的是要知道打桩过程中的几个问题:

(1)应用何种桩锤才可以将桩打到设计深度;
(2)在用选定的桩锤打桩时,其打桩速度如何;
(3)打桩时最大的阻力是多大;
(4)打桩时桩的最大应力是多大。

以上问题可以从桩的稳定性分析一节中得到答案。应当注意的是对同样的土壤条件和同一桩锤,在使用蒸汽锤进行打桩作业时,使用不同的桩垫进行分析得到的结果是不同的,有时差别还比较大。而不同桩帽对打桩分析的影响并不大。

打桩分析还应注意的一个问题是接桩。桩的长度一般有数十米到上百米不等,这样长的桩必须分节打,打入一节接一节。设计时应尽量避免接桩时桩头在砂土层中,因为接桩焊接时间通常需要数小时甚至更多,在此期间土壤对桩的阻力会增大,对继续打桩不利。

九、桩的自由站立分析

桩的自由站立分析是要考虑接桩的长度必须满足当桩锤放在顶端时桩的应力要满足要求。第一节桩的长度当然由水深和浮吊吊臂的长度来决定,接桩的数量原则上越少越好,以减少海上施工的时间,但又必须考虑自由站立分析和土壤条件的影响等问题,不可顾此失彼。

接桩的长度都要视桩锤的重量、桩的斜度和桩的屈服应力而定,任何一项的变更都可影响接桩长度的计算。

API 关于应力校核有如下规定:

(1)有效长度系数 K 不小于 2.1。
(2)弯矩和轴向力的计算应包括桩锤、桩帽、桩垫和接桩的全部重量。
(3)AISC 中规定的 1/3 应力放大系数不适用。

十、坐底稳定性分析

所谓导管架坐底稳定性分析主要是考虑防沉板设计,使导管架在打桩之前受风、浪、流作用时能直立不倒。防沉板可以是钢质也可以是木质,由于防沉板的受力只是临时性的,桩打完之后就不用了,所以设计时防沉板的支撑结构应力可以达到屈服应力。防沉板设计时其位置及大小都要有详细的考虑,以一个 4 腿导管架为例,防沉板的位置是在 4 个角上,应注意的是在第一节桩放上时其重量必须考虑。

十一、桩与导管架连接强度分析

在完成打桩程序之后,在导管架腿顶部应用楔板使桩和导管架腿对中,然后焊接。焊缝的长度应考虑在最危险的条件下焊缝满足强度要求。

桩与导管架的连接要靠在导管架腿与桩之间的环行空间灌浆来完成。灌浆前,用高压氮气将封隔器胀起,使导管架腿底部密封,形成环形空间。为保证灌浆饱满,必须对返浆情况进行监测。灌浆的设计强度视导管架重量和上部模块重量而定,在灌浆前应对水泥浆进行强度试验,强度应满足 28 天后的强度要求和安装甲板以前的强度要求。

第六节　附属结构设计

一、吊耳和吊装索具设计

1. 概述

(1) 结构设计人员需根据施工现场起吊设备的起吊能力和起吊状态进行吊点布置和设计。
(2) 吊点设计荷载一般取自结构物吊装分析中的最大吊绳力。
(3) 最大设计荷载:最大吊绳力,同时要考虑 2.0 的动力放大系数。
(4) 吊点尺寸的确定和材料的选取:
① 根据吊点处作用力的大小和施工现场的现有索具设备,选择卡环的尺寸。
② 材质一般选取 GB712-200,D36-Z35　$F_y = 35.5 \text{kN/cm}^2$
(5) 吊绳和吊点平面的夹角一般要大于 60°。

2. 吊点设计

(1) 根据最大设计荷载和吊点平面内的角度算出水平分力和垂直分力。
(2) 吊点的承压应力:

最大设计荷载／销子与吊点眼板的接触面积:

$$f_p < F_p = 0.9 F_y \quad \text{(实际承压应力应小于容许承压应力)} \qquad (5-2-23)$$

(3) 吊点的剪应力

最大设计荷载／实际受剪面积

$$f_v < F_v = 0.4 F_y \quad \text{(实际剪应力应小于容许剪应力)} \qquad (5-2-24)$$

(4) 吊点颊板的焊缝检查:
① 当最大设计荷载作用时,夹板需多大的焊缝面积能抗剪切;
② 通过焊缝面积算出实际焊缝高度。
(5) 吊点板内的拉应力和弯曲应力:
① 首先算出平面内弯矩;
② 再算出平面外弯矩(同时还要施加一个大小为吊索荷载的 5% 的荷载,作用于吊点销孔中心,方向垂直于吊点板平面的侧向荷载);
③ 根据吊点尺寸计算平面内惯性矩和平面外惯性矩;
④ 确定需要校核的吊点最危险点;
⑤ 拉应力:

最大垂直力／受剪面积

$$f_a < F_a = 0.6 F_y \quad \text{(实际拉应力要小于容许拉应力)} \qquad (5-2-25)$$

⑥ 弯曲应力:

$$f_a/F_a + f_{bz}/F_b + f_{by}/F_b < 1.0 \qquad (5-2-26)$$

$$F_b = 0.66 F_y$$

(6) 若吊点板嵌入导管架腿内,需要验算主吊点板与管壁连接的剪应力是否满足要求。

二、滑靴设计

1. 概述

对于大型吊装式导管架,由于没有下水滑道,当采用滑移装船的施工方案时,在导管架的装船和运输过程中需要考虑采用滑靴支撑。由于每个滑靴所承受的荷载都比较大，需要对滑靴结构进行详细的设计。

2. 总体布置

为适应滑移装船的要求，滑靴应成对平行布置，滑靴的数量一般取 4 个，对于深水油田比较细长的导管架，为了减少施工阶段导管架结构的变形，也可采用 6 个或者更多的滑靴。滑靴的位置要根据导管架重心的位置和布置情况确定，同时经过导管架装船和运输结构分析进一步确认是否合理，导管架的重心位置最好经过称重确认。在确定两排之间的间距时要考虑驳船和码头的滑道容许间距范围。通常在导管架下部的滑靴应布置在一个水平支撑构件上并进行局部加强。导管架上部的滑靴可以根据重心的位置，布置在导管架的大腿上并尽量靠近水平层。滑靴的长度应根据拖航驳船的最小容许长度确定。滑靴的高度首先应根据装船和拖航期间结构与码头地面以及驳船甲板的间隙要求确定。特别要考虑裙桩对施工间隙的要求。此外，根据结构受力要求，有时也需要适当增加滑靴的高度。

3. 结构分析

滑靴结构一般用梁和板单元模拟，驳船的滑道可以根据运输承包商提供的资料简化为弹性支撑。在拖航过程中，要考虑驳船的运动而产生的最大反力情况，对于滑移装船作业，要考虑从启动到最终位置的各种受力状态。如果施工中能够具备可调试液压滑靴的条件，可以将薄弱支撑的垂直位移限制在 1in 的范围内，否则，对于 4 点支撑，要假定一个滑靴完全丧失支撑，对于 6 点以上的支撑，要假定中间的两个滑靴完全丧失支撑。由此计算最大滑靴的支撑反力。滑靴和导管架之间假定为铰接，以保证导管架和滑靴之间不传递弯矩。

4. 结构材料和容许应力

滑靴一般由高强钢材制造，滑靴的下端一般用 3 到 4 块方木拼装而成。木材一般选用硬木。在装船期间，材料使用基本容许应力，在拖航期间可以对基本容许应力提高 1/3。

三、过渡段和过渡锥设计

1. 过渡段设计

此处过渡段是特指导管架腿或者桩顶与甲板腿柱之间的一段过渡结构。对于使用主桩的结构，过渡段要在打桩完成并切平后安装；对于全部使用裙桩的平台，过渡段在导管架安装调平完成以后进行。过渡段主要有两点用途：

（1）解决从斜腿到直腿的过渡，便于上部结构的就位。如果结构的制造或者桩结构的安装有偏差时，如果不设过渡段，误差的累计可能导致锥体插入的困难。

（2）当导管架结构海上安装期间调平有误差时，可以起到调平补偿作用。对于不同水深情况下使用标准导管架和甲板结构设计的情况，还可以借助调节过渡段的长度保证相同的甲板标高。

过渡段主结构的长度一般取 1m，上端留出不少于 0.5m 的切割余量，直径一般与桩顶的尺寸一致。如果桩与甲板腿的壁厚不一致，应尽量将过渡段与较厚壁的结构取为一致，在与较薄的一端连接处，将过渡段切出斜坡，以保证平滑连接。过渡段在工作点以下取不少于 300mm 的转折过渡。转折后的角度与桩的斜度一致。在转折段下面，设置一个比直径略长的插尖。插尖的外径与过渡段内径的间隙取 3mm，斜角可按照 45°切割，插尖的顶端宽度为 150mm 左右。

2. 过渡锥设计

在导管架结构中，特别是导管架腿柱结构中，经常使用过渡锥来改变直径。通常是从海底处较大的直径变化到水面处较小的直径。过渡锥的角度，一般应限制在 60°以内以避免应力过分集中。在锥形过渡段中任意截面处的轴向和弯曲组合应力由式 $(f_a+f_b)/\cos\alpha$ 近似地给出。α 等于圆锥顶角投影的一半（图 5-2-38）。f_a 和 f_b 是用一个与圆锥等效的圆柱体的截面特性算出轴向和弯曲的名义应力。等效圆柱的直径和厚度等于圆锥该截面处的直径和厚度。

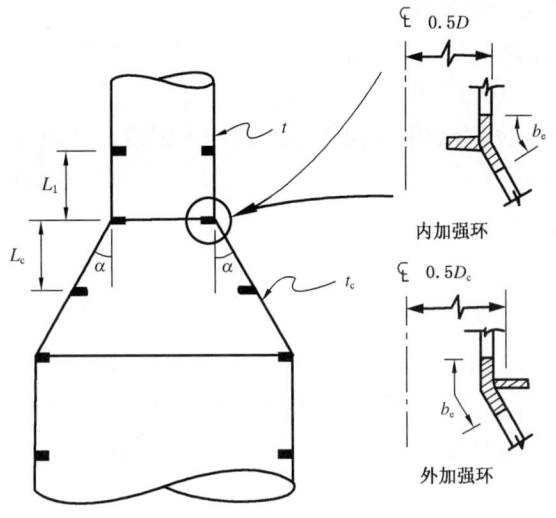

图 5-2-38 过渡锥示意图

1）局部屈曲校核

对轴向压缩和弯曲作用下的局部屈曲,具有顶角小于 60°的圆锥过渡段可以看成一个直径等于 $D/\cos\alpha$ 的等效圆柱体。D 为圆锥的小端直径。对于等厚度的锥体,使用圆锥小端的直径是偏于保守的。

2）极限圆锥过渡角

为了简化设计和分析,在过渡锥处尽量避免使用加强环。根据表 5-2-11 给出了操作和极限条件下的极限圆锥过渡角。

表 5-2-11　不同径厚比对应的极限圆锥过渡角

D/t	极限角 α,(°)	
	正常条件	极端条件
	$(f_a + f_b) = 0.6F_y$	$(f_a + f_b) = 0.8F_y$
60	10.5	5.8
48	11.7	6.5
36	13.5	7.5
24	16.4	9.1
18	18.7	10.5
12	22.5	12.8

对于不满足上述准则的圆锥—圆柱连接,可在连接处增加圆锥和圆柱的壁厚或者设置加强环来进行加强。加强环的计算应按照 API RP 2A 推荐的方法进行,不再赘述。

四、隔水导管及导向固定结构

1. 概述

(1)隔水导管的位置、断面尺寸、顶端标高和入土深度应由钻井作业者确定。

(2)结构设计人员根据所提供的井位和隔水导管的断面尺寸确定与导管架连接固定的结构形式。

2. 布置和设计

(1)隔水导管要在每个水平层处(泥面处除外)用楔块将导向喇叭口与导管架相连。

(2)隔水导管一般在泥面处不与导管架连接固定。导管架安装时,应设置导向喇叭口,导向喇叭口和隔水导管的间隙应大于安装规格书中的水平误差。

(3)在有冰的海域或可能发生物体撞击的情况下,应设置保护管。

(4)应根据实际情况,验算发生涡激振动的可能性;以及在振动发生时,对隔水导管和结构的影响。

(5)对水面附近的导向固定结构,应验算其波浪冲击强度。在设计中,应尽量减少波浪的冲击作用。

五、靠船及防碰结构设计

1. 靠船护舷结构

(1)布置:

① 对于深水导管架,根据平台操作要求设置靠船护舷构件。

② 对于浅水导管架,可根据情况确定,至少在一个侧面设置(但要保证在吊机覆盖区)。

③ 一般靠船护舷材料为橡胶质。与导管架相连处为钢结构支撑。

(2)设计:

① 靠船缓冲构件应按正常停靠条件设计。

② 在业主没有规定时,船只停靠速度可取为:

对浅海导管架:20cm/s;

对深水导管架:50cm/s。

在业主没有规定时,计算船型取该区域可能出现的最大船只。

(3)靠船护舷件设计长度的确定:

上标高:最高天文潮 + 安装误差 + 0.8m(船的干舷)

下标高:最低天文潮 − 安装误差 − 船的吃水深度

(4)船舶停靠的动能计算:

$$E_0 = 1/2 C_m W/g v^2 \tag{5-2-27}$$

式中 W——船舶满载时的排水量;

v——船舶停靠时的速度;

C_m——系数(一般取1.25);

g——加速度($9.81 m/s^2$)。

计算中,一个靠船护舷所吸收的动能为:

$$E = K E_0 / n \tag{5-2-28}$$

式中 E——单个靠船件的动能计算;

n——靠船件的个数;

K——系数(一般取2.0)。

(5)反力计算:

根据单个靠船件的动能计算值,查橡胶护舷的性能曲线表(橡胶护舷性能曲线表由厂家提供,渤海一般用DA型橡胶护舷),然后确定反力数值。

(6)靠船护舷件钢结构强度校核:

根据反力值和靠船护舷件钢结构截面特性校核在受弯,受压,受剪作用下是否能满足要求。

2. 靠艇平台

(1)布置:

① 应根据需要在平台的一个侧面设置或多个侧面设置靠艇平台。

② 在潮汐变化较大的海区,在导管架立面的两个高程上(高水位和低水位,但要躲开冰的作用位置)分别设置两个登艇平台,以方便工作人员登艇和靠泊。

③ 在平面上,靠艇平台的外缘线不应超出靠船缓冲件的外缘线。

(2)设计：

① 靠艇平台结构强度应根据下面两个组合条件计算：

　　自重 + 活荷载

　　自重 + 极端风暴

② 没有规定时,活荷载可取 5.0kN/m²。

③ 在上述的第二个条件下,容许应力可增大 1.33 倍。

六、立管及电缆护管设计

1. 概述

(1)立管、电缆护管的位置,断面尺寸应由业主或相关专业设计人员提出要求,结构专业设计人员最后确定。

(2)结构设计人员根据上述条件设计支撑位置和支撑结构。

2. 布置和设计

(1)在可能的情况下,应将立管布置在导管架的内部。

(2)在有冰的海域可能发生物体撞击的情况下或在潮差段应设置护管。

(3)对于接近泥面的立管部分,应采取适当的措施,以防止由于导管架的位移而产生破坏。

(4)对于接近泥面的电缆护管部分,要考虑电缆安装时的曲率半径和电缆的走向。

(5)要选择合理的支撑位置,避免和靠船构件发生碰撞,防止振动的发生。

七、灌浆和灌水系统设计

1. 灌浆系统设计

对于深水中的导管架,一般桩与导管架腿之间的环向空间要灌注水泥浆以把桩与腿连成一体。即便在渤海 30m 以内浅水区域的导管架,为了增加结构刚度和抗冰能力,也常常使用灌浆的方法。

由于灌浆工作在水中进行,水泥浆受海水的作用,导致其黏结力要小于陆地上的设计强度。导管架安装之前,应由一定数量的典型试件通过实验室实验来确定水泥浆的设计抗压强度,这些试样的养护条件应与现场实际情况相仿。根据 API RP 2A 的规定,水泥浆试样的 28 天龄期无侧限抗压强度不应小于 17.25MPa(2500psi)。需要说明,随着裙桩在深水导管架中的广泛应用,为了节省裙桩导管的长度,应尽量采用高强度水泥浆。在我国已经安装的导管架施工中,就曾采用了 34.5MPa(5000ksi)的水泥浆。水泥浆设计强度的采用,特别是高强度材料的采用,需要得到海上安装承包商的确认。如果桩与导管架腿之间传递的剪切力超过水泥浆的设计承载力,则要在腿内表面上增设抗剪齿环,齿环的高度和间距要根据下式计算：

在钢材和泥浆之间采用剪切键时,名义容许轴向荷载传递应力 f_{ba} 应取如下。

对于操作环境条件组合：

$$f_{ba} = 20\text{psi}(0.138\text{MPa}) + 0.5 f_{cu} \cdot h/s$$
(5-2-29)

对于极端环境条件组合：

$$f_{ba} = 26.7\text{psi}(0.184\text{MPa}) + 0.67 f_{cu} \cdot h/s$$
(5-2-30)

式中　f_{cu}——水泥浆无侧限抗压强度,MPa(psi);

　　　h——剪切键凸出高度(见图 5-2-39 和图 5-2-40),mm(in);

　　　s——剪切键间距(见图 5-2-40 和图 5-2-39),mm(in)。

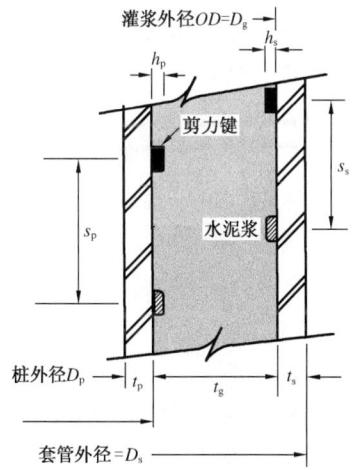

图 5-2-39　带有剪切键灌浆桩同结构连接

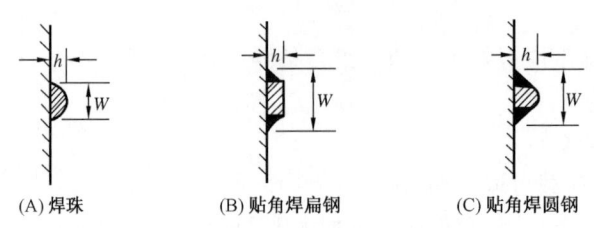

(A)焊珠　　　　(B)贴角焊扁钢　　　　(C)贴角焊圆钢

图5-2-40　推荐的剪切键细部

按照式(5-2-29)和式(5-2-30)设计的剪切键,其细部设计应满足如下要求:

(1)剪切键可以是间距s的圆环,也可以是螺距"s"的连续螺旋圈。

(2)剪切键的形式应是图5-2-39所示的其中一种。

(3)对于打入桩,在桩上的剪力键应布置足够的长度,以保证在桩打入以后,在与水泥浆接触的桩的长度上具有规定的剪力数目。

(4)所设计的每个剪切键的横切面和焊缝对于操作环境条件组合应能传递它能够承担的那部分连接能力。剪切键和焊缝应根据钢材和焊材的基本容许应力和焊缝应力进行设计,以传递一个等于剪切键承载面积乘1.7倍的f_{cu}的平均力,在连接的顶部和底部其长度等于2倍的桩径的范围内应采用$2.5f_{cu}$。

进行普通灌浆连接设计时,应当遵守下述限制条件:

$$17.25 \text{MPa}(2500 \text{psi}) \leqslant f_{cu} \leqslant 110 \text{MPa}(16000 \text{psi}) \tag{5-2-31}$$

在使用剪切键进行连接设计时,应当遵守下述限制条件:

导管几何:　　　　　　　$D_s/t_s \leqslant 80$

桩几何:　　　　　　　　$D_p/t_p \leqslant 40$

水泥浆环形空间几何:　　$7 \leqslant D_g/t_g \leqslant 45$

剪切键间距比:　　　　　$2.5^* \leqslant D_p/s \leqslant 8$

剪切键尺寸比:　　　　　$h/s \leqslant 0.10$

剪切键形状系数:　　　　$1.5 \leqslant W/h \leqslant 3$

f_{cu}和h/s之积:　　　$\leqslant 5.5 \text{MPa}(800 \text{psi})$

桩与导管的灌浆连接除了承受轴向荷载外,还承受其他的荷载,如横向剪力、弯矩或扭矩。如果这些荷载作用是显著的,在连接设计中应通过合理的分析或试验的方法予以考虑。

为了保证水泥浆在水下不会流失,需要在导管架腿或者裙桩导管的底部设置封隔组合件。通常是国外专业厂家的定型产品。以气胀式封隔器为例,一般包括香蕉气囊和刮泥器两部分。气囊在使用前处于扁平状态,紧贴在内壁,保证插桩时不会受损。插桩以后,气囊将底部的环向空间密封,以保证水泥浆不会漏出。刮泥器位于气囊的下部,作为封隔器的辅助构件,主要作用是阻挡海底砂石涌入环向空间,提高密封质量。当气囊出现意外时,刮泥器作为第二道防线,可避免水泥浆的大量外漏。为了进行灌浆作业,需要设置大量的灌浆管线和封隔器控制管线。对于大型导管架,每个桩腿一般要设置主、辅两根灌浆管线和两根封隔器控制管线。这些管线都应按照专门的程序在预制场地进行压力试验,以保证海上灌浆作业万无一失。

2. 灌水系统设计

灌水系统是为了配合导管架的漂浮和扶正作业而设置的。为了保证导管架在入水后保持漂浮状态,通常需要将导管架的大腿以及裙桩导管部分密封。一般导管架要具有10%以上的剩余浮力。在扶正阶段,为了保证作业的平稳进行,需要根据扶正分析分步灌水,同时结合浮吊的提升将导管架扶正。这要求设置多个密封舱,同时设置对应的灌水管线。这些管线通过设在导管架顶部水平层的操作平台进行控制。

八、调平系统设计

对于使用主桩的浅水导管架，一般不需要使用特殊的调平系统，使用浮吊和楔块即可达到调平的目的。但对于没有主桩的结构，即便使用浮吊，也难以实现调平后的固定。因此，需要设置专门的调平系统。

调平系统一般包括调平工具和卡桩器。这些都是国外厂家的定型产品，可以根据桩径和承载要求选用。调平工具可以租用，而卡桩器则需要与裙桩导管预制在一起。

常用的调平工具是一套柱状内涨式起吊工具，在海上安装期间它随浮吊一起动员。调平工具的气囊是一种特制橡胶，可以承受7MPa工作压力。调平工具插入裙桩套管后，经过充气，气囊与套管内壁的摩擦可以承受足够的提升力。

卡桩器应预制在裙桩套管的顶部，一般在导管架的每个角设置一个，通过控制管线连接到水面上的操作控制中心。在海上安装阶段，用调平工具将导管架调整到合格的水平度以后，启动液压卡桩器，即可保证水平状态。由于卡桩器能够提供双向锚固力，保证导管架在较大的风浪条件下导管和裙桩之间不会发生相对运动，从而保证导管架与裙桩之间初凝阶段的水泥浆不受剪切损害。由于导管架通过卡桩器建立了临时支撑，可以在裙桩与导管架之间的永久性连接完成之前进行其他海上作业。

为操作卡桩器，需要设置一套完整的控制系统。一般要设置主、辅两套控制系统，其中主控制系统通过导管架顶部的操作平台控制，辅助系统可以通过ROV控制。

九、下水滑道结构设计

凡是要使用下水驳船下水的导管架都要设置下水滑道。对于8腿导管架，应使用中间两个平行的导管架腿设置下水滑道。对于4腿和6腿的导管架，需要专门设置下水滑道支撑。由于专门的导管架支撑需要耗费大量的钢材，所以，对采用下水方式的导管架，8腿结构占绝大多数。对于浅水导管架，出于特殊需要，也可以采用横向下水的方式，其滑道梁可以利用两个水平层的结构支撑，这种情况要注意导管架的中心位置，防止出现两个滑道脱离驳船摇臂的时候不同步的情况。由于工程上这种横向下水实例不多，一般不推荐采用。

一般情况下，导管架在预制场的滑道上建造，然后将导管架滑移到驳船的滑道上。显然，码头滑道与驳船滑道必须一致，既两条滑道的中心间距都与导管架中间平行的两条腿的间距相同。导管架以及驳船滑道的表面都铺设钢板，同时在上面涂饰黄油以保持装船滑移作业中的润滑。驳船上的滑道一般由箱型梁钢结构制成，码头滑道梁的上部与驳船滑道梁类似，只是为了保持装船期间的水平一致，需要在下面铺设一层或者几层水泥预制块。有时为了保持裙桩与码头地面的间距，需要把码头滑道加高到4～5m的高度。

导管架腿上的滑道梁的底部一般由3或者4块300mm×300mm的方型木块拼装而成，木块的质地要比较硬，能够承受较大的压力。木块与导管架腿之间用加强板连接。由于在下水过程中各处所承受的反力不同，需要在滑道梁上适当布置加强环。

下水滑道各部位在下水过程中所承受的最大反力可以有MOSES或SACS程序计算。要通过时域分析找出各个部位最大反力的状态，当摇臂开始翻转时，导管架的全部重量作用在摇臂上，导管架上的滑道梁也处于最大的反力状态。

十、桩腿连接板设计

桩与导管架腿的连接有灌浆方式和不灌浆方式，通常都在导管架腿的顶部设置桩腿连接板。对于不灌浆的方式，该连接板要能够传递桩腿之间的剪力。由于不灌浆，施工比较简单，在国外的浅水平台上使用较普遍。连接板常使用大型冠状板，一般需要3块板，其厚度足以覆盖环型空间并提供足够的焊缝。焊缝需要经过专门的计算确定。对于灌浆导管架，桩与导管架腿之间理论上不需要焊接，但为了在施工期间避免桩与腿之间的相对位移，一般仍在桩腿之间焊接。这种连接不需要承受极端环境条件下桩腿之间的最大剪力，仅需承受导管架安装阶段的剪力，一般采用构造连接。最常见的是在环型空间塞入插板，结合在腿柱顶部开出槽口进行焊接。

十一、泵护管设计

平台上的消防用水一般取自海水，所以消防泵管要深入海水之中。泵管的吸头一般要在低潮位时的波谷以下几米以至十几米，这个区域正是承受波浪力最大的区域。由于泵管本身的强度不足以承受环境荷载，需要在外面套上护管。该泵护管的作用与钻井用套管外面的隔水导管类似。

泵护管的内径要大于泵的吸头20cm以上，该尺寸由机械工程师提供，目前常用泵管的外径多数为24in。在施工上一般分三段进行。最上面的一节预制在甲板上，其上端与泵的位置对应；最下面的一段预制在导管架上，从导管架顶部水平层到水下底端，一般至少在导管架的两个水平层固定；中间的一段作为海上现场连接段，为方便施工，这一段尽量短一些。一般在1m左右。在连接中间段之前，要进行现场测量，根据测量结果现场切割。

还有些护管内部没有泵，主要用于排放，例如生产处理水排放、生活污水排放、钻井液排放等。这些管子直径较小，一般在12in以下，其施工与泵护管类似。由于尺度较小，海上连接也比较容易。由于这些管子都可以与平台主结构焊接在一起，在结构分析时可以一起模拟，不仅传递环境荷载，而且参与结构强度。

十二、防沉板设计

1. 布置

一般防沉板布置在导管架最下面水平层的四角。

2. 防沉板受到的荷载按下面状态设计

(1) 自重 + 浮力。

(2) 附属构件一般要考虑浮力的影响。

(3) 自重 + 浮力 + 波和流。

3. 仅有自重作用的情况

(1) 土壤承载力的安全系数为2.0。

(2) 防沉板构件的容许应力不得增加。

4. 自重和波浪同时作用情况下

(1) 设计安全系数取值如下：

　　土壤承载力　　　1.5

　　基底抗滑移力　　1.5

　　抗倾覆力　　　　1.15

(2) 在没有特别指定的情况下，设计环境条件的重现期不得少于一个月。

(3) 防沉板构件的容许应力可增大1.33倍。

5. 梁和板的应力校核

在导管架的安装期间防沉板要满足强度要求。

6. 防沉板的稳性计算

承载力和滑移稳性计算在委托者有要求的情况下，按其指定的公式计算。在委托者没有要求的情况下，可按API规范中的"浅基础的稳定性"考虑计算。

抗倾覆稳性计算公式:

$$M_s = F_z H_{min} \qquad (5-2-32)$$

式中　M_s——导管架垂直力引起的弯矩;

　　　F_z——导管架总的垂直力;

　　　H_{min}——垂直力的作用中心离导管架底部边缘的最小距离;

　　　M_o——环境荷载引起的倾覆力矩。

校核:$M_s/M_o > 1.15$。

第三章 平台上部结构设计

第一节 结构总体确定

一、甲板结构总体布置

首先要考虑所设计平台的用途,是钻井、采油、储存、处理、居住或是其中几项的组合。平台的形状应通过对位于甲板上的设备布置的研究而确定,再最后确定尺度。

(1)基本原则:

传力路径短,构件综合利用好,材料利用率高。

(2)在进行甲板结构总体布置时,一般考虑下面几个方面:

① 甲板结构布置:在甲板上的设备布置尽量做到重量对称的情况下,甲板结构布置尽量对称,以利于结构均匀受力。

② 杆件数量:应尽量使杆件在各种受力状态下都能发挥较大作用,杆件数量力求尽可能少。

③ 节点设计:要尽可能使用简单节点。

④ 隔水导管和甲板的连接:要明确隔水导管支撑两端的连接方法。

⑤ 滑靴的横向间距的确定:如果考虑甲板结构滑移装船,则滑靴的横向间距的确定应考虑预制场地滑道和驳船滑道间距的可调整范围。

⑥ 应考虑钻井、修井的要求:如使用平台钻机、修井机,则需考虑结构的局部加强;如使用钻井船进行修井作业等,则需要考虑甲板标高和悬臂尺度是否能满足使用要求。

二、甲板标高确定

(1)底甲板梁底的标高确定:

底甲板的标高 = 设计波浪波峰高度 + 极端高水位 + 1.5m 气隙

注意:对吊高有限制的时候,用计算机算出的实际波浪波峰高度。

(2)甲板的层数:根据需要,由总图专业确定。

(3)甲板的层间距:要考虑设备的高度、设备操作空间、电缆及管线的放置。具体尺寸由总图专业确定,结构专业要提供梁及其他杆件的最大高度来配合总图专业确定甲板层间距。

三、结构构件的选取

结构杆件的选取要遵循以下几个原则:

(1)大小梁尺寸:要有明显差别,以便区分和连接。

(2)杆件类型、材料规格:不宜太多,必要时可以调整。

(3)对管型杆件的选取要考虑以下因素:

① D/t 比:一般介于 20~60 之间(最好大于 30);如果大于 60,则要按照 API RP 2A 的要求对材料的容许应力进行折减。

② Kl/r:对主要杆件不宜大于 120。

③ 主要节点:$d/D = 0.4~0.8$。

次要节点:d/D 取值可稍大。

式中 d——支杆直径;

D——弦杆直径。

四、结构材料的选取

(1)结构材料的选取既要考虑强度的要求,又要考虑工作环境的要求。

(2)甲板立柱上的主要节点、吊点用板应使用 Z 向性能钢材,其他位置可不使用。

第二节　结构模拟

一、坐标系统

(1)系统为直角坐标系。

(2)Z轴向上为正。

(3)X、Y为水平轴,Y轴与结构北一致,X轴的方向按右手法则确定。

(4)坐标原点选在海图水深基准面。

二、编号系统

(1)导管架腿在泥线处节点的编号为:按逆时针方向 101,103,105,107 等。

(2)从泥线处向上一层,编号 201,203,205,207 等;再向上一层编号递加至 301,303,305,307 等;以此类推。

(3)杆件编号也要有一定的规律,以便查找方便。

(4)甲板编号时要综合考虑导管架的编号,不要与导管架的编号产生重号现象。

三、杆件有效长度

(1)对于导管架结构杆件,杆件有效长度的确定请参考 API RP 2A – WSD。

(2)对于甲板上的结构杆件,杆件有效长度的确定请参考 AISC – CHAPTER F。

四、质量模拟

在进行地震计算时,甲板设备质量和生活楼质量通常用橇模块进行荷载模拟,且需定义其重心位置。

第三节　荷载模拟

一、荷载模拟

荷载条件要尽量分别单独模拟,不要多个荷载条件模拟在一起,并对每一个荷载条件给予一个标识,以方便查找。

二、固定荷载

固定荷载包括平台结构的重量和附属结构的重量,在某个作业形式下不变化的任何永久设备。

1. 平台结构自重

平台结构自重由 SACS 程序自动计算得出。它包括主要结构、甲板梁、甲板板。而附属结构的重量,有的通过附属结构在计算模型中模拟后由 SACS 程序自动计算得出,有时通过考虑重量系数的方式来计算。

根据计算模型的模拟程度和设计阶段的不同,结构重量系数宜采用下面的值:

(1)概念设计:取 1.30 ~ 1.40(不模拟附属结构)。

(2)基本设计:取 1.10 ~ 1.20(视附属结构的模拟情况,如详细模拟了小梁、甲板板、吊机底座、卸货区、上下楼梯平台和楼梯等,则可取 1.10)。

(3)详细设计:取 1.05 ~ 1.10(视附属结构的模拟情况,如模拟了小梁、甲板板、吊机底座、卸货区、上下楼梯平台和楼梯、井口区、走道、盖板和修井机滑道等,则可取 1.05)。

2. 永久安装到平台上的设备自重

设备自重应包括设备、容器、配管、电缆、工作间、防火墙等的自重。

对于设备、容器、仪表和舾装的自重用 SACS 程序中的 SKID 功能生成,对于电缆、配管、防火墙/墙体等的自重则简化为线或面荷载输入。

根据设计阶段的不同,设备荷载系数可采用下面的值(可根据具体情况调整):
(1)概念设计:设备干重×1.30。
(2)基本设计:设备干重×1.20。
(3)详细设计:设备干重×1.10。

设备干重包括设备、容器、配管和电缆。

三、活荷载

活荷载是在平台的使用期间作用在它上面的荷载,它可能在一种作业形式期间就发生变化,也可能从一种作业形式到另一种时发生变化。活荷载应包括下面各项。

1. 容器、储罐和管线中的液体重量

对于容器、储罐中的液体重量,可采用橇模块模拟,对于管线中的液体重量,可简化为线或面荷载输入。

根据设计阶段的不同,荷载系数可采用如下值:
(1)概念设计:(设备湿重 - 干重)×1.30。
(2)基本设计:(设备湿重 - 干重)×1.20。
(3)详细设计:(设备湿重 - 干重)×1.10。

荷载系数可采用以上值或根据荷载模拟详细程度确定。

2. 散货堆载及其他活荷载

对于散货堆载及其他活荷载,应根据其所处位置及计算的需要,按下表5-3-1所列的值考虑:

表5-3-1 散货堆载及其他活荷载

	局部计算	总体计算
非设备区	5.0kN/m²	2.5kN/m²
井口区	2.0kN/m²	1.0kN/m²
走道	5.0kN/m²	2.5kN/m²
卸货区*	10.0kN/m²	5.0kN/m²

* 如有特别需要,如设备后装等,需要根据预计的最大装载设备予以修正。

四、吊机、钻机和修井机荷载

吊机、钻机和修井机荷载是指在使用甲板吊机、钻机和修井机时作用在结构上的力。这些力是考虑了悬吊荷载和它的移动以及固定荷载而得到的。

通常,这些荷载被考虑作为集中力作用在结构上,钻机或者修井机荷载要考虑最不利井位的操作荷载组合。吊机荷载还要根据设计风浪方向考虑对应的方向。

五、海洋环境荷载

环境荷载是由包括风、流、波浪、冰等作用在平台上的荷载。环境荷载还包括由于波浪和潮汐引起水位变化而产生的作用在构件上的静水压力和浮力的变化。

在设计中,尽量要求业主提供考虑方向的波浪、风、流3个参数的联合概率值。

1. 风荷载

风荷载用 API RP 2A - WSD 规定的方法计算。

1)形状系数

在缺少另外的说明资料时,推荐如下的形状系数(C_S)对于垂直作用于任何投影面积的风向角。

梁：　　　　　　　　　　1.5
建筑物的侧面：　　　　　1.5
圆形截面：　　　　　　　0.5
平台总投影面积：　　　　1.0
生活模块：　　　　　　　1.5
火炬臂：　　　　　　　　0.3～0.5
修井机、钻机:底座：　　　1.5
设备：　　　　　　　　　1.5
井架：　　　　　　　　　0.3～0.5

在对于甲板组块进行风力计算时，受风面积应按甲板组块的轮廓尺寸投影面积来计算。

2) 风荷载的计算机输入方法

用公式算出风荷载，建议用集中荷载的形式输入结构模型，分配到结构的相应节点上。

实际计算风荷载时，对于斜向风荷载，考虑 X、Y 方向叠加。

2. 波、流、冰等其他环境荷载

波、流、冰等其他环境荷载的计算请见第二章导管架设计。

3. 地震荷载

在计算地震荷载时，需注意如下几个方面的内容：

(1) 如果有场地的实际地震谱，则采用实际的数据来进行地震分析计算。

(2) 如果没有场地的实际地震谱，则采用 API 适当的谱进行分析。

(3) 如业主没有要求，对于强度水平地震设计，可按 API 的规定选择地面地震水平加速度进行强度水平设计。

(4) 如没有特殊要求，可用 2 倍强度水平的地面加速度的地震分析来替代韧性分析。

六、荷载组合

荷载组合的原则是：

(1) 按可能的荷载条件进行组合。

(2) 对结构产生最不利影响的荷载条件进行组合。

(3) 活荷载在不同的工况条件下的取值是不同的：在操作工况条件下，活荷载取 100%；极端条件下，活荷载取 75%。

(4) 设备操作重—干重在不同的工况条件下的取值是不同的：在操作工况条件下，取 100%；极端条件下，取 75%。

下面就举例说明荷载基本工况和荷载组合工况情况，仅供参考。在每个项目的设计过程中，要根据项目的特点，具体问题具体分析。

(1) 荷载基本工况。

① 工况 1:结构自重(含浮力)；
② 工况 2:设备干重；
③ 工况 3:设备操作重—干重；
④ 工况 4:活荷载；
⑤ 工况 5～37:环境荷载；
⑥ 工况 38～41:修井机荷载吊机固定荷载；吊机操作荷载(多个方向)；
⑦ 工况 42～47:吊机荷载；

荷载基本工况见表 5-3-2。

(2) 静力计算时的荷载组合工况见表 5-3-3(某项目实例)。

表 5-3-2 荷载基本工况

LOAD NO.	DESCRIPTION	DEG. (°)
1	STRUCTURE WEIGHT(INCLUDE BUOYANCE)	
2	EQUIPMENT DRY	
3	EQUIPMENT WET – DRY	
4	LIVE LOAD	
5	OPER (WAVE + CURREN) H. W. L	0
6	OPER (WAVE + CURREN) H. W. L	37.4
7	OPER (WAVE + CURREN) H. W. L	90
8	OPER (WAVE + CURREN) H. W. L	142.6
9	OPER (WAVE + CURREN) H. W. L	180
10	OPER (WAVE + CURREN) L. W. L	0
11	OPER (WAVE + CURREN) L. W. L	37.4
12	OPER (WAVE + CURREN) L. W. L	90
13	OPER (WAVE + CURREN) L. W. L	142.6
14	OPER (WAVE + CURREN) L. W. L	180
15	EXTREME (WAVE + CURREN) E. H. W. L	0
16	EXTREME (WAVE + CURREN) E. H. W. L	37.4
17	EXTREME (WAVE + CURREN) E. H. W. L	90
18	EXTREME (WAVE + CURREN) E. H. W. L	142.6
19	EXTREME (WAVE + CURREN) E. H. W. L	180
20	EXTREME (WAVE + CURREN) E. L. W. L	0
21	EXTREME (WAVE + CURREN) E. L. W. L	37.4
22	EXTREME (WAVE + CURREN) E. L. W. L	90
23	EXTREME (WAVE + CURREN) E. L. W. L	142.6
24	EXTREME (WAVE + CURREN) E. L. W. L	180
25	OPER (WIND) L. W. L	0
26	OPER (WIND) L. W. L	90
27	OPER (WIND) L. W. L	180
28	EXTREME (WIND) E. L. W. L	0
29	EXTREME (WIND) E. L. W. L	90
30	EXTREME (WIND) E. L. W. L	180
31	EXTREME ICE + 10YEAR CURRENT E. H. W. L	0
32	EXTREME ICE + 10YEAR CURRENT E. H. W. L	37.4
33	EXTREME ICE + 10YEAR CURRENT E. H. W. L	90
34	EXTREME ICE + 10YEAR CURRENT E. H. W. L	142.6
35	EXTREME ICE + 10YEAR CURRENT E. H. W. L	180
36	EXTREME ICE + 10YEAR CURRENT E. L. W. L	0
37	EXTREME ICE + 10YEAR CURRENT E. L. W. L	37.4
38	EXTREME ICE + 10YEAR CURRENT E. L. W. L	90
39	EXTREME ICE + 10YEAR CURRENT E. L. W. L	142.6
40	EXTREME ICE + 10YEAR CURRENT E. L. W. L	180
41	OPER(WORKOVER) CASE1	
42	OPER(WORKOVER) CASE2	
43	EXTREME(WORKOVER) CASE1	
44	EXTREME(WORKOVER) CASE2	
45	OPER(CRANE)	0
46	OPER(CRANE)	37.4
47	OPER(CRANE)	90
48	OPER(CRANE)	142.6
49	OPER(CRANE)	180
50	EXTREME(CRANE)	0

表 5-3-3 荷载组合工况

静力计算组合工况		1	2	3	4	5	6	7	8	9	10	11	12	13	14	15	16	17	18	19	20	21	22	23	24	25	26	27	28	29	30	31	32	33	34	35	36	37	38	39	40	41	42	43	44	45	46	47	48	49	50
	51	1.2	1.00	1.00	1.0	1.0																				1.0																1.00									
	52	1.2	1.00	1.00	1.0		1.0																			1.0																				1.00					
	53	1.2	1.00	1.00	1.0			1.0																			1.0																						1.00			
操作条件下修井机作业位置1	54	1.2	1.00	1.00	1.0				1.0																			1.0																						1.00		
	55	1.2	1.00	1.00	1.0					1.0																1.0																1.00									
	56	1.2	1.00	1.00	1.0						1.0																1.0																				1.00					
	57	1.2	1.00	1.00	1.0							1.0																1.0																					1.00			
	58	1.2	1.00	1.00	1.0								1.0													1.0																							1.00		
	59	1.2	1.00	1.00	1.0									1.0													1.0															1.00									
	60	1.2	1.00	1.00	1.0										1.0												1.0																			1.00					
	61	1.2	1.00	1.00	1.0	1.0																			1.0																		1.00								
	62	1.2	1.00	1.00	1.0		1.0																			1.0																		1.00			1.00				
	63	1.2	1.00	1.00	1.0			1.0																			1.0																	1.00					1.00		
操作条件下修井机作业位置2	64	1.2	1.00	1.00	1.0				1.0																			1.0															1.00							1.00	
	65	1.2	1.00	1.00	1.0					1.0																1.0																	1.00								
	66	1.2	1.00	1.00	1.0						1.0																1.0																1.00				1.00				
	67	1.2	1.00	1.00	1.0							1.0																1.0															1.00						1.00		
	68	1.2	1.00	1.00	1.0								1.0													1.0																	1.00							1.00	
	69	1.2	1.00	1.00	1.0									1.0													1.0															1.00					1.00				
	70	1.2	1.00	1.00	1.0										1.0												1.0															1.00								1.00	

续表

静力计算组合工况		1	2	3	4	5	6	7	8	9	10	11	12	13	14	15	16	17	18	19	20	21	22	23	24	25	26	27	28	29	30	31	32	33	34	35	36	37	38	39	40	41	42	43	44	45	46	47	48	49	50
	71	1.2	1.00	0.75	0.75																																							1.00							1.0
	72	1.2	1.00	0.75	0.75																							1.0	1.0															1.00							1.0
	73	1.2	1.00	0.75	0.75																										1.0													1.00							1.0
极端波浪条件下修井机位置1（重载）	74	1.2	1.00	0.75	0.75														1.0																									1.00							1.0
	75	1.2	1.00	0.75	0.75															1.0											1.0													1.00							1.0
	76	1.2	1.00	0.75	0.75																1.0																							1.00							1.0
	77	1.2	1.00	0.75	0.75																	1.0							1.0															1.00							1.0
	78	1.2	1.00	0.75	0.75																		1.0																					1.00							1.0
	79	1.2	1.00	0.75	0.75																			1.0					1.0															1.00							1.0
	80	1.2	1.00	0.75	0.75																				1.0																				1.00							1.0
	81	1.2	1.00	0.25	0.25											1.0																												1.00							1.0
	82	1.2	1.00	0.25	0.25												1.0												1.0	1.0														1.00							1.0
	83	1.2	1.00	0.25	0.25													1.0													1.0													1.00							1.0
极端波浪条件下修井机位置1（轻载）	84	1.2	1.00	0.25	0.25														1.0																									1.00							1.0
	85	1.2	1.00	0.25	0.25															1.0									1.0															1.00							1.0
	86	1.2	1.00	0.25	0.25																1.0										1.0														1.00							1.0
	87	1.2	1.00	0.25	0.25																	1.0																							1.00							1.0
	88	1.2	1.00	0.25	0.25																		1.0						1.0															1.00							1.0
	89	1.2	1.00	0.25	0.25																			1.0							1.0													1.00							1.0
	90	1.2	1.00	0.25	0.25																				1.0																			1.00							1.0

续表

静力计算组合工况		1	2	3	4	5	6	7	8	9	10	11	12	13	14	15	16	17	18	19	20	21	22	23	24	25	26	27	28	29	30	31	32	33	34	35	36	37	38	39	40	41	42	43	44	45	46	47	48	49	50
极端波浪条件下修井机位置2（重载）	91	1.2	1.00	0.75	0.75																								1.0																1.00						1.0
	92	1.2	1.00	0.75	0.75																									1.0															1.00						1.0
	93	1.2	1.00	0.75	0.75													1.0													1.0														1.00						1.0
	94	1.2	1.00	0.75	0.75														1.0										1.0																1.00						1.0
	95	1.2	1.00	0.75	0.75															1.0										1.0															1.00						1.0
	96	1.2	1.00	0.75	0.75																1.0								1.0																1.00						1.0
	97	1.2	1.00	0.75	0.75																	1.0								1.0															1.00						1.0
	98	1.2	1.00	0.75	0.75																		1.0								1.0														1.00						1.0
	99	1.2	1.00	0.75	0.75																			1.0					1.0																1.00						1.0
	100	1.2	1.00	0.75	0.75																				1.0					1.0															1.00						1.0
极端波浪条件下修井机位置2（轻载）	101	1.2	1.00	0.25	0.25												1.0												1.0																1.00						1.0
	102	1.2	1.00	0.25	0.25													1.0												1.0															1.00						1.0
	103	1.2	1.00	0.25	0.25														1.0												1.0														1.00						1.0
	104	1.2	1.00	0.25	0.25															1.0									1.0																1.00						1.0
	105	1.2	1.00	0.25	0.25																1.0									1.0															1.00						1.0
	106	1.2	1.00	0.25	0.25																	1.0							1.0																1.00						1.0
	107	1.2	1.00	0.25	0.25																		1.0							1.0															1.00						1.0
	108	1.2	1.00	0.25	0.25																			1.0							1.0														1.00						1.0
	109	1.2	1.00	0.25	0.25																				1.0				1.0																1.00						1.0
	110	1.2	1.00	0.25	0.25																					1.0				1.0															1.00						1.0

续表

静力计算组合工况		1	2	3	4	5	6	7	8	9	10	11	12	13	14	15	16	17	18	19	20	21	22	23	24	25	26	27	28	29	30	31	32	33	34	35	36	37	38	39	40	41	42	43	44	45	46	47	48	49	50
极端冰条件修井机位置1（重载）	111	1.2	1.0	0.75	0.75																											1.00												1.00							1.0
	112	1.2	1.0	0.75	0.75																								1.0	1.0													1.00							1.0
	113	1.2	1.0	0.75	0.75																								1.0		1.0			1.00										1.00							1.0
	114	1.2	1.0	0.75	0.75																								1.0		1.0				1.00									1.00							1.0
	115	1.2	1.0	0.75	0.75																								1.0		1.0					1.00								1.00							1.0
	116	1.2	1.0	0.75	0.75																								1.0	1.0							1.00							1.00							1.0
	117	1.2	1.0	0.75	0.75																								1.0	1.0								1.00						1.00							1.0
	118	1.2	1.0	0.75	0.75																								1.0		1.0								1.00					1.00							1.0
	119	1.2	1.0	0.75	0.75																								1.0	1.0										1.00				1.00							1.0
	120	1.2	1.0	0.75	0.75																								1.0	1.0		1.00										1.00		1.00							1.0
极端冰条件修井机位置1（轻载）	121	1.2	1.0	0.25	0.25																								1.0		1.0		1.00											1.00							1.0
	122	1.2	1.0	0.25	0.25																								1.0	1.0				1.00										1.00							1.0
	123	1.2	1.0	0.25	0.25																								1.0		1.0			1.00										1.00							1.0
	124	1.2	1.0	0.25	0.25																								1.0		1.0				1.00									1.00							1.0
	125	1.2	1.0	0.25	0.25																								1.0	1.0						1.00								1.00							1.0
	126	1.2	1.0	0.25	0.25																								1.0		1.0						1.00							1.00							1.0
	127	1.2	1.0	0.25	0.25																								1.0	1.0								1.00						1.00							1.0
	128	1.2	1.0	0.25	0.25																								1.0		1.0								1.00					1.00							1.0
	129	1.2	1.0	0.25	0.25																								1.0	1.0										1.00				1.00							1.0
	130	1.2	1.0	0.25	0.25																								1.0		1.0										1.00			1.00							1.0

续表

静力计算工况	组合	1	2	3	4	5	6	7-26	27	28	29	30	31	32	33	34	35	36	37	38	39	40	41	42	43	44	45	46-49	50
极端冰条件下修井机位置2（重载）	131	1.2	1.00	0.75	0.75								1.00													1.00			1.0
	132	1.2	1.00	0.75	0.75					1.0	1.0			1.00												1.00			1.0
	133	1.2	1.00	0.75	0.75							1.0			1.00											1.00			1.0
	134	1.2	1.00	0.75	0.75							1.0				1.00										1.00			1.0
	135	1.2	1.00	0.75	0.75					1.0	1.0						1.00									1.00			1.0
	136	1.2	1.00	0.75	0.75					1.0								1.00								1.00			1.0
	137	1.2	1.00	0.75	0.75						1.0								1.00							1.00			1.0
	138	1.2	1.00	0.75	0.75					1.0		1.0								1.00						1.00			1.0
	139	1.2	1.00	0.75	0.75					1.0	1.0										1.00					1.00			1.0
	140	1.2	1.00	0.75	0.75					1.0	1.0											1.00				1.00			1.0
极端冰条件下修井机位置2（轻载）	141	1.2	1.00	0.25	0.25					1.0			1.00													1.00			1.0
	142	1.2	1.00	0.25	0.25					1.0	1.0			1.00												1.00			1.0
	143	1.2	1.00	0.25	0.25						1.0				1.00											1.00			1.0
	144	1.2	1.00	0.25	0.25					1.0		1.0				1.00										1.00			1.0
	145	1.2	1.00	0.25	0.25					1.0	1.0						1.00									1.00			1.0
	146	1.2	1.00	0.25	0.25					1.0								1.00								1.00			1.0
	147	1.2	1.00	0.25	0.25						1.0								1.00							1.00			1.0
	148	1.2	1.00	0.25	0.25					1.0		1.0								1.00						1.00			1.0
	149	1.2	1.00	0.25	0.25					1.0	1.0										1.00					1.00			1.0
	150	1.2	1.00	0.25	0.25					1.0	1.0											1.00				1.00			1.0

第四节 甲板结构在位分析

一、概述

甲板结构在位分析是指甲板安装就位后,在平台整个设计寿命期内,对平台结构物承受自重荷载、设备荷载、操作荷载、风荷载、波浪和流荷载、冰荷载、地震荷载及意外荷载等各种荷载工况进行分析,以保证平台满足指定标准和规范的要求。目前海洋平台的整体设计一般遵循 API RP 2A 最新版的要求进行设计,局部构件的设计一般依据 AISC 和 API RP 2A 最新版的推荐作法。

甲板在位分析主要包括:静力分析、地震分析、疲劳分析等,不同分析过程中的分析方法、构件及节点的校核标准等参见有关章节。

如果单独对甲板结构进行模拟分析,应尽可能模拟一层至两层的导管架结构,以便合理的模拟下部结构的刚度。

二、设计参数

对于设计参数的选择,请参见第二章第四节的相关内容。

三、静力分析

1. 定义及范围

对于静力分析的定义及其范围,请参见第二章第四节的相关内容。

2. 荷载组合

对于荷载组合,请见第二章第四节的相关内容。

3. 分析计算

1)结构构件校核

对于结构构件校核,请见第二章第四节的相关内容。

2)节点冲剪校核

对于节点冲剪校核,请见第二章第四节的相关内容。

3)位移

每个甲板层最大位移应包括在计算结果中,用以判断节点位移是否异常。位移值还受到设备或作业要求的限制,一般情况下甲板梁的位移不能超过其长度的 1/300。

四、地震分析

1. 概述

请参见第二章第四节的相关内容。

2. 强度要求

对于强度要求,请见第二章第四节的相关内容。

3. 韧性要求

对于韧性要求,请见第二章第四节的相关内容。

4. 其他要求

1)节点

节点尺寸是按连接杆件的屈服和屈曲能力来确定的。这样就能防止节点早期破坏,并能充分保证整个结构的韧性。

在确定甲板节点部分的尺寸时,是根据主要斜撑杆的完全屈服和主水平杆件的屈曲荷载。这些水平构件在做弹性分析时,在典型的情况下只承受少量荷载,但当主要斜撑杆屈曲之后,都要承受相当大的压应力,以防止整个结构"拉散开"。为避免节点加厚段部分的厚度过厚,可以在主构件上加做一节锥形短节，或考虑杆件搭接和桩灌浆连结的有利效应。

2）甲板附属装置和设备

甲板附属装置的地震设计力的推导方法取决于附属装置的动力特性和框架的复杂程度，这里有两种分析方法。

首先，通过适当的固定和横向约束，大部分甲板设备和管系刚性是足够的，这样只需要对其支撑构架，横向约束构架及固定支座使用静力来设计，而静力是由与强度水平地震事件相应的甲板峰值加速度推算的。

为确保附属装置有足够的刚度以符合这一标准，附属装置的横向和垂向的周期应位于低周期区，即甲板地板水平面处的响应谱较平的部分。另外，支撑附属装置的甲板的局部框架部分也应具有足够的刚性，不应产生动力放大效应。在选择横向设计加速度时，应考虑由于平台的扭转响应所造成的甲板四角响应的增加。

其次，对柔性较大的设备如钻井及修井结构、火炬臂、吊机、甲板悬伸结构、独立式高架容器、具有自由液面的无隔板储罐、长跨距的立管和柔性管线、逃生舱、井口和管汇组合应考虑给出适当的附加应力，这些附加应力是由动力放大和/或通过耦合或非耦合分析计算得出的不同位移所引起的。

使用甲板地板水平面处的非耦合分析所得出的作用在设备上的设计荷载可能要比用更具代表性的耦合分析所推算出的荷载要大，特别是对那些质量较大，并且自振周期接近平台的有效自振周期的部件。

如果耦合分析用于简单模拟的相对刚性的构件，应当注意振型迭加方法得出的设计加速度不应小于甲板峰值加速度。

使用增加了1/3的基本许用应力来设计甲板支撑结构、局部甲板框架、设备的固定和横向约束框架以承受强度水平地震荷载通常是适宜的。与通常导管架使用的全屈服应力的许用值相比，这个相应于强度水平地震荷载的设计许用值应力的少量增加是为了提供一个代替进行精确的韧性水平分析的安全余量。

然而，在罕遇的强烈地面运动强度与强度水平地面运动强度比大于2.0的场合，应该考虑修正设计许用应力。同样，对某些设备、管道、附属装置和支撑结构，冗余量，破坏后果和/或冶炼方法可能要求使用不同的许用应力，或进行完全的韧性分析，这主要取决于在承受罕遇强地震地面运动时杆件预期的性能。

5. 分析方法

对于分析方法，请见第二章第四节的相关内容。

五、疲劳分析

1. 概述

请见第二章第四节的相关内容。

2. 分析方法

对于分析方法的选取，请见第二章第四节的相关内容。

3. 非管连接的构件

在甲板结构、附属构件和设备上的非管状构件和连接，圆管及其附件（包括加强环在内），可能要承受由于环境荷载或操作荷载引起的交变应力。操作荷载应包括机械振动、吊机工作和储罐的注满或排空等。

4. 管连接的 $S—N$ 曲线

对于管连接的 $S—N$ 曲线，请见第二章第四节的相关内容。

5. 应力集中系数

对于应力集中系数的选取，请见第二章第四节的相关内容。

6. 分析模型

对于分析模型的建立,请见第二章第四节的相关内容。

7. 简化疲劳估计

对于简化疲劳分析,请见第二章第四节的相关内容。

8. 分析结果

对于简化疲劳分析结果的处理,请见第二章第四节的相关内容。

第五节　建造安装阶段分析

一、施工方案确定

甲板建造前应进行施工方案的确定,施工方案的确定应考虑的主要因素有以下几个方面。

1. 建造场地的面积及承载力

每一个建造场地的承载能力是一定的,因此在确定建造施工方案之前,应考虑建造场地的承载能力是否满足要求,如不满足要求,必须对场地进行加固或更换场地。场地的面积不但要包括放置甲板的场地,施工机具的通道以及堆放场地的面积也必须充分考虑。

2. 施工机具的能力

施工机具的能力主要是吊机的起吊能力,应满足分片建造的甲板的最大重量和所要吊装设备的最大重量。

3. 甲板的重量及高度

平台甲板一般是由钢管和型钢焊接而成,轻则数百吨,重则数千吨甚至万吨。因此,甲板建造应考虑分片建造,每片的重量必须控制在施工机具的起吊范围之内,吊机的最大起吊高度应满足建造的高度要求。

4. 设备安装

甲板建造方案应充分考虑设备到货的实际情况,对于安装在下甲板的大型设备,如果设备的到货期比较晚,无法在安装上层甲板时到货,则在施工方案制定时应考虑如何将晚到货的设备安装到下甲板上的问题。通常可以采用的方法有两种,一是在甲板侧面预留开孔,待设备到货后将设备从侧面拖拉到预定要安装的位置,有可能需要建临时平台;二是在上甲板上预留开孔,将设备从上开孔吊装到预定安装的位置。

5. 甲板装船的方式

甲板装船方式可以分为直接吊装上船和拖拉滑移上船两种方式。如果甲板在建造场地上直立建造直立吊装上船,则在施工前应考虑的是甲板建造的方位要与运输驳船靠码头时的方位协调一致,尽量减少起吊过程中浮吊的旋转。

二、装船分析

装船分析主要参照标准为 API RP 2A 第十二章第二节,运输。

甲板一般都是在陆地建造然后装船拖运到海上安装。当甲板重量很大或需要进行外海拖航时,设计人员应特别考虑拖航问题。在进行设计之前,设计人员应咨询建造和拖航承包商,以确定拖航使用的驳船和装船时使用的设备。

甲板的装船通常有直接吊装上船和滑移上船两种方法。以下给出甲板装船、固定和拖航至少要考虑的几个问题和一般方法。

1. 直接吊装上船法

甲板都是直立建造的,其顶部设置吊点。吊装时甲板的节点和与节点连接的杆件受力应考虑 1.5 倍的动力系数，其他杆件应考虑 1.15 倍的动力系数。

2. 滑移装船

以 4 腿甲板装船为例，甲板在滑动上船过程中必须考虑最严重的情形即 3 点支撑的情形，分别考虑每个腿失去支撑时的情形。这种情形往往是由于运输驳船压载没有控制好而出现的，如果设计不当，甲板节点有可能损坏。一般而言，甲板是由绞车慢慢拖拉上船的，其运动速度很慢，动力因素可以不必考虑。

三、拖航分析

拖航是指将甲板由建造场地托运到海上安装现场，有时要越洋拖航，这样可能遇到很大的风浪。所以，甲板拖航分析要考虑以下几个方面：

(1) 拖航驳船与甲板结构系统的静稳定性分析。

(2) 驳船与甲板结构系统的动稳定性分析，这其中又包括船舶的完整稳定性分析和破损稳定性分析两种工况。

(3) 驳船与甲板结构系统动力运动响应分析：

对于驳船与甲板结构系统的运动分析，请参见第二章第五节相关内容。

1. 拖航时应考虑的计算参数

对于拖航时应考虑的计算参数，请参见第二章第五节相关内容。

2. 结构模型

对于结构模型的建立，请参见第二章第五节相关内容。

3. 运动相应分析

运动响应分析要考虑以下两个方面：

(1) 坐标系：

进行运动响应分析时采用的坐标系是运输驳船的坐标系，见图 5-3-1。

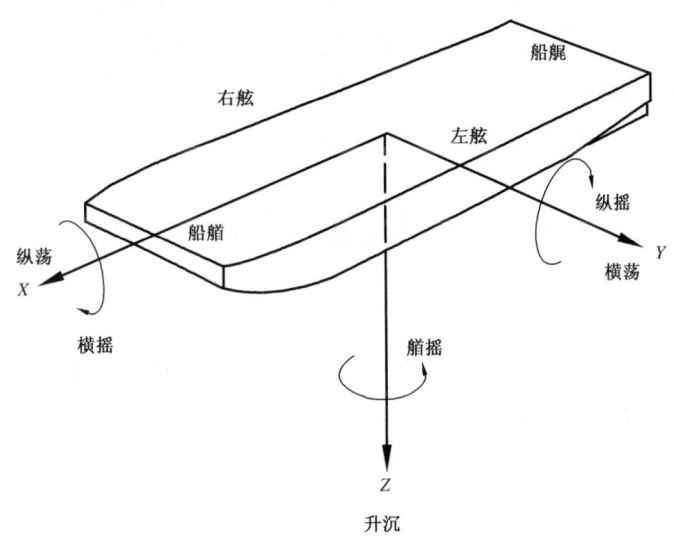

图 5-3-1　运输驳船的坐标系

(2) 计算程序：

对于计算程序，请参见第二章第五节相关内容。

四、吊装分析

对吊装分析，请参见第二章第五节相关内容。

第六节 附属结构设计

一、吊点设计

甲板结构上的吊点可以放在腿柱的上端,也可以放在腿柱的内侧。两种方式各有优缺点。如果放在腿柱内侧,在甲板上必须留出适当的洞口,吊装完成后仅需将洞口补上,而不需要切割甲板。由于吊耳及其加筋板通常由很厚的钢板制成,保留吊点可以节省海上切割和打磨工作量。此外,如果考虑将来平台的拆除,这些吊点可以重复利用。这样可以节省将来弃置搬迁的费用。但是,从设计上考虑,将吊点放到甲板以下是比较复杂的,由于腿柱位置的梁格纵横交错,要特别小心的布置才能避免碰撞。为了支撑吊耳产生的偏心拉力,需要在腿柱设置加强板,这更增加了腿柱顶部构造的复杂性。在目前的实际工程中,吊点放在腿柱顶部的居多,主要还是源于其设计比较简单,受其他结构干扰小。这种布置需要在海上现场切割吊耳,并将切口打磨平滑。

甲板上吊点的设计程序与导管架上的吊点类似,而布置上影响因素较多。如果上层甲板上已经在陆上预装了设备,需要注意避免吊索与设备的碰撞。必要时要增设吊装架,将设备附近的吊索从斜向改变为垂直方向。有时,当水平支撑结构比较薄弱时,例如生活模块或者直升飞机甲板的吊装。为减少吊装引起的横向挤压力,也可采用吊装架改善受力。对于带有钻机和修井机的甲板,滑轨通常支撑在甲板腿柱上,吊点必须占用部分轨道位置。这部分轨道只能先在陆地预制好,但并不安装,待海上吊装作业完成后,先将吊点切除磨平,再将这一段轨道补齐。

在吊点设计中,还需要配合吊索和卡环的选择。根据结构吊装分析给出的工作荷载,可以选择吊索的尺寸。由于吊索荷载本身已经包含 3~4 倍的安全系数,所以在选用工作荷载时不采用施加 2 倍冲击系数后的数值。吊耳的厚度和圆弧半径要与卡环的选择综合考虑。吊耳板的厚度要适当小于卡环的开口尺寸,不应差别太大,否则在销子上压力分布不均匀,对结构受力不利。同理,吊耳的销孔也应略大于销子的直径,不影响安装和撤除即可,通常余量在 1/8in~1/4in 的范围。吊点板及其焊接的原则与导管架上的吊点类似,不再详述。

二、直升飞机甲板设计

应根据 API RP 2L 和 ZC 规范的要求进行设计。

1. 方位

应根据环境条件的主风向和设备布置由总体专业设计人员来确定。

2. 基本荷载

(1)结构自重。

(2)活荷载(人员、货物、雪、冰等产生的均布荷载)。一般整体计算最小值取 0.5 kN/m² 结构局部校核一般取值 2.0 kN/m²。

(3)风荷载。风荷载要考虑操作工况(取 1 年一遇 3 秒阵风风速)和极端工况(取 100 年一遇 3 秒阵风风速)。

(4)直升飞机停放荷载。可按已给的直升飞机参数按百分比分配给每个轮子,作为轮压荷载作用在甲板上(API RP 2L 规范中有较详细直升飞机参数表)。

(5)直升飞机降落冲击荷载。冲击荷载作用在飞机的两个轮子(0.3m×0.3m)的面积上,每个轮子承受的冲击荷载至少等于直升飞机最大起飞重量的 75% 或取直升飞机前后起落架二者当中的较大值乘以冲击系数(API RP 2L 规定:冲击系数取 1.5。若直升飞机甲板下有人,还要乘以 1.15 的系数)。

直升飞机的降落可以选择多处甲板最不利位置验算结构强度。

3. 荷载组合

(1)结构自重+活荷载。

此时基本容许应力不得增加。

(2)结构自重+适当活荷载+直升飞机降落冲击荷载。

此时基本容许应力可放大1.33倍。

三、火炬臂设计

火炬臂的位置和高度由总体和工艺专业设计人员确定。

结构设计人员根据所提供的高度及环境条件,确定火炬臂的结构形式和构件尺寸。

1. 基本荷载

(1)结构自重。

(2)附属构件重(气管线、火炬头,梯子、上部小平台等)。

(3)活荷载(上部小平台一般取值2.5 kN/m^2,梯子一般取值0.5kN/m^2)。

(4)风荷载。

要考虑风振系数(可参考"建筑结构荷载规范"一书中的基本风压图及风振系数计算公式)。

风荷载要考虑操作工况(取1年一遇3秒阵风风速)。

极端工况(取100年一遇3秒阵风风速)。

2. 荷载组合

(1)操作工况:

结构自重+附属构件重+活荷载(考虑100%)+风荷载

风荷载要考虑操作工况(取1年一遇3秒阵风风速)。

操作工况容许应力不得增加。

(2)极端工况:

结构自重+附属构件重+活荷载(考虑75%)+风荷载

极端工况(取100年一遇3秒阵风风速)。

极端风荷载和地震力计算时容许应力可增大1.33倍。

3. 吊装分析

(1)重量增加系数一般取1.05。具体取值取决于对吊装时重量变化的了解程度。

(2)计算模型应在水平面内用3个具有较小刚度的弹簧固定住。其中两个弹簧位于一个主要结点的两个水平轴方向上,剩下一个位于另一个主要结点的任一水平轴方向上。

(3)动力放大系数的取值。直接传递吊装荷载的杆件为2.0,其他传递吊装荷载的杆件为1.35。

(4)吊装计算的容许应力不得增加。

四、栈桥设计

1. 概述

(1)为方便两个邻近平台的生活和工作,需在之间架一座栈桥。

(2)栈桥的长宽高需由总体设计人员确定。

2. 基本荷载

(1)结构自重。

(2)管线的干重、湿重,电缆重等。

(3)活荷载(人员、雪、冰等产生的均布荷载)。一般整体计算最小值取0.5 kN/m^2。

(4)风荷载。风荷载要考虑操作工况(取1年一遇3秒阵风风速)和极端工况(取100年一遇 3 秒阵风风速）。

3. 荷载组合

（1）操作工况：

结构自重 + 附属构件重 + 活荷载（考虑 100%）+ 风荷载

风荷载要考虑操作工况（取 1 年一遇 3 秒阵风风速）。

操作工况容许应力不得增加。

（2）极端工况：

结构自重 + 附属构件重 + 活荷载（考虑 75%）+ 风荷载

极端工况取 100 年一遇 3 秒阵风风速。

极端风荷载和地震力计算时容许应力可增大 1.33 倍。

4. 吊装分析

（1）重量增加系数一般取 1.05～1.10。具体取值取决于对吊装时重量变化的了解程度。

（2）计算模型应在水平面内用 3 个具有较小刚度的弹簧固定住。其中两个弹簧位于一个主要结点的两个水平轴方向上，剩下一个位于另一个主要结点的任一水平轴方向上。

（3）动力放大系数的取值。栈桥一般在海上安装。直接传递吊装荷载的杆件为 2.0，其他传递吊装荷载的杆件为 1.35。

（4）吊装计算的容许应力不得增加。

五、吊机底座和吊臂支架设计

吊机底座主结构是支撑吊机的一根垂直的圆柱结构。其结构比较简单，但受力比较复杂。对于大型平台吊机，更需要对各种受力工况特别重视。一般情况下，吊机底座的高度是总体布置提出的，对于钻井平台，由于吊机要高出钻井模块，所以需要较高的底座，有的高达十几米。对于小型井口平台，吊机底座一般不高。满足操作要求即可。

吊机底座所承受的荷载分为极端环境条件和操作条件。在极端环境条件下，吊机不吊任何重物，吊臂水平放置在支架上。此时吊机底座承受的荷载主要是吊机的自重和风荷载；在操作环境条件下，主要的荷载是吊重产生的垂直力和弯矩。吊机荷载应尽量从厂家的产品规格书中获得，当条件不具备时，可根据吊装能力曲线，选择最大垂直力和弯矩工况，根据 API RP 2C 的规定施加动力系数。

为了起吊工作业时的上下，需要在吊机底座上设置垂直爬梯。爬梯可使用扁钢和圆钢组成，外面设置保护罩。

对于大型的吊机底座，还经常要求具有储存柴油的功能，这时吊机底座既是柴油罐，又是受力结构。根据操作要求，在底座上要留出适当的人孔，以便对柴油罐进行维修和清理。同时还要在罐体上设置一些小管将柴油输送给吊机。在设置人孔的地方，要先设置密封盖板，在洞口的边沿用双层板补强。

对于吊机底座本身的强度，使用手算校核是比较简单的，关键是确认校核所使用的轴力和弯矩是准确的。当考虑吊机荷载对甲板结构的影响时，应该将吊机底座纳入甲板结构整体模型。将吊机荷载施加在底座的上端。由于大型底座的受力较大，底座一般应从上层甲板通到中层甲板，当计算显示底座的下段受力较小并无储存柴油的要求时，也可以通过过渡段变为较小的直径，这一方面可以节省材料，另一方面也腾出有用的甲板面积。

吊机在不工作的时候，吊臂是水平放置的，这就需要一个吊臂支架。从结构上看，吊臂支架是很简单的，仅是一个垂直的柱子支撑一个槽型支座。通常计算也比较简单。小的吊机按照构造设置即可。但对于吊机底座较高的吊机，需要的吊机底座也很高，尽管从受力上看没有多少荷载，但从稳定上考虑需要一定的刚度，否则会导致在风荷载作用下的振动。必要的还需增加适当的斜撑。在选择支撑的位置时,既要考虑吊臂的设计,又要照顾甲板上的设备布置。如果这些支撑影响顶层设备的海上安装,例如钻井模块的吊装,可能需要现场安装吊臂支架。

六、救生艇支撑结构设计

救生艇是平台上普遍使用的设施,其结构支撑需要专门考虑。在设计救生艇支撑结构时关键要明确救生艇的设计荷载和艇架的布置。

救生艇的设计参数应由厂家提供,包括艇和艇架的干重,设计乘坐人数,操作重量,下放时的设计荷载等。如果不能直接取得厂家资料,则只能根据人数要求参照类似的项目估计设计荷载,特别要注意考虑冲击荷载的影响。

救生艇的布置主要取决于艇架结构。特别要确认两个支点的位置。两点之间的距离最好能与甲板上的主梁格搭配。如果无法兼顾,只能适当增设梁格进行局部加强。

由于救生艇所处的位置一般具有较大的悬臂。因此往往对支撑结构产生较大的弯矩。在分析中不仅要考虑直接支撑艇架的主梁,而且要注意对周围结构的影响。如果不在整体分析中输入救生艇操作荷载,则要建立足够大的局部模型进行结构分析。

七、楼梯和走道设计

扶梯和走道的设计首先要满足安全要求,根据《海上固定平台安全规则》,平台上应该设有两个尽可能远离的便于到达露天甲板和登艇甲板的逃生通道。一般情况下,应以钢质楼梯作为逃生通道,如布置上有困难时,也可以将其中一个逃生通道取为垂直爬梯。

作为逃生通道的扶梯应为钢质固定型,其宽度不应小于700mm,在生活区内不应小于800mm,为满足双行的要求,平台上扶梯的一般宽度为900~1000mm。楼梯的斜度不应大于50°,平台上一般的扶梯角度在30°~45°之间。两侧设有扶手栏杆,踏步板应为防滑型。梯子两端休息平台的宽度一般为1000~1200mm,如果扶梯总长度超过8m,应在中间设置过渡小平台,该休息平台宜用吊梁悬挂到上一层甲板上。

扶梯的侧梁常用槽钢,一般为C250或C300,较小的梯子也可用C200。对于连接导管架和底层甲板的扶梯,考虑到波浪荷载的作用,宜使用钢管作为侧梁,其规格尺寸可以根据长度和波浪情况由计算确定,一般取8~10in(219~273mm)的钢管。这种楼梯也经常在上端设计为铰接,可以从下端提起,这可便于海上安装,也可在环境条件恶劣时提起以避免波浪冲坏。

每阶踏步的高差一般在20~30mm之间,如果梯子的斜度较大,则可取较大的高差。踏步板可为花纹钢板或者格栅板,以格栅板居多。格栅板宽度一般在250~300mm之间。如采用格栅板做踏步,需要在两端设置角钢支撑,对花纹钢板踏步也可采用直接焊接的方法。

当楼梯的仰角大于50°时,人员的上下就不安全,也不方便。如果由于空间的限制不能满足扶梯的角度要求,则应考虑设置爬梯,即人下梯时要与上梯一样面对梯子。立爬梯的高度在4m以上要有保护圈。

爬梯的侧杆一般为角钢或者扁钢,踏杆一般为20mm直径的圆钢,踏杆的间距在300mm左右。保护圈常用扁钢,直径不宜小于800mm。

走道一般要环绕平台的四周,中间按照安全要求适当设置,走道的宽度为1m左右。在生活区内,通道的净宽不应小于1m。不容许设置长度超过7m而不通的死胡同。在平台周边的走道要设置封闭栏杆。栏杆一般由1.9in×0.145in或者2in×0.154in的钢管预制,高度立柱的间距不应大于2m,高度不应小于1m。对于预制型栏杆,每片一般不长于5m,两片之间的净距在100mm左右。立柱通常用贴角焊缝固定在甲板上,对于有活动栏杆要求的地方,则在立柱的下端预装一个稍粗的短管,将立柱直接插入该套管中。除了顶部的扶手栏杆外,中部至少设置一层拉杆,在甲板面附近,设置一道100mm×5mm的踢脚板。在救生艇登船平台处的走道,一般用钢链代替栏杆以便随时拆除。为了防止污染,保证有组织排水,在甲板的四周走道的外沿一般设置

100mm左右的挡水板。同样为了有组织排水,梯口也应设置挡水板。但是,在梯子的通道上,为通行方面,通常用半个8in的钢管代替扁钢来实现档水。

八、大型设备底座设计

平台上有各种各样的设备,从规模到性能都有很大差别。对于小型设备,实际上,直接固定在甲板一般没有问题,需要特殊考虑底座设计的,主要是大型设备,特别是带有动力循环荷载的旋转设备。如透平发电机、天然气压缩机等。

大型设备的底座设计时,要考虑其自重、作用在上面的风力以及地震作用带来的惯性力。在可能的情况下,尽量把设备的重量支撑在甲板主梁上。即至少分配到两个梁上。如果布置上有困难,要对甲板结构进行局部加强。如果在设备撬座和甲板之间需要另设底座,该底座最好密封,底座与甲板之间也用密封焊,以避免水汽侵入造成腐蚀。

对于大型转动设备,在设计底座前尽量取得厂家资料,最好征求厂家对避免共振的意见,合理选择结构的自振频率。有些设备,底座不是连续的梁支撑,而是几个支点,连接方式也不是焊接而是螺栓连接。为了避免厂家资料对甲板主结构设计的影响,可考虑设置过渡底座。该底座的支点以及螺栓孔的位置可以晚一些确定,底座与甲板主结构之间仍然为焊接,设备与底座之间为螺栓连接并可以实现调平的目的。

九、防火墙和挡风墙设计

防火墙主要根据总体布置和安全专业的要求而设置。在平台上最常用的是A-60和A-0防火墙。A级防火墙一般以钢板为主结构并具有适当的加强筋。其构造应在1小时标准耐火试验结束时,能防止烟雾及其火焰通过。在下列时间内,与原始温度相比,其背火面的平均温度增高不超过139℃;且在包括接头在内的任何一点的温度增高不超过180℃:

"A-60级防火墙"——60min

"A-0级防火墙"——0min

在实际工程中,A-0级防火墙仅是一层密闭的钢板,A-60防火墙是在钢板上增设一层防火材料。防火材料可以是岩棉,也可以是特制的轻质混凝土涂层。其材质和厚度应经过检验部门的认可。

如果防火墙上有管子穿越,要与配管专业密切合作,在穿孔初设置密封。

对于处于环境恶劣地区,且层高较大的防火墙,对于支撑强度要特别校核。要考虑密封状态下极端风荷载的影响。

与防火墙相比,挡风墙结构上更为简单。其难点往往是防火防爆安全性与操作使用要求的矛盾。在渤海地区,问题比较突出。冬天寒冷的季风给平台的生产操作带来了许多困难,他们要求尽量多的设置挡风墙,有的平台甚至在后来加上了四周全密封的挡风墙。但是从安全上考虑,挡风墙可能导致泄露气体的积聚,带来相当大的安全隐患,因此,安全上希望越开敞越好。作为结构设计,只能服从总体布置的要求,适当设置挡风墙。挡风墙一般不作成密闭型,通常上下都留出一段空间。必要的情况下,可以考虑采用可拆卸式或推拉式以满足不同季节的需要。

十、导管架帽设计

导管架帽一般是导管架和甲板结构组块之间的过渡结构,对不同的平台作用不尽相同。最为常见的导管架帽有称为模块支撑结构(MSF)。设置这种结构的目的是为了解决上部结构分块吊装的问题。对于大型平台,由于上部设施很重,难以找到足够大的浮吊来整体吊装,需要将甲板分成若干块。一般把导管架工作点到底层甲板之间的结构作成一块,即成为模块支撑结构,上面可以并排放置生产模块、公用模块和钻井模块。在这种情况下,模块支撑结构可以作为甲板组块的一部分设计。特殊的地方主要是要考虑模块的支点和导向设置。

在渤海地区,还有另外一种特殊功能的导管架帽,这是根据钻井的要求设置的。在目前渤海地区使用的自升式钻井船中,有一种叫做滑移底座改造模式。在钻井船停靠之前,必须在导管架上安装一个导管架帽。然后,钻井设施直接从钻井船滑移到导管架帽上进行钻井作业。这种导管架帽是一种临时性结构,一旦完成钻井作业,导管架帽即被拆除,再安装永久性甲板组块。

钻井用导管架帽结构上比较简单,设计时关键要明确钻井荷载要求。从布置上要满足设施摆放的要求,特别是滑道设置要求。由于这种结构一般支撑在桩顶,要注意接口标高、水平尺度的控制。如果有重复使用要求,要注意切割余量的影响。

十一、工作间结构设计

此处房屋结构是指生活模块之外的小房间,例如,配电房、中控室、应急发电机房、电潜泵控制间、实验室和库房等。对于小型井口平台,这些结构对整体结构占有相当大的比例。特别是两层的工作间,需要比较强的支撑结构,在甲板平面上要有相应的梁支撑。在设计中要考虑结构自重,设备重量,散装材料重量和可能的风荷载等。

第四章　生活楼及工作间舾装设计

第一节　生活楼及工作间的功能和要求

一、生活楼的功能

生活楼主要是给海上平台工作人员提供一个安全、舒适的休息、娱乐场所。

生活楼内设置的房间主要包括：居住用房、公共用房、卫生用房、办公用房、炊事用房、医疗用房、无线通讯用房等。

二、工作间的功能

工作间主要是给海上平台操作人员提供一个安全的工作场所和放置海上平台公用设施区内不可露天摆放的仪器、设备等的房间。

三、生活楼的一般要求

(1)生活楼内应根据平台类型、居住人数及健康、安全的需要，配置有关房间及室内设施。
(2)生活楼内应设置必要的保温、绝缘、防火构造及良好的排气、通讯、空调、照明等设备。
(3)生活楼内的脱险通道的设置应严格按有关规定执行。
(4)生活楼应设置在平台的安全区内，尽可能的远离机器处所和油(气)生产设施。
(5)生活楼室内的一切设施应考虑其低播燃性。

四、工作间的一般要求

(1)工作间应根据平台类型考虑其操作人员的安全性。
(2)工作间应能满足功能要求，并能使平台作业人员操作方便。
(3)工作间应根据其放置的设备考虑其噪音极限。

第二节　生活楼及工作间舾装设计范围

一、生活楼各设计阶段的工作范围

1. 概念设计阶段(ODP)
(1)了解和收集本项目所在油田的工程地质资料和环保要求。
(2)了解和收集本项目所在油田的地震基本烈度、气象资料(气温、气压、温度、降雨量、风向、风速、日照、雷电、雾、雪等)水文资料。
(3)参加总体方案布置设计。
(4)提出生活楼的设计方案。
(5)参加编制有关章节的设计前期工作报告。

2. 基本设计阶段
(1)根据批准的ODP报告参加本设计阶段本专业的文件编制。
(2)根据设计任务书、设计合同及有关专业提出的条件,确定本专业的设计原则及设计标准。
(3)根据工程地质资料,环境条件,业主的要求及总平面布置图,确定生活楼的设计方案。

(4) 编制生活楼舾装设计规格书。

(5) 绘制生活楼各层平面布置图;立面图(一个主要立面图);防火墙布置图;各层楼板防火绝缘图;以及厨房、洗衣间等布置简图。

(6) 编制主要材料的材料表及设备表。

(7) 向经济专业提交材料表及设备表。

(8) 舾装专业要与其他相关专业(例如:总图、安全、HVAC、结构、电气、通信、给排水)进行设计文件的会签。

3. 详细设计阶段

(1) 根据基本设计的批准文件和总图专业提出的平台总平面布置图,进行详细设计。

(2) 对基本设计审批意见和需要修改的内容提出处理方案,并会同有关专业进行修改。

(3) 向有关专业提交委托资料。

舾装专业向结构专业及其他相关专业(如:总图、HVAC、安全、给排水、电气、通信等)提交平、立面资料图(确定轴线、层高、面积、房间功能名称等。对各专业的要求均需反映在资料图上)。

(4) 编制舾装专业的设计规格书。

(5) 完成建筑平面图、立面图、门窗图、防火绝缘图等详图及节点大样图。

(6) 编制资料图纸目录、材料表、设备表等文字资料。

(7) 向经济专业提交材料表、设备表等清单。

(8) 舾装专业要与各相关专业(例如:总图、安全、HVAC、结构、电气、通信、给排水等)进行设计文件的会签。

(9) 参加技术交底、施工试运行和回访工作。

① 负责向做加工设计的单位进行设计图纸交底工作。

② 负责处理施工阶段中设计图纸中出现的有关本专业的技术问题。

③ 参加工程验收,进行工程总结及资料归档。

④ 正式投产一段时间后进行回访,写出技术总结,提出今后的改进意见和方向。

二、工作间各设计阶段的工作范围

1. 基本设计阶段

(1) 根据总图专业及有关专业(例如:机械、仪表、电气、通信等)提出的委托资料,确定本专业的设计原则及设计标准。

(2) 根据平台总平面布置图,绘出工作间各层平面图。

(3) 编制工作间舾装设计规格书。

(4) 编制主要材料的材料表。

(5) 向经济专业提交主要材料表。

(6) 舾装专业要与其他相关专业(例如:总图、安全、HVAC、结构、机械、仪表、电气、通信等)进行设计文件的会签。

2. 详细设计阶段

(1) 根据基本设计的批准文件和总图专业提出的平台总平面布置图,以及各有关专业(如:机械、仪表、电气、通信、安全等)向舾装专业提出的委托资料,进行详细设计。

(2) 编制工作间舾装专业的设计规格书。

(3) 完成建筑平面图、立面图、门窗图、防火绝缘图等详图及节点大样图。

(4) 编制资料图纸目录,材料表等文字资料。

(5) 舾装专业要与各相关专业(例如:总图、安全、暖通、结构、机械、仪表、电气、通信等)进行设计文件的会签。

(6) 参加技术交底,施工试运行和回访工作。

第三节　生活楼及工作间舾装设计原则

一、生活楼设计原则

1. 一般要求

(1) 生活楼的外围壁和各层楼板均为钢结构。
(2) 生活楼应设置在平台的安全区内。
(3) 生活楼的外围壁的内表面应设置足够的防火保温绝缘。
(4) 生活楼的每层甲板应有通向露天甲板和救生设备登乘甲板的两个通道和出入口。
(5) 生活楼每层楼板的层高不小于3.5m。

2. 住房设计

(1) 每间住房内居住人数一般不超过4人。按具体情况需设置适当数量的单人间和二人间。
(2) 每间住房按其所住的人数,每人配备一张床铺。除单人间外,其他住房内的床铺均为双层床。每张床铺的尺寸不小于2000mm×900mm。
(3) 每间住房的居住面积,人均不小于$3m^2$。
(4) 每间住房内应配足必要的生活设备。
(5) 每间住房内从地板的上表面到天花板的下表面的净高度不小于2.3m。

3. 厨房设计

(1) 生活楼一层靠海一侧应设置能够提供平台全部生产作业人员就餐的厨房。
(2) 所配备的厨房设备应尽量减少炊事人员的劳动强度和提高效率,并应适合于中餐的制作要求。
(3) 厨房应设置在餐厅的隔壁,在该隔壁上开一个足够大小的配餐窗口和餐具回收口。该窗口应是能关闭的。
(4) 厨房所处的位置应远离具有异味的卫生处所和医务处所。
(5) 厨房内应设置具有足够排量的抽风、排气设备,以便有害的油烟气体迅速排出室外。
(6) 厨房地板应敷设防水及防滑型的地板敷料,以防工作人员滑倒跌伤。
(7) 厨房地板上应设置适当数量的排水孔,地板敷料的敷设应具有适当的坡度,以便污水能够顺利地流入排水孔。
(8) 厨房是个失火、危险性较大的服务处所,所以在厨房设备的选用上应充分考虑将失火的危险性降到最低限度,尤其是明火炉灶或电灶的选用和布置更应注意。
(9) 厨房设备所用材料,除个别设备必须用木材外,其他设备均应为不燃材料。
(10) 厨房面积的大小,按其所选厨房设备确定。
(11) 厨房内应配备必要的灭火设备和良好的照明设备。
(12) 厨房内墙材料应为不燃材料。

4. 餐厅设计

(1) 生活楼内必须设置一餐厅。并应将其布置在厨房隔壁。
(2) 餐厅的大小应能满足至少一次能供平台定员中半数人员就餐的需求。并且每人所占的面积应不少于$1m^2$。
(3) 餐厅内应进行适当的装饰,如在墙壁上挂一些装饰画和灯具等。
(4) 餐厅地板应为阻燃塑料地板。

5. 娱乐室设计

(1) 娱乐室应设置在远离机器处所处。
(2) 娱乐室内应设置适当数量的桌、椅及娱乐设备等。

6. 卫生间设计

(1)生活楼的每层均需根据实际居住人数设置公共卫生间和专用卫生间。
(2)公共卫生间的面积一般不小于 $8m^2$。
(3)卫生间内均需设置冷、热淡水,取暖,照明和通风排气设备。
(4)卫生间的围壁和地板均为钢质水密。地板为防滑型的耐水敷料,并设排水孔。

7. 洗衣间设计

(1)生活楼内应设置供全体工作人员洗衣用的洗衣间。需配置足够能力的洗衣机,甩干机、烘干机。需供应冷、热淡水。
(2)洗衣间的围壁和甲板为钢质水密结构,地板为防滑型耐水敷料,并应设排水孔。

8. 医务室设计

(1)每个平台均需在生活楼中设医务室。
(2)医务室内配置一定的医疗器械和常用的药品。
(3)医务室内需设观察床。

9. 生活楼内的通道和出入口

(1)生活楼内应设置供人员出入方便、易于到达露天甲板,并在应急情况下易于到达救生艇的登艇甲板的通道和出入口。
(2)生活楼内的每层甲板必须设置两个通向露天甲板的出入口。
(3)生活楼内不准设置长度超过 7m 而一端不通的走廊。
(4)生活楼内应设置楼梯间。楼梯斜度应不大于 50°,楼宽应不小于 800mm。

二、工作间的设计原则

1. 一般要求

(1)工作间的外围壁和各层楼板均为钢结构。
(2)工作间的外围壁和内表面应设置足够的防火保温绝缘。
(3)工作间的防火结构需充分考虑隔壁和甲板的耐火完整性。
(4)各类管道或放在这些管道上的套管均应有防火绝缘层。

2. 工作间的设计

(1)工作间房间的面积要根据主体专业放置在房间内的设备的数量来决定。
(2)工作间的层高需根据室内摆放的设备来决定。
(3)工作间的地板、天花板应根据房间的用途配置。

第四节 生活楼及工作间舾装设计应遵循的规范和标准

(1)海上固定平台安全规则(中华人民共和国国家经济贸易委员会)。
(2)海上固定平台直升机场规划、设计和建造的推荐作法(中华人民共和国能源部)。
(3)1974 年国际海上人命安全公约及 1983 年修正案[(SOLAS)参考的规则]。

第五节 生活楼及工作间舾装设计在各设计阶段文件编制的内容和深度

一、生活楼

1. 概念设计阶段(ODP)

1)图纸

根据平台总体布置,生活楼在平台上所处的位置,生活楼内需要居住的人数,按照有关规定绘出生活楼各层平面布置图(单线图)。图中需标注出生活楼总的尺寸,定位轴线,以及各房间名称。

2)规格书

编制生活楼舾装设计规格书,其中包括:居住人员的分布,公共用房的分布,层高,围壁和天花板的描述,楼、地面敷料和绝缘材料,住房内家具布置,公共用房家具及设备等。

2. 基本设计阶段

1)图纸

绘制生活楼各层平面布置图(双线图)。给出生活楼的定位轴线及各房间轴线尺寸,各房间门的大概位置以及门的开启方向。

其中包括:

生活楼立面图;

各层防火墙的布置图;

各层楼、地面的防火绝缘图;

厨房、洗衣间等的布置图(简图)。

2)规格书

编制生活楼舾装设计规格书。

其中包括:

所采用的规范和标准;

地理位置的描述;

环境条件的描述;

项目描述;

墙、地板、天花板的描述;

防火绝缘的描述等。

3)材料表、设备表

列出主要材料的材料表。

列出主要设备的设备表。

4)资料图纸目录

编制生活楼舾装专业资料图纸目录。

3. 详细设计阶段

1)图纸

各层平面布置图;

立面图;

各层防火墙布置图;

各层楼、地面敷料及防火绝缘图;

各类房间详细布置图;

各种节点大样图。

2)规格书

编制生活楼舾装设计规格书。

其中包括:

所采用的规范和标准;

地理位置的描述;

环境条件的描述;

项目描述;

墙、地板、天花板的描述；
防火绝缘的描述；
门、窗的描述；
家俱、设备的描述；
冷库的描述；
厨房、餐厅、医务室、更衣室、公共卫生间等的描述。
3) 材料表、设备表
列出所有材料的详细的材料表。
列出所有设备的详细的设备表。
4) 资料图纸目录
编制生活楼舾装专业资料图纸目录。

二、工作间

1. 基本设计阶段
1) 图纸
工作间各层平面图。标注出定位轴线,各房间尺寸。给出房间门的大致位置。
各层防火墙布置图。
各层楼、地面敷料布置图。
各层楼、地面防火绝缘图。
2) 规格书
编制工作间舾装设计规格书。
其中包括：
所采用的规范和标准；
地理位置的描述；
环境条件的描述；
项目描述；
墙、地板、天花板的描述；
防火绝缘的描述；
噪音极限的描述等。
3) 材料表
列出主要材料的材料表。
4) 资料图纸目录
编制工作间舾装专业资料图纸目录。
2. 详细设计阶段
1) 图纸
平面图(平面图中各类尺寸都要标注清楚)；
立面图(标注出详细标高)；
门、窗图；
防火墙布置图；
楼、地面敷料图；
楼、地面防火绝缘图；
天花板布置图；
各种节点大样图。
2) 规格书
编制工作间舾装设计规格书。

其中包括：
所采用的规范和标准；
地理位置的描述；
环境条件的描述；
项目描述；
墙、地板、天花板的描述；
防火绝缘的描述；
门、窗的描述；
噪音极限的描述。

3）材料表

列出所有材料的详细材料表。

4）资料图纸目录

编制工作间舾装专业资料图纸目录。

第六节　生活楼及工作间舾装设计的基础资料及与其他专业在各阶段的资料交接

一、生活楼

设计工作展开初始，接受总图专业提交给各相关专业的平台各层平面布置图以及平台立面图。根据这份资料图，舾装专业进行生活楼的平面布置。生活楼方案确定后，舾装专业要向相关专业（例如：总图、结构、HVAC、安全、水、电、通信等）提交生活楼平面布置资料图。

生活楼在各设计阶段的资料交接基本相同。只是资料图中内容深浅不同。

二、工作间

首先是舾装专业接受各有关专业（如总图、机械、仪表、电气、通信等）提出的委托资料。根据这些委托资料舾装专业进行工作间平、立面设计。工作间平、立面方案确定后，舾装专业要向各相关专业（如：总图、结构、HVAC、机械、仪表、电气、通信等）提交工作间平、立面资料图。

第五章　海上平台防腐设计总则

第一节　海上平台防腐设计的范围和原则

一、范围

包括导管架外防腐，上部设施的内外防腐及监测，保护方法，即阴极保护、涂层系统等。

本指南为目前海上平台防腐设计的常规做法，并不排除使用其他先进、合理技术的推广和应用。

本指南将平台的腐蚀控制分为两大部分，即内防腐和外防腐，外防腐又分为全浸区、飞溅区和大气区。

二、原则

作为腐蚀性介质，海水的特性首先是其盐含量相当大，能够在海水中很好离解的盐类含量很高，能使海水成为一种电导性很高的电解液。影响海水腐蚀性的主要因素包括：溶解氧含量、温度、流速、生物、氯离子。

根据自然海洋环境中的腐蚀特性，通常是将钢结构的腐蚀环境划分为大气区、飞溅区、潮差区、全浸区和海泥区。在海洋石油平台的防腐设计中，通常简化为大气区、飞溅区和全浸区三个区域。

大气区是指平台飞溅区以上的部分，该区域暴露于阳光、风、雾和雨中。控制大气区腐蚀常用保护涂层系统。

平台飞溅区是指由于受潮汐、风和波浪的影响，平台干湿交替的区域，但不包括只在大风暴时才被打湿的表面。常用腐蚀控制措施包括增加壁厚、设置防磨蚀板、包覆层和防腐涂层。阴极保护也有一定的保护作用。

全浸区是指从飞溅区向下，包括泥线以下的区域。全浸区的外部腐蚀控制可用阴极保护或阴极保护加涂层来实现。

第二节　海上平台防腐设计应遵循的规范和标准

海上平台防腐设计应遵循的规范和标准如下：

(1) GB 10123　金属腐蚀与防护术语与定义；
(2) GB 8264　涂装技术术语；
(3) SY/T 10008—2000　"海上固定式钢质石油生产平台的腐蚀控制"；
(4) DNV RP B401　"阴极保护设计"（Cathodic Protection Design）；
(5) SSPC SP—1　Solvent Cleaning；
(6) SSPC SP—3　Power Tool Cleaning；
(7) SSPC SP—5　White Blast Cleaning；
(8) SSPC SP—6　Commercial Blast Cleaning；
(9) SSPC SP—10　Near White Blast Cleaning；
(10) Q/HS 3009—2003　海上钢质平台阴极保护监测系统"。

第三节 海上平台防腐设计在各设计阶段设计文件编制的内容和深度

海上平台防腐设计在各设计阶段设计文件编制的内容和深度见表5-5-1。

表5-5-1 海上平台防腐设计在各设计阶段设计文件编制的内容和深度

图纸及技术文件名称	ODP	基本设计	详细设计
导管架			
(1)设计报告	√		
(2)涂装设计规格书		√	√
(3)阴极保护设计规格书		√	√
(4)阳极制造与检验规格书		√	√
(5)阴极保护设计计算书			√
(6)阴极保护监测系统规格书		√	√
(7)阳极结构图		√	√
(8)阳极布置与安装图			√
(9)阴极保护监测系统安装与布置图			√
(10)涂层材料表			√
(11)阴极保护系统材料表			√
(12)阴极保护监测系统材料表			√
上部设施			
(1)设计报告	√		
(2)涂装设计规格书		√	√
(3)储罐阴极保护设计规格书		√	√
(4)阳极制造与检验规格书		√	√
(5)阴极保护设计计算书			√
(6)阳极结构图			√
(7)阳极布置与安装图			√
(8)涂层材料表			√
(9)阴极保护系统材料表			√

第四节 海上平台防腐设计的基础资料及其他专业在各阶段的资料交接

需要其他专业提供的资料:总图,工艺流程图及数据,上部组块结构图,导管架结构图,容器类设备总图,设计基础数据。

向其他专业提供的资料:防腐方案(包括材料选择、上部设施腐蚀裕量等),阳极重量,涂料用量。

第六章 海上平台防腐设计

第一节 概 述

本章介绍的防腐设计内容包括：
上部组块：涂层系统、内防腐设计；
导管架：涂层系统、阴极保护系统、阴极保护监测系统。

第二节 上部组块防腐设计

一、涂层系统设计

1. 简介

海上油气田生产的每一个环节均存在腐蚀，其原因差别很大。对上部组块而言，主要包括大气腐蚀和其他腐蚀性介质，一般采用防腐涂层的防腐蚀措施。

2. 涂层系统选择应考虑的因素

涂层系统的最终选择依赖于许多对环境、施工和性能的考虑，包括如下：

(1)具有良好的稳定性，在所使用的介质中不变质，抗溶性和抗腐蚀性化学物质侵蚀性能好；

(2)耐磨性能好；

(3)抗冲击性好；

(4)建造期间已涂底漆的钢材贮存时间及能否承受在吊装和装配期间的磨损，将损失降至最小。

(5)能用常规和现有设备涂敷和维修的涂层系统。

(6)低温和寒冷天气的限制。

(7)对于海上平台的甲板部位，由于暴露于大气中，而且受钻井作业的磨耗以及会溅上钻井泥浆、地层液体、柴油、润滑油和完井物质，常采用那些抗冲击性好、抗溶性佳和抗腐蚀性化学物质侵蚀的化学固化涂层。

(8)海洋涂层暴露于强紫外线下，抗粉化性应好而且不易褪色。

(9)通常优先使用容易修补和维修的涂层系统；

(10)设计寿命；

(11)费用。

实际使用中，需要较长的时间来判断涂层系统的性能，但可以通过加速试验的方法，在较短的时间内获得涂层性能的数据，常用的实验包括：

(1)按相当于GB/T 1771(最新版本)，《色漆和清漆，耐中性盐雾性能的测定》进行的盐雾试验(4000h)。

(2)按相当于GB/T 1865(最新版本)，《色漆和清漆，人工气候老化和人工辐射暴露(滤过的氙弧辐射)》进行老化试验(2000h)。

（3）按 GB/T 1740（最新版本），《漆膜耐湿热测定法》进行潮湿箱试验（4000h）。

可以在一个老化试验的转动装置上联合进行上述 3 种试验，如 1000h 的盐雾试验，1000h 的老化试验后，再进行 1000h 的盐雾试验，最后又进行了 1000h 的老化试验。

下面列出可在实验室测定其他涂料特性的试验方法，这些有助于涂层材料的选择：

（1）GB/T 6742（最新版本），《漆膜弯曲试验》（圆柱轴）；

（2）GB/T 1732（最新版本），《漆膜耐冲击性测定法》；

（3）GB/T 9286（最新版本），《色漆和清漆，漆膜的划格试验》；

（4）GB/T 6739（最新版本），《涂膜的硬度铅笔测定法》；

（5）GB/T 14826（最新版本），《色漆涂层粉化程度的测定方法及评定》。

等同的非 GB 的试验标准同样可以采用。

NACE 推荐的平台上部设施及结构大气区的典型涂层系统，可供参考，详见表 5-6-1。

表 5-6-1 用于大气的典型涂层系统

涂层系统	厚度，μm
洗涤底漆 乙烯基涂层，中间和表面涂层（3 至 4 层）	13 200~250
无机锌自固化底漆 环氧中间涂层 乙烯基丙烯或聚氨酯涂层	75 125 50
无机锌自固化底漆 环氧中间涂层和表面涂层（2 层）	75 250
无机锌自固化底漆 乙烯基厚膜中间涂层 乙烯基表面涂层（2 层）	75 100~150 50
无机锌后固化底漆 环氧中间涂层 乙烯基丙烯或聚氨脂涂层	75 125 50
无机锌后固化底漆 环氧结合层 环氧中间涂层 乙烯基丙烯或聚氨酯涂层	75 50 100~150 50
无机锌后固化底漆 共聚物结合层 乙烯基表面厚膜涂层	75 50 150~250
无机锌自固化底漆 环氧结合层 厚膜聚氨酯涂层	75 50 150~200

注：表中所列的涂层数和厚度可随操作者和制造厂商的不同而改变。

在设计中，涂层系统的选择要听取制造厂商的意见。

表 5-6-2 为目前海上平台上部设施常用的涂层系统。

表 5-6-2　上部设施典型的涂层系统

所涂敷的部位	涂层系统	干膜厚度,μm
钢结构、管线、容器等的外表面(<100°C,不保温)	富锌底漆 环氧树脂 聚氨酯	50~75 ~200 ~50
工作甲板或直升飞机甲板	富锌底漆 环氧树脂 环氧树脂 聚氨酯	50~75 ~200 ~200 ~50
保温管线、容器等的外表面(<400°C)	无机富锌 硅酮铝	50~75 ~50
保温管线、容器等的外表面(<100°C)	富锌底漆 环氧树脂	50~75 ~50
生产水、污水、海水等容器的内表面	环氧树脂 环氧树脂	~125 ~125
淡水罐内表面	环氧树脂 环氧树脂	~125 ~125
栏杆、扶手等镀锌件	环氧树脂 聚氨酯	~100 ~50

3. 表面处理

使用任何保护涂层的金属表面,在涂装前必须进行适当的表面处理,表面处理对涂层系统的质量非常重要。表面处理的等级或程度由所选涂层的要求确定。

1) 钢材表面的锈蚀等级

国家标准 GB/T 8923—1988《涂装前钢材表面锈蚀等级和除锈等级》(等效采用 ISO 8501—1:1988),将钢材表面的锈蚀分为 a、b、c、d 4 个等级。

a 级:全面覆盖着氧化皮而几乎没有铁锈的钢材表面;

b 级:以发生锈蚀,并且部分氧化皮已经剥落的钢材表面;

c 级:氧化皮已因锈蚀而剥落,或者可以刮除,并且有少量点蚀的钢材表面;

d 级:氧化皮已因锈蚀而全部剥落,并且已普遍发生点蚀的钢材表面。

我国石油天然气行业标准 SY/T 0407—1997《涂装前钢材表面处理规范》,也将钢材表面的锈蚀分为 A、B、C、D 4 个等级。

2) 钢材表面的除锈等级

目前,普遍采用的钢材表面除锈等级标准较多,但对钢材表面的除锈等级的划分及要求基本一致。例如:国际标准 ISO 8501—1 1988《涂料和相关产品施工前钢基处理——表面处理的目视评价——第一部分》、美国钢结构委员会(SSPC)《表面处理规范》、瑞典标准 SIS 055900、国标 GB/T 8923—1988、石油天然气行业标准 SY/T 0407—1997 等。

(1) 喷砂清理(分为四级):

① Sa1(清扫级表面喷砂清理):定义为表面已去除油、脂、灰尘、松动的锈皮、氧化皮和涂料,但对于附着牢固的氧化皮、锈、涂料和涂层,如果其表面已达到喷砂处理的粗糙度,可允许留在金属表面。因此,大量的基底金属斑纹均匀地分布于整个金属表面。

② Sa2(工业级金属表面喷砂清理):定义为除了由于残留的锈蚀或氧化皮造成的少量黑斑、暗条或变色外,表面已去除所有锈、氧化皮和旧涂料,并已完全去除所有的油、脂、灰尘、锈层和其

他异物。至少三分之二的表面上没有肉眼可见的异物。而且其余部分仅可有轻微变色,少量锈蚀或上面提过的异物。如果表面有点蚀,在蚀坑底部可见微量异物。

③ Sa2.5(近白级金属表面喷砂清理):定义为除了少量黑斑、暗条或(由于氧化物残留在金属表面造成的)轻微变色外,表面去除所有的油、脂、灰尘、氧化皮、锈、腐蚀产物、氧化物、涂料和其他异物。任何给定表面上至少95%达到Sa3级,其他区域仅可轻微变色。

④ Sa3(出白级金属表面喷砂清理):定义为表面灰白色(金属本色),轻微打粗以形成适合涂层的粗糙度。表面已无油、脂、灰尘、轧制氧化皮、锈、腐蚀产物、氧化物、涂料和其他异物。

各种表面处理标准的对应关系见表5-6-3。

表5-6-3 表面处理标准

标准	出白级	近白级	工业级	清扫级
SY/T 0407	Sa3	Sa2.5	Sa2	Sa1
SSPC	SP5	SP10	SP6	SP7
ISO 8501—1	Sa3	Sa2~0.5		Sa1

(2)手工和动力工具清理(分为二级):

① St2(彻底的手工和动力工具清理):表面应无可见的油、脂和污垢,并且没有附着不牢的氧化皮、铁锈和涂料等其他异物。

② St3(非常彻底的手工和动力工具清理):表面应无可见的油、脂和污垢,并且没有附着不牢的氧化皮、铁锈和涂料等其他异物,应比St2更彻底,部分表面显露出金属光泽。

3)钢材表面粗糙度的选择

对钢材表面粗糙度的要求主要是为了增加涂层的黏接力,但并非越大越好。粗糙度的选择一定要根据涂层系统来确定,一般认为,粗糙度应为底层涂层厚度的1/3左右。粗糙度的选择也应征求生产厂家的意见。

4. 涂敷

涂敷与涂料及表面处理对涂层质量同样重要,不同的涂料、不同的生产厂家对涂敷的要求有所不同,因此,应严格按照生产厂家的要求进行涂敷作业。

涂敷前钢材表面必须满足表面处理的要求。

过了保质期的涂料的性能下降,必须废弃。

涂料使用前,必须充分搅拌均匀。对多组分涂料,搅拌应满足要求。

某些涂料固体含量较大,在涂敷前需要适当稀释,必须使用生产厂家指定的稀释剂,稀释比例不应超过生产厂家的要求。

一般采用喷涂施工方法涂敷,缝隙、边角等喷涂难以施工的部位,可以采用刷涂。

采用喷涂施工前,喷涂设备必须是清洁的,不能有任何异物存在。

二、内防腐设计

1. 简述

在海上油气生产中,容器、管线等设施会发生多种形式的内腐蚀,主要包括CO_2腐蚀、H_2S腐蚀、海水腐蚀,其中CO_2腐蚀是经常遇到的且尚未很好解决的难题。本指南简要阐述了碳钢的CO_2腐蚀机理、速率预测及防护方法。

2. CO_2腐蚀与防护

1)CO_2腐蚀机理

经过多年的研究,发现在环境温度下,在无O_2的CO_2溶液中,钢的腐蚀速度受析氢动力学控制。普遍认同的反应过程可用下式表示:

阳极反应： $Fe \longrightarrow Fe^{2+} + 2e$

阴极反应： $CO_2 + H_2O \longrightarrow H_2CO_3$

$$H_2CO_3 \longrightarrow HCO_3^- + H^+$$

$$2H^+ + 2e \longrightarrow H_2$$

除上述基本反应外，以下成膜反应在 CO_2 腐蚀中也起着重要作用。

$$3Fe + 4H_2O \Longleftrightarrow Fe_3O_4 + 8H^+ + 8e$$

$$3Fe + H_2CO_3^+ \Longleftrightarrow FeCO_3 + 2H^+ + 2e$$

整个腐蚀过程就可以表示为：

$$Fe + 2H_2CO_3 \longrightarrow Fe^{2+} + 2HCO_3^- + H_2$$

CO_2 溶液中的析氢过程可用图 5-6-1 形象地表示。

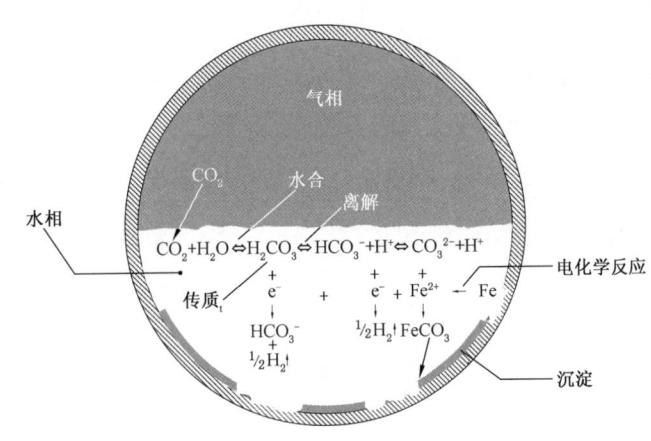

图 5-6-1 腐蚀机理示意图

CO_2 的腐蚀形态主要可分为两类，即均匀腐蚀和局部腐蚀。局部腐蚀的破坏性要远大于均匀腐蚀。

影响 CO_2 腐蚀速率的因素较多且很复杂，主要影响因素包括：CO_2 分压、温度、流速、溶液 pH 值、水介质的组成、金属材料本身、多相流（包括固体颗粒，例如沙粒）的力学化学作用、腐蚀产物膜的影响以及原油的影响等。这些因素往往通过相互作用对 CO_2 腐蚀产生影响，因此，研究介质的腐蚀性时，必须综合考虑多种因素的共同作用。

下面简要讨论几种主要影响因素。

(1) CO_2 分压：

CO_2 分压是影响腐蚀的主要因素之一。假如不考虑其他因素的影响，一般可采用如下经验判断原则：

① CO_2 分压低于 0.05MPa：腐蚀速率很小或基本没有腐蚀；

② CO_2 分压间于 0.05~0.2MPa：可能发生腐蚀；

③ CO_2 分压大于 0.2MPa：严重腐蚀。

(2) 温度：

温度也是影响腐蚀的主要因素之一，其影响体现在多个方面，包括平衡常数、离子传质等动力学过程、腐蚀产物膜等。其中对腐蚀产物膜的影响具有鲜明的特点，同时也是非常难以预测的。图 5-6-2 为温度与腐蚀速率关系示意图。

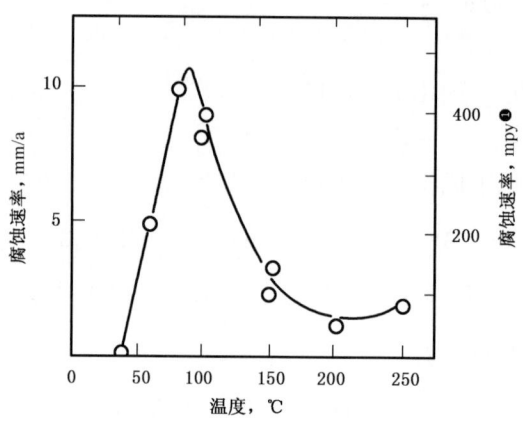

图 5-6-2 温度与腐蚀速率的关系

实验表明,根据温度的变化可将碳钢 CO_2 腐蚀类型分为如表 5-6-4 所示的 3 种类型。在类型 1 中,腐蚀表面几乎未形成腐蚀产物膜。在类型 2 中,出现局部腐蚀,这是由于在此温度下,产生的 $FeCO_3$ 不够稳定和致密,发生了形成、溶解的可逆过程。当温度足够高,$FeCO_3$ 在含 CO_2 的溶液中是稳定的产物,在腐蚀表面形成致密的 $FeCO_3$ 保护膜。

表 5-6-4 碳钢 CO_2 腐蚀的 3 种类型

类型 1	类型 2	类型 3
低温	中温	高温
均匀腐蚀	严重点蚀	保护膜
产生 $FeCO_3$	$FeCO_3$ 膜形成/破损	形成致密的 $FeCO_3$ 保护膜

(3)流速:

现场实践和实验研究表明,流速对 CO_2 腐蚀速率有很大影响。流速主要对流态、离子传质、腐蚀产物膜的稳定性等产生影响。通常情况下,流速越大,腐蚀速率越大。

(4)腐蚀产物膜:

钢铁材料遭受 CO_2 腐蚀以后,表面容易形成腐蚀产物膜,腐蚀产物膜的保护性对腐蚀速率有非常重要的影响。在一定条件下,其他影响因素基本是通过影响腐蚀产物膜的保护性来体现对材料的腐蚀速率、腐蚀形态的影响。

局部腐蚀相对均匀腐蚀而言,其腐蚀速率要大许多倍,而且对设施的破坏性也比均匀腐蚀大很多。影响 CO_2 局部腐蚀的因素有很多,可以说所有影响 CO_2 腐蚀速率的因素都对其局部腐蚀有影响,这些影响因素归纳起来基本都与腐蚀产物膜有关。

2)CO_2 腐蚀速率预测

如前所述,影响 CO_2 腐蚀速率的因素很多,而且各因素之间相互又有影响,因而预测 CO_2 腐蚀速率非常困难,经过多年研究,建立了一些数值预测模型,但模型的预测结果差异很大,所考虑的因素也有很大差异,如表 5-6-5 所示。

---

❶ 1mpy = 0.0254mm。

表 5-6-5　不同预测模型所考虑的影响因素

条件＼模型	DW91/93	DW95	Hydrocor LCR+	SweetCor	Cassandra 98	KSC	Norsok	Corpos	LIPUCOR	Cormed	Ohio	Tulsa	Dream	USL	Predict
基于现场数据				×					×	×			×		
腐蚀数据				×											
适用于管道和油井		×	×	×	×	×	×	×		×		×	×	×	×
膜的作用	×	×	×	×	×	×	×								
油润湿	×	×						×							×
包括管道顶部腐蚀	×	×	×												
链接多相流模型						×						×	×		
管道全评估	×	×							×			×	×		
水凝析	×	×													
乙酸			×	×	×					×				×	
H₂S								×					×		
酒精	×	×	×				×								
IFE 现场数据评估	×	×	×	×	×	×			×				×		×

现在通常采用的预测方法是"工艺模拟结果＋腐蚀速率预测模型＋现场数据或实验模拟数据"。

由于实验数据往往与现场实际情况有很大的出入，因此，现场数据在 CO_2 腐蚀速率预测中起着非常重要的作用。现在，国外对现场数据的收集非常重视，多年来通过合作的方式收集到不同油气田大量数据，并建立了数据库。目前，现场数据的收集工作仍在继续。现场数据不仅可以直接应用于腐蚀速率预测中，同时还可用来完善腐蚀速率预测模型。

上述腐蚀速率预测模型主要可以分为 3 种类型，经验型腐蚀速率预测模型，半经验型腐蚀速率预测模型以及机制型腐蚀速率预测模型。所有这些预测模型均需要进一步改进，以期增大与实际吻合程度。

以下将对这 3 类预测模型做简要介绍。

（1）经验型腐蚀速率预测模型。

经验型腐蚀速率预测模型主要以挪威的 Norsok 模型为代表。它由挪威石油公司开发且已经作为挪威石油工业的一个标准发布了。该模型是基于低温时的实验室数据和高于 100℃ 时实验室和油田数据的联合而建立的经验模型。通过实验，找出主要的因素对腐蚀速率的影响规律，进一步拟合得到腐蚀速率预测公式。预测模型的核心公式为：

$$V_{\text{corr}} = K_{\text{t}} \times f_{CO_2}^{0.62} \times \left(\frac{S}{19}\right)^{0.146+0.0324\log(f_{CO_2})} \times f_{(\text{pH})_{\text{t}}} \qquad (5-6-1)$$

式中　V_{corr}——腐蚀速率，mm/a；

　　　K_{t}——与温度以及腐蚀产物膜相关的常数；

　　　f_{CO_2}——CO_2 的逸度，bar；

　　　S——与流速有关的管壁切应力，Pa；

　　　$f_{(\text{pH})_{\text{t}}}$——溶液 pH 值对腐蚀速率的影响因子。

剪切应力 S 值的范围为 1～150，可由 Norsok 模型求得，所需数据包括：温度、总压、液相流速、气相流速、含水率和管道内径。

上式适用于温度为 20~150℃ 的情况。式中各个参数都有相应的模块计算。模型只考虑了流速对腐蚀速率的影响，未考虑流型与流态的作用，未考虑原油对腐蚀的减缓作用。不同温度时的 K_t 值可由表 5-6-6 查得。

表 5-6-6 K_t 值

温度,℃	20	40	60	80	90	120	150
K_t	4.762	8.927	10.695	9.949	6.250	7.770	5.203

不同温度时的 $f_{(pH)_t}$ 值可由表 5-6-7 查得。

表 5-6-7 $f_{(pH)_t}$ 值

温度,℃	pH	$f_{(pH)_t}$
20	$3.5 \leqslant pH < 4.6$ $4.6 \leqslant pH \leqslant 6.5$	$2.0676 - (0.2309 \times pH)$ $5.1885 - (1.2353 \times pH) + (0.0708 \times pH^2)$
40	$3.5 \leqslant pH < 4.6$ $4.6 \leqslant pH \leqslant 6.5$	$2.0676 - (0.2309 \times pH)$ $5.1885 - (1.2353 \times pH) + (0.0708 \times pH^2)$
60	$3.5 \leqslant pH < 4.6$ $4.6 \leqslant pH \leqslant 6.5$	$1.836 - (0.1818 \times pH)$ $15.444 - (6.1291 \times pH) + (0.8204 \times pH^2) - (0.0371 \times pH^3)$
80	$3.5 \leqslant pH < 4.6$ $4.6 \leqslant pH \leqslant 6.5$	$2.6727 - (0.3636 \times pH)$ $331.68 \times e^{(-1.2618 \times pH)}$
90	$3.5 \leqslant pH < 4.57$ $4.57 \leqslant pH < 5.62$ $5.62 \leqslant pH \leqslant 6.5$	$3.1355 - (0.4673 \times pH)$ $21254 \times e^{(-2.1811 \times pH)}$ $0.4014 - (0.0538 \times pH)$
120	$3.5 \leqslant pH < 4.3$ $4.3 \leqslant pH < 5$ $5 \leqslant pH \leqslant 6.5$	$1.5375 - (0.125 \times pH)$ $5.9757 - (1.157 \times pH)$ $0.546125 - (0.071225 \times pH)$
150	$3.5 \leqslant pH < 3.8$ $3.8 \leqslant pH < 5$ $5 \leqslant pH \leqslant 6.5$	1 $17.634 - (7.0945 \times pH) + (0.715 \times pH^2)$ 0.037

CO_2 的逸度系数可由表 5-6-8 查得。

表 5-6-8 CO_2 逸度系数

压力,bar	温度,℃					
	0	20	40	60	80	100
0.001	1	1	1	1	1	1
10	0.954	0.96	0.968	0.973	0.978	0.983
20	0.907	0.925	0.938	0.95	0.956	0.965
30	0.865	0.889	0.911	0.926	0.94	0.949
40	0.82	0.857	0.88	0.902	0.918	0.932
50	0.783	0.824	0.852	0.878	0.9	0.916
60	0.741	0.792	0.827	0.856	0.883	0.902
70	0.707	0.762	0.805	0.834	0.865	0.886
80	0.668	0.73	0.777	0.816	0.847	0.873
90	0.639	0.702	0.757	0.799	0.833	0.86
100	0.607	0.676	0.733	0.777	0.815	0.847
110	0.577	0.652	0.712	0.76	0.803	0.834

续表

压力,bar	温度,°C					
	0	20	40	60	80	100
120	0.548	0.63	0.693	0.744	0.787	0.822
130	0.525	0.607	0.672	0.729	0.773	0.814
140	0.502	0.586	0.655	0.711	0.76	0.798
150	0.483	0.565	0.638	0.697	0.745	0.787
160	0.461	0.546	0.62	0.681	0.732	0.775
170	0.446	0.53	0.605	0.668	0.72	0.766
180	0.428	0.514	0.59	0.655	0.708	0.755
190	0.417	0.501	0.577	0.642	0.7	0.746
200	0.405	0.487	0.565	0.632	0.689	0.737

(2)半经验腐蚀速率预测模型。

半经验腐蚀速率预测模型是目前建立的比较多的一种预测模型。其中以 Shell 公司的 De Waard 模型最为著名。该模型目前已经广泛的被其他模型采用,作为建立的基础或重要的组成部分,例如 BP 公司开发的 Cassandra 模型、Intercorr 公司开发的 Predict 模型、Intetech 公司的 ECE 模型以及 IFE 模型。

半经验模型在建立之初首先考虑的是腐蚀过程的电化学动力学过程以及离子传质过程,建立起相关的动力学模型以后,利用实验数据以及现场数据确定模型中各个影响因素的系数大小。例如在 De Waard91 模型中:

阴极反应 $H_2CO_3 + e \longrightarrow H + HCO_3^-$ 是腐蚀速率的控制步骤。

由动力学公式:

$$v_{corr} = A \cdot [H_2CO_3]^n \cdot e^{\frac{\Delta E}{RT}}$$

两边取对数,根据实验数据拟合:

$$\log v_{corr} = 5.8 - \frac{1710}{273+t} + 0.67\log(f_{CO_2}) \tag{5-6-2}$$

式中　v_{corr}——腐蚀速率,mm/a;

　　　t——温度,℃;

　　　f_{CO_2}——CO_2 的逸度,bar。

(3)机制模型。

机制模型在建立的过程中要考虑 CO_2 腐蚀的主要的方面,例如:电极表面的电化学反应、化学反应,离子在电极与溶液界面处的传质过程,以及离子在腐蚀产物膜中的扩散与迁移过程等。这需要建立在对 CO_2 腐蚀认识比较全面的基础之上。

3)CO_2 腐蚀速率预测模型

上述 3 类 CO_2 腐蚀速率预测模型包含十几种具体的预测模型,下面对 DW95 预测模型、CNOOC RC 预测模型和 KSC 预测模型作简要介绍。

(1)DW95 预测模型。

壳牌(SHELL)石油公司的 De Waard 在 1975 年建立了 CO_2 分压和温度与腐蚀速率的关系式,DW95 预测模型是在多年研究的基础上,不断完善形成的,仍然需要继续改进。

在 DW95 预测模型中考虑了 CO_2 溶于水的传质过程和电化学动力学反应速率对腐蚀的影响,用下式表示:

$$\frac{1}{v_{cor}} = \frac{1}{v_r} + \frac{1}{v_m} \tag{5-6-3}$$

$$\log(v_r) = 4.93 - \frac{1119}{T} + 0.58\log(p_{CO_2}) - 0.34(pH_{act} - pH_{CO_2}) \quad (5-6-4)$$

$$v_m = 2.45 \cdot \frac{U^{0.8}}{d^{0.2}} \cdot p_{CO_2} \quad (5-6-5)$$

$$pH_{CO_2} = 3.82 + 0.00384t - 0.5\log(p_{CO_2}) \quad (5-6-6)$$

式中 v_{cor}——腐蚀速率，mm/a；
v_r——反应速率，mm/a；
v_m——传质速率，mm/a；
T——介质温度，K；
t——介质温度，℃；
p_{CO_2}——CO_2分压，bar；
pH_{act}——含溶解盐时介质的实际pH值；
pH_{CO_2}——CO_2溶于纯水的pH值；
U——介质的液相流速，m/s；
d——管道直径，m。

在DW95预测模型中，没有提供pH_{act}的计算方法。pH值的计算是根据在给定条件下，一系列有关化学反应及其平衡常数计算求得。实际计算中，可以借用KSC、Norsk等预测模型计算得出的pH值。

考虑到腐蚀产物膜对腐蚀速率的影响，乘以腐蚀产物膜因子（F_{scale}）。腐蚀产物膜因子可由下式计算，$F_{scale} \leq 1$。

$$\log(F_{scale}) = \frac{240}{T} - 0.44\log(p_{CO_2}) - 6.7 \quad (5-6-7)$$

该模型进一步引入了材料成分与微观组织对腐蚀速率的影响因子。

DW95预测模型在流速较低的情况下误差较大。另外，由于该模型对腐蚀产物膜保护性处理的不完善，特别是在60~90℃中等温度区，该模型仍然以活化反应速率为主来计算，结果预测的腐蚀速率的比较高。

（2）CNOOC RC预测模型。

CNOOC RC预测模型是中国海洋石油研究中心通过"单相水介质CO_2腐蚀预测模型研究"和"原油对CO_2腐蚀的影响及相应预测方法研究"课题的研究，于2004年开发完成。

模拟渤海油田CO_2腐蚀环境，研究了温度、流体流速、CO_2分压、原油以及pH值对X65钢在单相水介质中的均匀腐蚀速率和局部腐蚀速率的影响规律，根据实验结果建立了均匀腐蚀速率预测模型和局部腐蚀速率预测模型。同时研究了环境因素对腐蚀产物膜结构的影响规律。

腐蚀实验结果表明CO_2腐蚀温度升高以后，静态条件下均匀腐蚀速率下降；动态条件下在65℃左右出现腐蚀速率峰值，温度超过65℃以后，腐蚀速率也快速下降。出现这种现象主要是腐蚀产物膜变的致密，对基体保护性加强所致。流体流速增加以后，腐蚀速率增加。CO_2分压增加也使得腐蚀速率增加。溶液pH值增加，腐蚀速率下降。

CNOOC RC预测模型可给出均匀腐蚀速率、局部腐蚀速率和含原油时的均匀腐蚀速率。

CO_2均匀腐蚀速率预测模型为半经验型，根据基本的腐蚀动力学原理将模型划分为活化反应速率和传质速率两部分。两部分速率单独求解，最后合成整体均匀腐蚀速率。传质速率包括离子在流动流体边界层的传质和腐蚀产物膜中的传质。流体边界层的传质速率利用柯而本的j因数类似法求解。根据实验结果归纳出了腐蚀产物膜因子，利用该因子可以估算离子在腐蚀产物膜中的扩散速率。总结了溶液pH值对腐蚀速率的影响规律，建立了pH影响因子。根据模型的需要，建立了求解溶液中离子浓度、pH值的方法。

CO_2 局部腐蚀速率预测模型为经验型。采用 Gumbel 第一类近似函数"极值"的统计分析方法确定不同条件下局部腐蚀速率。测量结果表明,局部腐蚀速率在 65℃ 左右最大;流体流速增大,局部腐蚀也增大;CO_2 分压增大,局部腐蚀速率也增大。根据局部腐蚀速率数据,拟合出温度、流速和 CO_2 分压对局部腐蚀速率的影响规律,组合出局部腐蚀速率预测模型。

在相同条件下,含水率是影响腐蚀最重要因素之一。原油存在时,可能会在钢铁表面形成油膜,或形成油包水乳状液,有效地将水与钢铁表面隔离,起到减缓腐蚀的作用。实验表明,在某些条件下其作用非常显著。影响原油缓蚀作用的因素主要包括:原油密度和黏度、流体流速和流态、系统温度和压力、钢铁表面状态等。CNOOC RC 预测模型对原油缓蚀作用的计算进行了有益的尝试,为今后相关工作的开展打下了良好的基础,但结果尚需得到进一步的验证。

(3) KSC 预测模型。

① 简介:

KSC 3.01 版 CO_2 腐蚀速率预测模型是挪威能源技术研究院,在"Kjeller CO_2 腐蚀研究项目 V"中开发完成的。该模型考虑了 CO_2 腐蚀系统的化学反应和电化学反应、腐蚀产物膜的作用及物质在介质和膜中的传输。采用 EXCEL 文件格式运行。

② 菜单:

a. 主菜单。

主菜单输入参数包括:温度、CO_2 分压、pH 值(可直接输入 pH 值,或用本模型计算求出)、流速和管道直径。

分菜单包括:水组成菜单、化学反应菜单、电化学反应菜单、产物膜菜单、数字参数菜单和其他参数菜单。

主菜单中输出结果:

a) 最大腐蚀速率;

b) 有膜时的腐蚀速率;

c) 发生局部腐蚀的可能性;

d) 不同物质流通量和浓度;

e) 温度、CO_2 分压、pH、流速与腐蚀速率关系。

b. 水组成菜单。

输入参数包括 CO_2、H_2CO_3、HCO_3^-、CO_3^{2-}、H^+、OH^-、Fe^{2+}、Cl^-、HAc、Ac^-、H_2S、HSO_4^-、SO_4^{2-}、Ca^{2+}、Ba^{2+} 和 Sr^{2+}。可计算求出扩散系数、离子强度、pH 值。

c. 化学反应菜单。

用来选择参与腐蚀过程的化学反应,以及平衡常数和反应速度常数。所考虑化学反应包括:

$$CO_2(g) \Longleftrightarrow CO_2(aq) \qquad K_{sol} = [CO_2]/p_{CO_2}$$

$$H_2O \Longleftrightarrow H^+ + OH^- \qquad K_{wa} = [H^+][OH^-]$$

$$CO_2 + H_2O \Longleftrightarrow H_2CO_3 \qquad K_{hy} = [H_2CO_3][CO_2]$$

$$H_2CO_3 \Longleftrightarrow H^+ + HCO_3^- \qquad K_{ca} = [H^+][HCO_3^-]/[H_2CO_3]$$

$$HCO_3^- \Longleftrightarrow H^+ + CO_3^{2-} \qquad KBI = [H^+][CO_3^{2-}]/[HCO_3^-]$$

$$H_2S(g) \Longleftrightarrow H_2S(aq) \qquad K_{H_2S,sol} = [H_2S]/p_{H_2S}$$

$$H_2S \Longleftrightarrow H^+ + HS^- \qquad K_{H_2S} = [H^+][HS^-]/[H_2S]$$

$$HS^- \Longleftrightarrow H^+ + S^{2-} \qquad K_{H_2S} = [H^+][S^{2-}]/[HS^-]$$

$$HAc \Longleftrightarrow H^+ + Ac^- \qquad K_{HAc} = [H^+][Ac^-]/[HAc]$$

$$HSO_4^- \Longleftrightarrow H^+ + SO_4^{2-} \qquad K_{HSO_4} = [H^+][SO_4^{2-}]/[HSO_4^-]$$

$$Fe^{2+} + CO_3^{2-} \Longleftrightarrow FeCO_3 \qquad K_{sp} = [Fe^{2+}][CO_3^{2-}]$$

d. 电化学反应菜单。

用来选择参与腐蚀过程的电化学反应,以及幂指数和反应活化焓。

e. 产物膜菜单。

KSC 模型考虑了产物膜的厚度和空隙率,可直接输入产物膜厚度和空隙率,产物膜厚度也可采用缺省值,即 50μm,空隙率可自动求得,计算公式如下:

$$\varepsilon = A \cdot e^{-B \cdot T} \cdot e^{-C(\mathrm{pH}+D)} + E$$

其中,$A=580$,$B=0.045$,$C=1.5$,$D=-2.2$,$E=0.06$,T 的单位为℃。

f. 数字参数菜单。

用于计算钢表面多种参数的浓度分布和腐蚀速率。通常采用缺省值。

g. 其他参数菜单。

输入参数包括系统的密度和运动黏度、最长模拟时间、腐蚀过程的迁移。这 4 个参数均可采用缺省值。

4) 预测模型计算举例

表 5-6-9 为 DW95、CNOOC RC 和 KSC 模型计算举例。

表 5-6-9 DW95、CNOOC RC 和 KSC 模型计算举例

	DW95 模型	CNOOC RC 模型	KSC 模型
输入			
温度,℃	40		
系统压力,bar	65		
CO_2 分压,bar	7.15		
H_2S 分压,bar	0		
液相流速,m/s	1.06		
原油密度,mg/L	—	0.9	—
介质含水率,%	100	70	100
原油黏度,mm^2/s	—	50	—
管道直径,m	0.4572		
[Na^+],mg/L	7108		
[HCO_3^-],mg/L	4217		
[SO_4^{2-}],mg/L	126		
产物膜的厚度和空隙率	—	—	采用缺省值
电化学反应	—	—	采用缺省值
化学反应	—	—	采用缺省值
数字参数	—	—	采用缺省值
其他参数	—	—	采用缺省值
主要结果输出			
最大腐蚀速率,mm/a	—	—	7.46
考虑产物膜时的腐蚀速率,mm/a	8.02	2.25	3.50
考虑原油作用时的腐蚀速率,mm/a	—	0.44	—
发生局部腐蚀的可能性	—	无	无
其他	—	—	① CO_2 分压、pH、温度、流速 4 者相互之间的关系曲线; ② 钢表面多种参数的浓度分布

以表 5-6-9 的输入条件为例,应用 DW95 模型进行计算的过程如下:

$$pH_{CO_2} = 3.82 + 0.00384t - 0.5\log(p_{CO_2}) = 3.55$$

pH_{act} 由 KSC 模型计算得到 $pH_{act} = 5.731$。

代入(5-6-4)式,求得 $v_r = 12.81$。

由(5-6-5)式,求得 $v_m = 21.46$

由(5-6-3)式,求得 $v_{cor} = 8.02$

考虑到腐蚀产物膜对腐蚀速率的影响,乘以腐蚀产物膜因子(F_{scale})。由(5-6-7)式,求得腐蚀产物膜因 $F_{scale} = 3.9$,F_{scale} 大于 1 时按 1 取值。

因此,给定条件下的腐蚀速率 $v = v_{cor} \cdot F_{scale} = 8.02(mm/a)$。

5)防护方法

(1)基本原则。

油气田中 CO_2 腐蚀遍及到从井下到地面的各种设备及管线,根据 CO_2 腐蚀的特点,防护措施一般有以下几种:

① 碳钢 + 缓蚀剂,并采取相应的腐蚀监测措施;
② 耐蚀材料,包括高合金材料;
③ 内衬,包括高合金内衬和内防腐涂层;
④ 脱除腐蚀介质中的 CO_2 或 H_2O。

采用合理的防护措施的前提是准确判断油气流的腐蚀。在设计中,要根据具体的设计参数确定合理的防护措施。

目前,海上油气田普遍采用的措施是:如果流体的腐蚀性比较强,上部设施采用内衬或耐蚀材料,例如不锈钢,工程造价相对较高,并采用脱除流体中水的方法;如果流体的腐蚀性比较弱,通常采用"碳钢 + 缓蚀剂"的防护措施。

如果流体中同时存在 H_2S,要综合考虑 CO_2 和 H_2S 的影响,在选材时要特别考虑硫化物应力腐蚀开裂(SSC)问题,简单的办法是选耐 SCC 的材料,可参考 NACE MR-01-75。

(2)缓蚀剂。

缓蚀剂是一些在腐蚀环境中,以适当浓度和形式存在时,可阻止或减缓腐蚀的物质。采用缓蚀剂保护,其保护效率用缓蚀率(或缓蚀效率)来表示。

$$I = \frac{v_0 - v}{v_0} \times 100\% \qquad (5-6-8)$$

式中 I——缓蚀剂的缓蚀率;

v_0——未添加缓蚀剂时金属的腐蚀速率;

v——添加缓蚀剂后金属的腐蚀速率。

缓蚀剂的作用机理十分复杂,对不同的缓蚀剂,应根据其具体的特性及介质的性能全面分析。缓蚀剂的作用机理基本可以分为:

① 氧化型作用机理,又可分为阳极抑制型和阴极去极化型。
② 沉淀膜型作用机理,又可分为阴极抑制型和混合抑制型。
③ 吸附膜型作用机理,又可分为物理吸附膜型和化学吸附膜型。

缓蚀剂的应用广泛,种类繁多,而且缓蚀机理复杂,因此有多种分类方法。根据油气田开发的特点,按介质性质可以将缓蚀剂分为水溶性缓蚀剂、油溶性缓蚀剂和气相缓蚀剂 3 类。

缓蚀剂的选择大致包括如下程序:

① 确定腐蚀问题:根据油气田基础数据,以及工艺模拟数据,分析产生腐蚀的原因。
② 缓蚀剂选择和室内实验:腐蚀问题确定后,根据类似油气田的使用经验,同时应当向供应商咨询,初步确定几种缓蚀剂及相应的注入方案。

③ 进行室内实验筛选。

④ 缓蚀剂现场试验:根据室内实验筛选结果,对缓蚀剂的注入方法、注入浓度、缓蚀率、与其他化学药剂的配伍性等进行现场试验。

⑤ 确定缓蚀剂:经过现场试验,可确定适用于本油气田的缓蚀剂。在生产过程中必须对缓蚀效果进行监测,根据生产情况随时进行调整。另外,选择缓蚀剂还必须考虑环境保护问题。

缓蚀剂的注入速度关键取决于腐蚀环境和缓蚀剂的类型。下列原则可用来进行初步估算缓蚀剂用量:

① $(10\sim50)L/10^8m^3$ 标准气体;

② 液相总量的 $(10\sim50)mg/L$(体积比);

③ 总水量的 $(50\sim100)mg/L$(体积比)。

第三节 导管架防腐设计

一、阴极保护系统设计

1. 设计原理

金属腐蚀是指金属材料由于受到介质的作用而发生状态的变化,转变成新相,从而受到破坏。可以用一个总的反应过程表示为:

$$金属材料 + 腐蚀介质 \rightarrow 腐蚀产物$$

由于产生腐蚀的原因、现象和机理比较复杂,因此金属腐蚀有多种分类方法。根据腐蚀过程的特点,金属腐蚀可按照化学、电化学和物理腐蚀3种机理分类。电化学腐蚀是指金属表面与离子导电的介质发生电化学反应作用而产生的破坏,是比较常见的一种金属腐蚀类型。任何一种电化学腐蚀过程至少包含一个阳极反应和一个阴极反应。

导管架的腐蚀基本属于电化学腐蚀。基本反应可以表示为:

阳极过程: $Fe \longrightarrow Fe^{2+} + 2e$

阴极过程: $O_2 + 2H_2O + 4e \longrightarrow 4OH^-$

$2H^+ + 2e \longrightarrow H_2$

海水由于含盐量比较大,是一种导电性强的电解质溶液,对金属具有很强的腐蚀性。海水平均盐度为34.78,每千克海水中大约含 $19gCl^-$,$11gNa^+$,$1.3gMg^{2+}$ 及 $0.9gS^{2-}$,海水可以近似看作 $0.5M\ NaCl + 0.02M\ MgSO_4$ 的溶液。

海水中主要盐类的含量见表5-6-10。

表5-6-10 海水中主要盐类的含量

成 分	g/100g 海水	占总盐度的百分数,%
NaCl	2.7213	77.8
$MgCl_2$	0.3807	10.9
$MgSO_4$	0.1658	4.7
$CaSO_4$	0.1260	3.6
KSO_4	0.0863	2.5
$CaCO_3$	0.0123	0.3
$MgBr_2$	0.0076	0.2
合计	3.5	100

对金属腐蚀影响比较大的环境因素主要为海水中的盐含量、温度、溶解氧含量和海水流速等,而海水中氧的溶解度与海水的盐度和温度有关,盐度和温度越高,氧的溶解度越小。

不同金属在不同的环境中的电位不同,同一种金属在不同环境中的电位也不相同。某些金属和合金在海水中的电位见表 5-6-11。

表 5-6-11 在充气运动的海水中金属的电位(常温,相对饱和甘电极)

金　属	电位,V	金　属	电位,V
Mg	-1.5	Cu	-0.28
Zn	-1.03	Ni	-0.14
Al	-0.79	Cu-Ni,90/10	-0.26
Cd	-0.70	Cu-Ni,80/20	-0.25
钢	-0.61	Cu-Ni,70/30	-0.25
海军黄铜	-0.30	Ti	-0.10

2. 设计所需环境条件

设计所需环境条件主要包括：

(1) 水深；

(2) 海水电阻率,$\Omega \cdot cm$；

(3) 溶解氧；

(4) 海水表层和底层温度；

(5) 表层和底层海流流速；

(6) 海水盐度；

(7) 潮汐数据。

3. 设计所需参数

设计所需环境条件主要包括：

(1) 设计寿命；

(2) 施工图纸；

(3) 立管的数量、规格和位置；

(4) 计划的海上安装时间；

(5) 涂层系统；

(6) 邻近设施；

(7) 已有的和将新加的阴极保护系统；

(8) 与外部设施的绝缘。

4. 阴极保护系统设计

1) 阴极保护系统类型

平台阴极保护分为外加电流和牺牲阳极两种类型,二者的原理相同,都是使平台(阴极)极化到一定程度,降低平台构件的腐蚀速度,达到保护的目的。外加电流阴极保护系统是通过一套装置将外部电流施加到平台上,一般由电源设备、辅助阳极、电缆、汇流点装置、绝缘系统、参比电极等组成。牺牲阳极阴极保护系统是采用自然电位负于平台自然电位的金属,为平台提供保护电流。

由于牺牲阳极保护法技术成熟,性能可靠,不需外部电源,简单易行,不需专人管理,对其他设施没有干扰,造价也可以接受,目前,平台上均采用牺牲阳极保护法。

2) 保护电流密度

保护电流密度通常指初期电流密度、平均电流密度和末期电流密度,用于计算阴极保护系统使用期间不同阶段所需的保护电流,主要决定阳极的数量和大小。

初期电流密度的大小取决于导管架裸露表面初期极化的需求,决定了阴极保护系统运行初期极化能力的大小。初期电流密度一般大于平均电流密度和末期电流密度,如果取值合理,对导管架快速极化,并利于形成有效的钙质膜。

平均电流密度是指阴极保护系统处于稳定的保护状态时的电流密度,用于计算阴极保护系统所需阳极的重量,当阴极保护系统处于稳定的保护状态时,阴阳极电位差较小,因此其数值要小于初期电流密度和末期电流密度。

末期电流密度的大小取决于导管架表面覆盖层对阴极保护系统的作用,主要是为了由于这些覆盖层因某种原因发生破损,导管架需要再极化。因此,其值一般小于初期电流密度,但又大于平均电流密度。

保护电流密度是指单位被保护面积的保护电流,是重要的设计参数,主要影响因素为平台表面状况和环境因素,平台表面状况主要包括防腐涂层、腐蚀产物、钙质沉积层等,环境因素主要包括海水盐度、海水温度、海水流速、溶解氧、悬浮沙、附着生物等。某些环境因素会对平台表面状况产生影响。由于保护电流密度会随时间发生变化,无法计算和准确测量,因此在实际设计中,通常参照相应的标准,并结合以往的经验来确定保护电流密度。

不同海域所需的保护电流密度差异很大,美国腐蚀工程师协会(NACE)为世界上11个主要石油生产海域提供了一般性指导,如表5-6-12。

表5-6-12 裸钢阴极保护电流密度

海域	海水电阻率 $\Omega \cdot cm$	水温 °C	典型设计电流密度,mA/m^2 初期	平均	末期
墨西哥湾	20	22	110	55	75
美国西海岸	24	15	150	90	100
库克湾	50	2	430	380	380
北海北部	26~33	0~12	180	90	120
北海南部	26~33	0~12	150	90	100
阿拉伯湾	15	30	130	65	90
澳大利亚	23~30	12~18	130	90	90
巴西	20	15~20	180	65	90
西非	20~30	5~21	130	65	90
印尼	19	24	110	55	75
南中国海	18	30	100	35	35

挪威船级社按水深、海域的不同给出了无覆盖层钢结构初期和末期保护电流密度和平均保护电流密度的参考取值,如表5-6-13和表5-6-14所示。

表5-6-13 初期和末期保护电流密度参考取值

水深 m	初期/末期保护电流密度,mA/m^2			
	热带 (>20℃)	亚热带 (12~20℃)	温带 (7~12℃)	北极 (<7℃)
0~30	150 / 90	170 / 110	200 / 130	250 / 170
>30	130 / 80	150 / 90	180 / 110	220 / 130

表 5-6-14 平均保护电流密度参考取值

水深 m	平均保护电流密度, mA/m²			
	热带 (>20℃)	亚热带 (12~20℃)	温带 (7~12℃)	北极 (<7℃)
0~30	70	80	100	120
>30	60	70	80	100

如果导管架表面有涂层,保护电流密度的取值需考虑涂层破损率(f_c)。如果f_c等于零,则表明涂层具有100%的电绝缘性能,保护电流密度就为零;如果f_c等于1,则表明涂层完全没有电绝缘性能,保护电流密度就与无涂层的钢结构相同。

涂层破损率的大小取决于涂层性能、涂层施工、使用情况及使用时间等。

DNV RP B401 给出了涂层破损率计算公式:

$$f_{cm} = a + b \cdot \frac{t}{2} \tag{5-6-9}$$

$$f_{cf} = a + b \cdot t \tag{5-6-10}$$

式中 f_{cm}——平均涂层破损率;
f_{cf}——末期涂层破损率;
a,b——常数,决定于涂层性能;
t——阴极保护设计寿命,a。

考虑涂层破损率时,可将涂层分为3类:
(1)类型一:一层环氧涂层,干膜厚度不小于20μm;
(2)类型二:一层或多层适合于海洋环境的涂层,干膜厚度约不小于250μm;
(3)类型三:两层或多层适合于海洋环境的涂层,干膜厚度约不小于350μm。

常数a和b参见表5-6-15。

表 5-6-15 用于计算涂层破损率常数a和b

水深 m	涂层类型		
	类型一 ($a=0.10$) b	类型二 ($a=0.05$) b	类型三 ($a=0.02$) b
0~30	0.10	0.025	0.012
>30	0.05	0.015	0.008

由于缺乏长时间海水中涂层使用的经验数据,因此上述计算做了一些假设,将影响因素简化了,考虑了几种简单的涂层系统和水深的影响,没有考虑温度、涂层性能、涂层施工、使用情况等,设计中要根据具体情况进行调整。

根据以往经验,我国不同海域阴极保护设计电流密度典型取值参见表5-6-16,可作为设计参考。

表 5-6-16 不同海域阴极保护设计电流密度典型

海域	初期, mA/m²	平均, mA/m²	末期, mA/m²
渤海	110	50~70	50~70
东海	110	50~70	50~70
南海	100	40~50	40~50

3) 保护电流

阴极保护系统总电流的计算要考虑以下因素:

(1) 浸入水中和泥线以下的面积;

(2) 实际安装和预计安装的隔水套管;

(3) 实际安装和预计安装的,且与平台没有绝缘的外部结构;

(4) 平台涂层的情况;

(5) 设计保护电流密度;

(6) 为补偿泥面以下油井套管的电流需求,每口井增加 1.5~5A 保护电流;

(7) 对牺牲阳极保护系统而言,设计中通常假定电流分布效率为 100%,一般不再考虑裕量。

4) 保护电位

实施阳极保护时,平台电位应最小负移 300mV。对不同的参比电极,保护电位不同,具体如下:

(1) Ag/AgCl(海水):≤ -0.80V

(2) 饱和铜—硫酸铜:≤ -0.85V

(3) 高纯锌:≤ +0.25V

(4) 饱和甘汞:≤ -0.78V

(5) Zn:≤ +0.25V

(6) Ag/AgCl[KCl]:≤ -0.76V

5) 牺牲阳极材料

从阴极保护的原理可以知道,在腐蚀电池系统中,接入一个电位更负的电极,就会形成一个新的宏观电池,新接入的电极即为阳极,使被保护体阴极极化,从而实现保护,同时阳极不断消耗,这就是"牺牲阳极"名称的由来。

作为理想的牺牲阳极,合金应具备如下条件:

(1) 具有合适的阴极电势,以便供给足够的保护电流,并使阴极迅速地极化;

(2) 具有稳定的电势,在使用期间不能发生钝化;

(3) 在工作中,阳极极化要小;

(4) 电化学当量高;

(5) 电化学效率高,腐蚀均匀,腐蚀产物颗粒小,而且容易脱落;

(6) 腐蚀产物对环境无污染,或污染小;

(7) 材料来源广,易于铸造,价格便宜。

对海上石油平台而言,铝合金、锌合金和镁合金均可作为牺牲阳极材料,而铝合金最为常用,本指南仅以铝合金阳极为例介绍如何进行导管架阴极保护设计。铝合金又有多个系列,其中铝—锌—铟系合金的应用最为广泛。

在选定阳极材料后,主要关心的就是阳极的电流效率和工作电位。电流效率指阳极实际电容量与理论电容量的比值,数值越大越好。同时,要求阳极腐蚀产物容易脱落,表面腐蚀均匀。表 5-6-17 为一些阳极制造商多年的实验数据,可供参考。

表 5-6-17 阳极材料在海水中的电化学性能(常温)

牺牲阳极	实际电容量 (A·h)/kg	消耗率 kg/(A·a)	工作电位 V
Al-Zn-Hg	2760~2840	3.2~3.1	-1.00~-1.05
Al-Zn-In	2290~2600	3.8~3.4	-1.05~-1.10
Al-Zn-Sn	930~2600	9.5~3.4	-1.00~-1.05
锌合金	770~820	11.2~10.7	-1.00~-1.05
镁合金	1100	8.0	-1.4~-1.6

目前,常用的几种铝—锌—铟系阳极的化学成分如表 5-6-18 所示。

表 5-6-18 阳极材料的化学组成

牺牲阳极	化学组成(质量分数),%								
	Zn	In	Cd	Sn	Mg	Si	Fe	Cu	Al
Al-Zn-In-Cd	2.5~4.5	0.018~0.050	0.005~0.020	—	—	<0.13	≤0.16	≤0.02	余量
Al-Zn-In-Sn	2.2~5.2	0.020~0.045	—	0.018~0.035	—	<0.13	≤0.16	≤0.02	余量
Al-Zn-In-Si	5.5~7.0	0.025~0.035	—	—	—	0.10~0.15	≤0.16	≤0.02	余量
Al-Zn-In-Sn-Mg	2.5~4.0	0.020~0.050	—	0.025~0.075	0.50~1.00	<0.13	≤0.16	≤0.02	余量

对导管架而言,通常设计寿命比较长,常用的阳极为细长型,如图 5-6-3 所示。

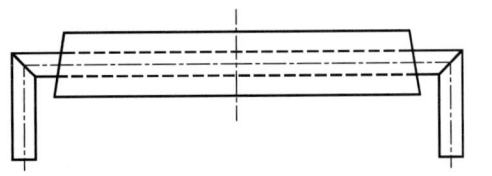

图 5-6-3 导管架常用阳极结构

6) 电阻率

海水电阻率是盐度和温度的函数,开阔海域中,电阻率主要取决于温度,图 5-6-4 为盐度介于 30~40 之间时电阻率与温度的关系曲线。

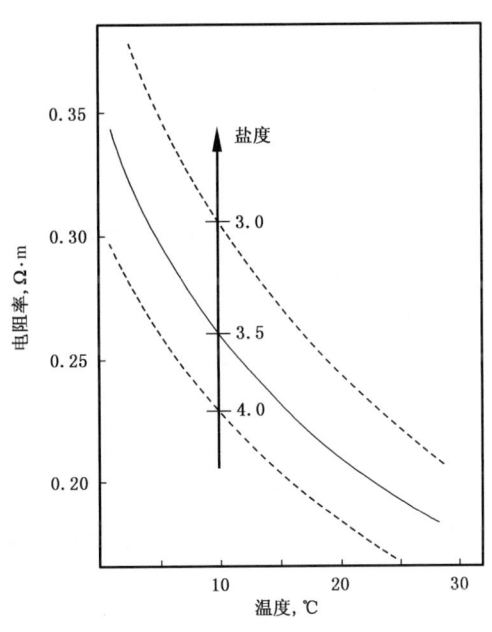

图 5-6-4 盐度介于 30~40 时电阻率与温度的关系曲线

对相对比较封闭的海域,电阻率应采用实测数据。

7) 设计计算

(1) 阳极接水电阻:

阳极接水电阻根据阳极形状的不同,需采用不同的计算公式。对细长支腿式阳极,计算公式如下:

如果 $L \geq 4r$:

$$R = \frac{\rho}{2 \cdot \pi \cdot L}\left(\ln\frac{4L}{r} - 1\right) \qquad (5-6-11)$$

如果 $L < 4r$：

$$R = \frac{\rho}{2\pi L}\left[\ln\left\{\frac{2L}{r}\left(1 + \sqrt{1 + \left(\frac{r}{2L}\right)^2}\right)\right\} + \frac{r}{2L} - \sqrt{1 + \left(\frac{r}{2L}\right)^2}\right] \qquad (5-6-12)$$

式中　R——阳极接水电阻，Ω；
　　　ρ——电解质电阻率，$\Omega \cdot cm$；
　　　L——阳极长度；
　　　r——阳极截面半径（如果截面不是圆形，$r = C/2\pi$，其中 C—阳极截面周长）。譬如对于 $25cm \times 25cm(10in \times 10in)$ 阳极截面，$C = 100cm(40in)$ 则 $r = 15.9cm(6.37in)$。

（2）阳极发出电流：

$$I = \frac{\Delta V}{Ra} \qquad (5-6-13)$$

式中　I——阳极发出电流，Ω；
　　　ΔV——驱动电压，V。

（3）牺牲阳极寿命：

牺牲阳极寿命 T 由式（5-6-14）确定：

$$T = \frac{W \cdot u}{E \cdot I} \qquad (5-6-14)$$

式中　T——阳极寿命，a；
　　　W——阳极净质量，kg；
　　　u——利用系数，取决于剩余阳极材料不能输出所需电流时所消耗的阳极材料重量；
　　　E——阳极消耗率，$kg/(A \cdot a)$；
　　　I——在寿命期间阳极平均电流输出值，A。

阳极的形状会影响阳极的利用系数，因此，适当选择阳极的长度、直径和钢芯直径可使阳极利用系数范围从 0.75 至接近 1。对于支腿阳极，利用系数通常是 0.90~0.95。

计算举例：

根据 Dwight 修正公式，圆柱形阳极与所处电解质间的电阻等于电解质电阻率乘以某些阳极形状因数，见公式（5-6-11）。

应用欧姆定律即公式（5-6-13）来确定阳极输出电流。

以用于某平台阳极计算为例，保护所需阳极数量必须满足 3 种不同的计算要求。要有足够的阳极满足平台初期极化；在平台设计寿命期间能够产生适当的电流量；以及在设计寿命后期产生维持保护所需足够的电流。作为实例，给出下面数据：

① 保护面积：$9300m^2$；
② 设计寿命：20a；
③ 海水电阻率 $\rho = 20\Omega \cdot cm$；
④ 初期保护电流密度：$110mA/m^2$；
⑤ 平均保护电流密度：$55mA/m^2$；
⑥ 后期保护电流密度：$75mA/m^2$。

根据这些数据，我们可选择具有下列性能的阳极：

① 材料：Al-Zn-In 合金；
② $\Delta V = 0.25V$，保护电位为 $-0.80V$[Ag/AgCl（海水）]时，铝合金阳极与被保护平台之间的

驱动电压;

③ 阳极长度 $L = 2300$ mm;

④ 阳极截面上边:250mm;

⑤ 阳极截面底边:250mm;

⑥ 阳极截面高:260mm;

⑦ 阳极芯外径为 114.3mm;

⑧ 每块阳极净重 $Wt = 340$ kg;

⑨ 阳极电容量 $CC = 2500(\text{A} \cdot \text{h})/\text{kg}$。

由此,每块阳极初期发出电流为:

$$I = \frac{0.25V}{20 \times \frac{0.159}{244}\left[\ln\left(\frac{4 \times 244}{13.7}\right) - 1\right]} = \frac{0.25V}{0.042\Omega} = 5.95 \text{ A}$$

暴露面积为 9300m²(100000ft²)的被保护平台所需阳极数量为:

$$N = \frac{\text{前期电流密度}(110\text{mA/m}^2) \times \text{表面积}(9300\text{m}^2)}{\text{每块阳极发出电流}(5.95) \times 1000\text{mA/A}}$$

$$= 173 \text{ 块}$$

为了满足平台对第二种电流密度的要求,确定在 20a 设计寿命内被保护平台所需阳极数量:

$$N = \frac{\text{平均电流密度}(55\text{mA/m}^2) \times \text{表面积}(9300\text{m}^2) \times \text{寿命}(20\text{a}) \times 8760(\text{h/a})}{(2500\text{A} \cdot \text{h/kg} \times 340\text{kg/阳极} \times 1000\text{mA/A})}$$

$$= 118 \text{ 块}$$

最后,计算满足后期电流所需阳极数量,除了使用消耗后的阳极尺寸外,采用与初期电流需求类似的方法:

$$r_{\text{消耗后}} = r_{\text{初期}} - (r_{\text{初期}} - r_{\text{铁芯}}) \times 0.9$$

$$= 16.2 - (16.2 - 5.7) \times 0.9 = 6.8 \text{ cm}$$

其中:0.9 是细长阳极的利用率:

$$L_{\text{消耗}} = 2300\text{mm}(\text{长度不变})$$

则保护暴露面积为 9300m² 的平台后期所需阳极数量为:

$$N = \frac{\text{后期电流密度}(75\text{mA/m}^2) \times \text{表面积}(9300\text{m}^2)}{\text{每块阳极发出电流}(4.78) \times 1000\text{mA/A}}$$

$$= 152 \text{ 块}$$

初期电流计算结果需要 173 块阳极,按平均电流密度计算需要 118 块阳极,按后期电流计算结果需要 152 块阳极。对于该实例,比较合适的块数为 173 块。但是,这个值与平均电流所要求的 118 块的差别很大。在实际设计计算中,需要不断调整阳极的大小和形状,使初期、平均和后期所需阳极的数量尽量接近,使设计更合理。

若按另一种形状的阳极计算,3 种计算所需数量之间相差较小,则常安装这种比较经济的阳极。

为了优化设计,将阳极的规格改为:

① 阳极长度 $L = 2500$ mm;

② 阳极截面上边:210mm;

③ 阳极截面底边:210mm

④ 阳极截面高：212mm
⑤ 每块阳极净重 Wt = 231.3kg；
重复上述计算过程，可得出：
① 保护初期需要阳极：173 块；
② 按平均电流密度计算需要阳极：173 块；
③ 按后期电流计算需要阳极：144 块。
因此，优化设计后阳极为 173 块。
注意：

① 在实际设计中，为了保证在阳极寿命期间构件得到充分保护，选择的阳极长度值 L 和阳极截面半径值 r 应能表征出阳极即将耗尽时的状况。对细长阳极，长度的变化可以忽略，或认为长度的减少不大于原始长度的 10%。

② 以 -0.8V[Ag/AgCl(海水)]为平台最小保护电位，如果实际的平台保护电位负于此值，则 ΔV 值会小于 0.25V，这样会减少阳极输出电流，从而增大阳极寿命。

8）阳极铸造

(1) 材料的要求：

① 铝纯度不低于 Al-00(GB 1196《铝锭》)；
② 锌纯度不低于 Zn-1(GB 470《锌锭》)；
③ 铟纯度不低于 99.9%；
④ 镉纯度不低于 Cd-2(GB 914《镉分类及技术条件》)；
⑤ 锡纯度不低于 Sn-1(GB 1196《锡分类及技术条件》)；
⑥ 镁纯度不低于 Mg-1(GB 1196《镁分类及技术条件》)。

(2) 阳极芯：

阳极芯通常采用 Q235 或同等材料的无缝钢管，阳极芯表面应清洁，没有油污。

阳极的铸造要严格按照设计要求进行。铸造前，阳极芯应经过喷砂处理，处理后的表面应满足 SSPC-SP10 的要求，喷砂处理过的阳极芯只能在当天使用，否则需重新喷砂处理。阳极铸造前，要对阳极芯进行预热处理。

(3) 接触电阻：

阳极芯与阳极体的接触电阻要小于 0.001Ω。

(4) 铸造公差：

对阳极尺寸公差的要求通常为：

① 长度：±25mm；
② 宽度：设计值的 ±5%；
③ 厚度：设计值的 ±10%。

单个阳极的重量公差要控制在设计值 +3% 之内。

阳极总的净重量公差要控制在设计值 0~3% 之内。

阳极芯的重量按平均重量考虑，阳极净重为阳极毛重与阳极芯平均质量的差。

(5) 表面质量：

阳极铸造表面质量要符合以下要求：

① 阳极表面不能有氧化渣；
② 凹陷最大深度不能超过阳极厚度的 10%；
③ 不能有裂纹团和纵向裂纹存在；
④ 如果有横向裂纹存在，宽度和深度不能超过 5mm，长度不能跨越两个和两个以上阳极表面。

(6) 质量检验：

为了保证阳极的质量,需要对阳极的化学成分、外观、阳极基体与阳极芯之间的接触电阻和电化学性能进行检验。由于阳极的电化学性能取决于多个因素,同时是重要的设计参数,因此,一般认为阳极的电化学性能的检验是非常重要的。检验不合格的阳极要废弃,废弃的阴极材料不能用于新阳极的铸造。

化学成分检验要求:化学成分是阳极性能最基本的保证,通常每批阳极任选3块阳极取样,按照GB4949进行分析。分析工作应由具备分析资格,而且与生产厂无关的单位承担。

外观检验要求:每块阳极均进行外观检验,结果应满足对阳极表面质量的要求。

阳极基体与阳极芯之间的接触电阻检验要求:通常每批阳极任选3~5块阳极,按照GB4948进行检测。

电化学性能检验要求:根据阳极重量和数量,每5~10块阳极,或每批阳极任意选取一块阳极,直接在阳极基体上取样,按照GB4948或DNV RP B401电化学性能检验。进行检验工作应由具备分析资格,而且与生产厂无关的单位承担。通常情况下,检验单位要获得业主的认可。如果检验结果不能满足设计要求,可以加倍取样进行检验,不合格的阳极必须废弃。

(7)标记:

铸造完成后,阴极表面通常应打上如下标记:

① 厂商名称;

② 生产批号;

③ 铸造时间;

④ 阳极毛重。

9)阳极布置和安装

阳极布置的原则是根据导管架结构及不同部位对保护电流的需求均匀分布,充分考虑构件的屏蔽作用,避免得不到充分保护的情况出现。阳极均匀分布并非阳极位置的均匀分布,而是保护电流的均匀分布,其目的在于导管架整体得到了充分的保护,阴极保护系统的每块阳极得到充分利用,整个系统的设计寿命得到保证。

由于导管架结构的屏蔽作用,电位分布的计算非常复杂,目前还无法通过计算来调整阳极的分布。因此,目前主要根据经验进行阳极的布置,并通过阴极保护监测系统所获得的数据来校验。

为了防止在导管架运输及服役期间发生碰撞,对阳极和导管架造成损坏,阳极应安装在导管架内侧。

阳极采用焊接方式安装,如果阳极重量超过200kg,阳极要焊接在加强板上。

10)典型文件和图纸

在详细设计阶段,导管架阴极保护设计需要提供以下文件和图纸:

(1)阴极保护设计规格书;

(2)阴极保护设计计算报告;

(3)阳极结构图;

(4)阳极布置图;

(5)阴极保护系统材料清单。

二、阴极保护监测系统设计

1. 概述

阴极保护监测系统是对阳极工作电位和工作电流、导管架电位进行原位监测的装置,由监测阳极、参比电极、信号传输系统和数据采储装置4部分组成。

由于受到海洋环境的限制,以往对导管架阴极保护状况的检测,主要采用便携式参比电极,人工测量导管架局部平均电位,或由潜水员测量指定部位的电位值,不能全面反映导管架的保护状况。测量费时、费工,而且只限于电位测量,不能长期连续检测,对深水导管架的测量更加困难。

阴极保护监测系统实现了从导管架下水开始,阴极保护体系各部分的极化过程的全面原位监测,可获得导管架阴极保护下处于稳态后的电位值、阳极工作状况及导管架极化全过程的数据,并据此分析导出各部分的动态极化定量模式。

阴极保护监测系统可以代替水面上和潜水作业的常规检测,监测数据可用于判断导管架阴极保护的现状,分析阴极保护剩余寿命,研究影响阴极保护的因素及其作用。即既可用于实际生产,又可用于导管架阴极保护的优化研究。

阴极保护监测系统的基本要求如下:
(1)设计寿命至少与导管架相同,保证在设计寿命期间正常工作;
(2)阴极保护监测系统要在导管架下水前启动,导管架下水后就开始正常工作;
(3)阴极保护监测系统主要用于监测导管架阴极保护系统的运行情况,监测内容包括导管架电位、阳极工作电位、阳极工作电流。
(4)为了获得导管架阴极保护系统全面、完整的运行数据,监测阳极、参比电极的数量足够,布置要合理,同时充分考虑导管架的结构、屏蔽等因素。
(5)数据采集存储装置一般安装在导管架走道甲板,在上部设施就位后,移入中控室以便于管理。

2. 材料和设备

组成阴极保护监测系统的数据采储装置、监测阳极、参比电极和信号传输系统的材料和性能要求如下。

1)数据采储装置

可以根据实际需要设定程序,对阴极保护系统进行定时监测。主要包括临时室外数据采贮器和永久性室内阴极保护监测仪。

(1)临时数据采贮器:
临时数据采贮器应满足如下性能指标:
① 由于导管架安装初期,放置临时性数据采贮器的密封箱直接暴露于环境中,因此,临时性数据采贮器要能够适应恶劣的海洋环境,可在约 $-20 \sim 50℃$ 环境下正常工作;
② 由于导管架安装初期无法提供电源且无人管理,数据采贮器的自备电源应连续工作120d以上,以保证数据的完整性;
③ 具备防水和较强的抗震、抗干扰能力;
④ 操作简便,性能可靠;
⑤ 数据采集通道的数量根据阴极保护监测系统的要求确定,为了数据的准确性,每个通道的输入阻抗要大于 $100MΩ$;
⑥ 电位测量范围不小于 $-1400 \sim 1400mV$,电位分辨率小于 $0.5mV$;
⑦ 电流测量量程不小于阳极设计发出电流的10倍,电流分辨率小于 $0.1A$;
⑧ 数据采集速度要满足阴极保护监测的要求;
⑨ 数据采贮器的数据存储量根据具体工程要求确定,一般要求至少不少于3000组,并具有备份功能。所存储的数据可保存两年以上;
⑩ 导管架下水时数据采贮器即开始工作,平台上部设施安装完成后,由设置在中控室的阴极保护监测仪进行日常监测。临时数据采贮器可以单独进行测试和调试,也可与计算机联机使用。

(2)室内阴极保护监测仪:
平台上部组块安装后,监测工作由室内阴极保护监测仪进行,采样通道、输入阻抗、测量范围及精度与数据采贮器相同。在输出设置上,要求直观、清晰,可清楚地了解到阴极保护监测系统的现行状况、历史情况及设定情况,并能够方便地查询有关数据、趋势图及牺牲阳极的剩余寿命。

2) 监测阳极

根据导管架所在位置水深,监测阳极数量可参考表5-6-19。

为使监测阳极反映阳极的整体性能,其电化学性能与其他阳极的电化学性能基本一致。被监测阳极由阴极保护实际所用阳极加工改造而成,在阳极芯上安装两对绝缘法兰。绝缘法兰及其绝缘垫圈、密封垫圈和绝缘套管均应符合GB9126.1。垫圈可采用聚氨酯或聚四氟乙烯,厚度不小于4mm,其他绝缘件应采用橡胶标准件。绝缘法兰安装后自然干燥状态下的绝缘电阻应不小于10MΩ。

被监测阳极与导管架之间测量电阻的阻值相对误差应小于1%,该电阻应采用截面积不小于3mm²的铜导线,其电阻值范围可控制在0.0045~0.0055Ω之间。

监测阳极的安装与其他阳极相同,采用焊接方式。

3) 参比电极

根据导管架所在位置水深,参比电极数量可参考表5-6-19。

表5-6-19 参比电极及监测阳极数量

水深,m	参比电极,个	监测阳极,个
<30	8~12	4~6
30~80	12~16	6~8
>80	≥16	≥8

由于所处环境为海水,而且使用寿命的要求通常比较长,要求各参比电极的电位值在海水中应当长期稳定。因此,一般采用全固态银/卤化银(海水)固溶体电极与高纯锌电极的复合参比电极。

参比电极的工作表面应具有很好的耐腐蚀性和防污损性,保证在设计寿命期间正常工作。

(1) 银/卤化银(海水)固溶体电极电位:

相对于饱和甘汞电极,银/卤化银(海水)固溶体电极电位:

$$E = E_{25} + 0.22(t - 25) \quad (5-6-15)$$

式中 E——电极电位,mV;

E_{25}——25℃时的电极电位,mV;

t——海水温度,℃。

25℃时的电位 E_{25} 与海水盐度 S 的关系为:

$$E_{25}(\text{mV}) = 79.6 - 53.4\lg(S) \quad (5-6-16)$$

式中 S——海水盐度。

极化电阻应介于0.5~1.0kΩ。

(2) 高纯锌电极:

高纯锌电极的化学组成如下:

① Al:不大于0.005%;

② Cd:不大于0.003%;

③ Fe:不大于0.0014%;

④ Cu:不大于0.002%;

⑤ Pb:不大于0.003%;

⑥ Zn:余量。

相对于饱和甘汞电极,25℃流动海水中高纯锌电极的稳定电位应为-1.03V左右。

为了保证监测数据的可比性,相同条件下,每种参比电极的电位值应当尽量一致。其中,银/卤化银(海水)参比电极的电位偏差应小于0.4mV,高纯锌参比电极的电位偏差应小于4mV。电极电位会随温度、盐度和流速的变化而变化,但变化趋势要相同。

高纯锌电极的质量应不小于500g或根据具体工程确定。

极化电阻应介于0.5~1.0kΩ之间。

4)信号传输

采用电缆传输信号,所用电缆均具有绝缘、防水、抗干扰和抗老化性能,铜芯截面积不小于1.0mm²。每根电缆是完整的,中间不能有接头。

为了防止电缆受到外部机械损坏,特别是在渤海海域,必须考虑冬季海冰的破坏作用。所有电缆穿入钢护管内,钢护管应保证水密。穿入钢护管内的电缆截面积的总和小于钢护管内截面积的40%,以方便电缆顺利穿入钢护管内且不会受到损坏。

全浸区钢护管的壁厚根据导管架所处海域考虑一定的腐蚀裕量,一般应不小于0.1mm/a。潮差区和飞溅区内钢护管的壁厚还要适当加厚。钢护管的全部外表面根据设计寿命涂敷防腐涂层,潮差区、飞溅区和大气区部分可采用与导管架相同的涂层系统。

法兰、盲法兰、固定螺栓和钢护管的材质与导管架相同或相近。如果无法避免使用不同材料时,应注意防止电偶腐蚀。

为调节护管方向、方便穿引电缆和分散电缆重量,根据参比电极和被监测阳极的布局,在钢护管上分段设置走(分)线盒,但其数量不宜过多,同时最大纵向间距小于12m为宜。为防止海水渗入钢护管后在管内扩展,走(分)线盒在填充水泥砂浆或环氧树脂砂浆后安装封盖。

钢护管在导管架上支撑板(管)的高度一般取100~120mm。

钢护管布设在导管架桩腿内侧,以防在建造、施工和使用期间受到碰撞损坏。

5)监测系统的安装及调试

监测系统的安装设计主要考虑可靠性。

(1)参比电极:

参比电极与所有部件的结合处均采取密封措施。参比电极采用法兰形式,安装在预先焊接在导管架构件上的钢护管法兰端上,为了方便参比电极的安装,参比电极与导管架构件表面要有一定的距离,但一般不大于120mm。

参比电极全部安装完成后,进行实地检查和测试,并记录测试结果。

(2)监测阳极:

焊接在导管架上。在焊接安装过程中,要注意采取有效措施防止对绝缘系统及电缆造成损坏。

由于导管架下水初期阳极发生电流可能很大,连接绝缘法兰两端的测量电阻及其所有电连接必须牢固可靠,测量电阻与绝缘法兰两端的连接可采用铜焊。安装完成后,对绝缘法兰两端之间的测量电阻进行精确测量,并记录测量结果。

(3)监测装置:

数据采贮器安装在密封箱内,并与供电电源分开设置。密封箱及配件采用防潮、减震、隔热、耐腐蚀材料,例如不锈钢;同时考虑易于开启和封闭。

监测装置一般固定在导管架上层走道的内侧。

(4)信号传输系统:

钢护管与平台钢结构焊接牢固。

走(分)线盒一般设置在电缆需改变走向处,如果相临走(分)线盒之间距离较长,要根据实际情况适量增加走(分)线盒的数量。为了保证信号传输系统的可靠性,走(分)线盒一般不设置在潮差区和飞溅区。

(5) 水密试验:

钢护管安装完成后,将全部预留口用盲法兰密封后进行水密试验。

水密试验压力一般取平台所处水深最大压力的 1.5~2.0 倍,在常温下,水压平均降低速度低于每小时 5% 视为水密试验合格。

水密试验步骤为:检查焊缝→检查法兰面→预留口(包括所有法兰)用盲法兰封闭(密封箱加盖密闭)→全面目测检查→水密检漏。

(6) 调试:

系统全部安装完成后,在导管架制造现场进行调试,模拟实际运行环境,检测整个系统是否能够正常运行,包括监测阳极、参比电极、信号传输系统和数据采储系统。

3. 设计举例

阴极保护监测系统的设计主要参考标准 Q/HS 3009—2003《海上钢质平台阴极保护监测系统》。

阴极保护监测系统的建造、安装和调试通常由具有相关资质的分包商完成。

以渤海某平台为例。一新建 6 腿 6 桩导管架,水深 21.2m,设计寿命为 20a。在导管架下水初期,采用临时性数据采贮器,待上部设施建成后,监测工作由室内阴极保护监测仪进行。

阴极保护监测系统主要包括以下部分:

参比电极:根据表 5-6-19,采用 10 个无液界全固态长寿命 Ag/AgX 固溶体电极和纯锌电极的组合,其中纯锌电极不小于 500g。

监测阳极:根据表 5-6-19,采用 4 块监测阳极。监测阳极由标准电阻、绝缘法兰、阳极和补偿电池组成。

数据传输系统:采用双绝缘防水屏蔽软电缆,穿入钢管与微机数据采集系统连接。要求钢管水密。

数据采贮器性能指标要求:

(1) 16 个电压采集通道,每个通道的输入阻抗大于 $10M\Omega$。
(2) 测量电压分辨率优于 0.5mV。
(3) 数据存储量为 1018×16 组,可保存两年以上。
(4) 功耗约 0.2W,工作电压范围为直流 5.1~12V。
(5) 防水、抗震,稳定可靠,操作简便,可与计算机联机。

参比电极和监测阳极分布应能够正确、全面地反映导管架的保护情况,参见图 5-6-5。

参比电极和监测阳极设置主要考虑如下原则:

(1) 要根据导管架结构和阳极布置来确定参比电极和监测阳极的位置;
(2) 从便于施工的角度出发,选择导管架的某一条腿安装电缆护管,参比电极和监测阳极尽量靠近这条腿,从而最大限度地减小电缆的长度;
(3) 导管架结构有一定的对称性,对称的位置不要重复设置参比电极和监测阳极;
(4) 导管架每一水平层上要设置参比电极和监测阳极;
(5) 参比电极的设置要考虑所有节点等屏蔽严重的位置。

三、涂层系统设计

处于海洋环境中的导管架,从防腐蚀的角度分为全浸区、飞溅区和大气区。通常,飞溅区、大气区和部分全浸区采用防腐涂层保护。根据设计寿命、水深等因素的不同,全浸区水中部分也可考虑采用防腐涂层保护,同时施加阴极保护。

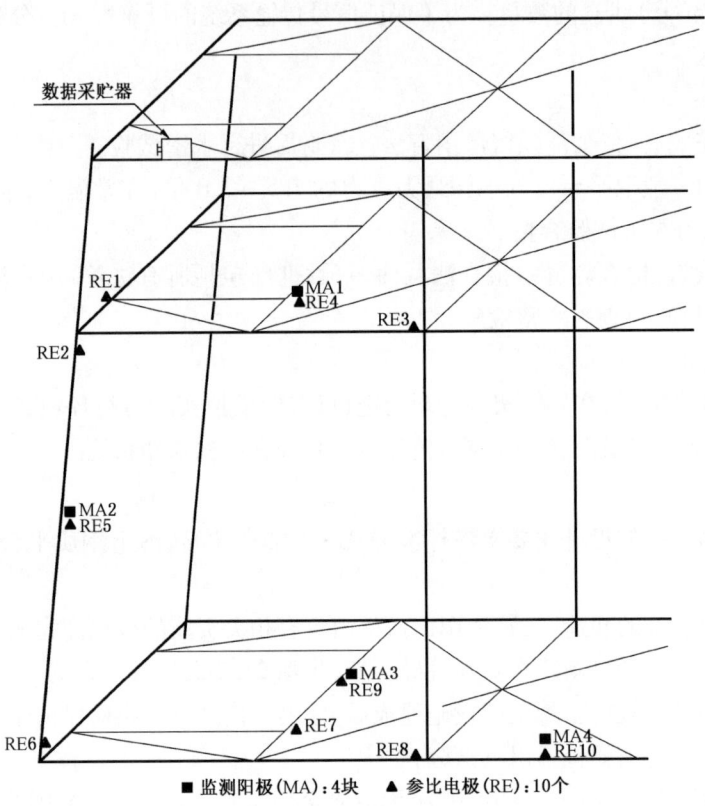

图 5-6-5 参比电极和监测阳极布置示意图

导管架涂层系统的选择原则、表面处理、涂装等可参考第六章第二节上部组块涂层系统的设计。

由于导管架所处环境不同于上部组块,主要考虑结构的外防腐。典型的涂层系统如表 5-6-20 所示。

表 5-6-20 典型的导管架涂层系统

所涂敷的部位	涂层系统		干膜厚度,μm
飞溅区及以上部分	底漆	玻璃鳞片环氧树脂	~500
	面漆	玻璃鳞片环氧树脂	~500
全浸区	底漆	富锌底漆	50~75
	中间漆	环氧树脂	~200
	面漆	聚氨酯	~50
镀锌件	底漆	环氧树脂	~100
	面漆	聚氨酯	~50

附录1　国内现有平台结构设计参考资料

我国已建成投产的海上油气田固定设施主要有：(1)埕北油田工程设施，(2)渤中34-2/4油田工程设施，(3)渤中28-1油田工程设施，(4)锦州20-2凝析油气田工程设施，(5)锦州9-3油田工程设施，(6)绥中36-1油田一期开发工程设施，(7)曹妃甸1-6油田工程设施，(8)渤西油田群工程设施，(9)涠10-3油田工程设施，(10)涠11-4油田工程设施，(11)涠12-1油田工程设施，(12)崖13-1气田工程设施，(13)惠州油田群工程设施，(14)陆丰13-1油田工程设施，(15)西江油田工程设施，(16)平湖油气田工程设施，(17)文昌油田工程设施，(18)秦皇岛32-6油田工程设施，(19)东方油田工程设施。

现将其简介如下，以供进行结构设计时参考。

一、埕北油田工程设施

埕北油田工程设施主要包括：钻井及生产平台A，钻井及生产平台B，公用及住房平台A，公用及住房平台B，储油及装油平台，系泊平台，工作平台。与结构设计有关的数据如下。

钻井及生产平台A
水深：15.45m
生产年限：15年
结构设计寿命：20年
导管架：
　腿数：16
　质量：1552t
　工作点标高：6.71m
　工作点尺度：27m×36m
　桩：16×OD1100
　入泥深度：55m
　质量：1218t
　导管架帽质量：637t
　隔水套管质量：1222t
　合计：4524t
甲板：
　面积：3888m²
　尺度：31.5m×45m
　各层标高：23m,17.81m,
　　　　　　12.71m
　结构质量：966t
　设备质量：584t
　油井数：23口
　注水井数：3口
储油及装油平台
导管架：
　腿数：24

钻井及生产平台B
水深：15.8m
生产年限：15年
结构设计寿命：20年
导管架：
　腿数：16
　质量：1552t
　工作点标高：6.71m
　工作点尺度：27m×36m
　桩：16×OD1100
　入泥深度：50m
　质量：1112t
　导管架帽质量：637t
　隔水套管质量：1222t
　合计：4524t
甲板：
　面积：3888m²
　尺度：31.5m×45m
　各层标高：23m,17.81m,
　　　　　　12.71m
　结构质量：966t
　设备质量：584t
　油井数：24口
　注水井数：2口
系泊平台
导管架：
　腿数：5

公用及住房平台A及B(A区和B区各一平台，结构相同)
水深：15.45m(A区),15.8m(B区)
生产年限：15年
结构设计寿命：20年
导管架：
　腿数：9
　质量：1276t
　工作点标高：7.8m
　工作点尺度：24m×24m
　主桩：9×OD1100
　质量：674t
　入泥深度：50m
甲板：
　面积：1104m²
　尺度：23m×24m
　各层标高：19.694m,13.997m
　结构质量：526t
　设备质量：668t
　生活模块定员：63人
　直升机坪：1
LQ：
　结构质量：600t
　设备质量：568t
工作平台
导管架：
　腿数：8

质量:1687t
桩:24×OD1219
入泥深度:50m
质量:2030t
导管架帽质量:980t
甲板:
面积:70×46=3220m²
结构质量:800t
上部荷载:12750t
原油储量:12000m³

主桩:3×OD1500
入泥深度:50m
次桩:2×OD1100
入泥深度:50m
结构质量:1038t
甲板:
面积:21m²

质量:1200t
桩:8×OD1100
入泥深度:50m
结构质量:1515t
甲板:
面积:16.2×50=810m²
质量:315t

二、渤中34-2/4油田工程设施

渤中34-2/4油田工程设施主要包括:4WP井口平台,4EP井口平台,2EP井口平台,2EW注水平台,单点导管架。与结构设计有关的数据如下。

4WP井口平台
导管架:
腿数:3
质量:300t
桩:3×OD1118
入泥深度:70m
质量:290t
甲板:
面积:350m²
结构质量:140t
设备质量:93t
井数:3口

4EP井口平台
导管架:
腿数:4
质量:510t
桩:4×OD1219
入泥深度:70m
质量:410t
甲板:
面积:1100m²
结构质量:341t
设备质量:310t
油井数:2口

2EP井口平台
水深:19.63m
生产年限:10年
结构设计寿命:20年
导管架:
腿数:4
质量:385t
工作点标高:6.5m
工作点尺度:9m×9m
桩:4×OD1219
入泥深度:88m
质量:522t
甲板:
面积:1230m²
主甲板尺度:24.6m×15.6m
各层标高:24m,19.5m,15m
结构质量:363t
设备质量:300t
油井数:7口
生活模块定员:4人

2EW注水平台
水深:19.63m
生产年限:8年
结构设计寿命:20年
导管架:
腿数:4
质量:476t
工作点标高:6.5m
工作点尺度:9m×9m
桩:4×OD1219
入泥深度:76m

单点导管架
导管架:
腿数:4
质量:
桩:4×OD1219
入泥深度:70m

甲板：
    面积：1560m²
    主甲板尺度：9m×9m
    各层标高：20m，15m
    结构质量：450t
    设备质量：330t
    注水井数：5口

三、渤中28-1油田工程设施

渤中28-1油田工程设施主要包括：北井口平台，南井口平台，SPM单点系泊。与结构设计有关的数据如下。

北井口平台	SPM单点系泊	南井口平台
生产年限：5年	水深：23.4m	水深：23.1m
结构设计寿命：20年	生产年限：5年	生产年限：5年
导管架：	结构设计寿命：20年	结构设计寿命：20年
腿数：4	最大系泊力：470t	导管架：
质量：468t	是否解脱：否	腿数：4
工作点标高：6.6375m	导管架：	质量：430t
工作点尺度：12m×9m	腿数：4	工作点标高：6.6375m
主桩：4×OD1219	质量：363t	工作点尺度：12m×9m
入泥深度：64m	工作点标高：8.7m	主桩：4×OD1118
质量：420t	工作点尺度：7m×7m	入泥深度：64m
甲板：	主桩：4×OD1219	质量：340t
面积：1200m²	入泥深度：73m	甲板：
尺度：20m×21.5m	桩重：545t	面积：1200m²
各层标高：21.22m，17.2m，13.464m，11.07m		尺度：20m×21.5m
结构质量：420t		各层标高：21.6m，17.6m，13.844m，11.4m
设备质量：240t		结构质量：400t
油井数：4口		设备质量：250t
生活模块定员：8人		油井数：4口
直升机坪：1		生活模块定员：8人
		直升机坪：1

四、锦州20-2凝析油气田工程设施

锦州20-2凝析油气田工程设施主要包括：中北井口平台，中南井口平台，动力/生活平台，南高点井口平台。与结构设计有关的数据如下。

中北井口平台（MNW）	动力/生活平台（MUQ）	南高点井口平台（SW）
水深：15.5m	水深：15.5m	水深：18.5m
生产年限：15年	生产年限：15年	生产年限：15年
结构设计寿命：15年	结构设计寿命：15年	结构设计寿命：15年
平台设施参数：	平台设施参数：	平台设施参数：
底盘井口数：3孔	导管架：	底盘井口数：3孔
质量：4t	腿数：4	质量：4t
导管架：	质量：604t	导管架：
腿数：4	工作点标高：7.8m	腿数：4

质量:600t
工作点标高:15m
工作点尺度:9m×12m
主桩:4×OD1524
入泥深度:80m
质量:800t
甲板:
  面积:1241m²
  尺度:21m×20m
  各层标高:26.508m,
  21.508m,17.008m,13.488m
  结构质量:449t
  设备质量:270t
  气井数:4口

工作点尺度:13m×13m
主桩:4×OD1371
入泥深度:85m
质量:580t
甲板:
  面积:1885m²
  尺度:25m×24m
  各层标高:28.508m,
  23.008m,16.508m,10.389m
  结构质量:802t
  生活模块定员:43人
  直升机坪:1

质量:613t
工作点标高:15m
工作点尺度:9m×12m
主桩:4×OD1524
入泥深度:85m
质量:880t
甲板:
  面积:1241m²
  尺度:21m×19m
  各层标高:26.51m,
  21.708m,17.008m,13.531m
  结构质量:493t
  设备质量:280t
  气井数:4口
  生活模块定员:8人
  直升机坪:1

中南井口平台(MSW)
水深:16.1m
生产年限:15年
结构设计寿命:10年
设计能力:
原油/凝析油:100m³/d
天然气:33.5×10⁴m³/d
水:69m³/d
导管架:
  腿数:3
  质量:280t
  工作点标高:7.5m
  工作点尺度:边长8.5m的
          正三角形
甲板:
  尺度:14.5m×17m
  各层标高:10m,14m
  结构质量:100t
  设备质量:95t
  生产井数:3口

五、锦州9-3油田工程设施

锦州9-3油田工程设施主要包括:西区综合平台,西区储油平台,东区钻采平台。与结构设计有关的数据如下。

西区综合平台
水深:7.4m
生产年限:15年
结构设计寿命:25年
桩基式沉箱结构基础

西区储油平台
水深:7.4m
生产年限:15年
结构设计寿命:25年
桩基式沉箱结构基础

东区钻采平台
桩基式沉箱结构基础
甲板:
各层标高:
上层甲板17.5m

桩:48in×17 根　　　　　　　钢结构质量:1962t　　　　　下层甲板 10.5m
甲板:　　　　　　　　　　　混凝土质量:6509t　　　　　开排甲板 6.8m
　　质量:422t　　　　　　　桩:54in×17 根　　　　　　沉箱顶面直径:28m
　　尺度:38m×36m　　　　　储油能力 1400m³　　　　　沉箱底面直径:38m
　　各层标高:　　　　　　　四层甲板:　　　　　　　　沉箱高:13.8m
　　　上层甲板 23m　　　　　　质量:1082t
　　　下层甲板 18m　　　　　　尺度:34m×34m
　　　钻井甲板 17m　　　　　　各层标高:
　　　工作甲板 10m　　　　　　　上层甲板 23m
　　　开排甲板 7m　　　　　　　 中层甲板 17m
　　生活楼质量:362t　　　　　　 中、下层甲板间夹层 16m
　　井槽数:30　　　　　　　　　 下层甲板 8.7m
　　沉箱顶面直径:28m　　　　　沉箱顶面直径:34m
　　沉箱底面直径:38m　　　　　沉箱底面直径:44m
　　沉箱高:13.8m　　　　　　　沉箱高:14.6m
　　设施处理能力　　　　　　　立管:12in/18in,6in
　　　原油:107×10⁴m³/a
　　　液体:241.6×10⁴m³/a
　　　伴生气:13.3×10⁴m³/d
　　　气井气:20×10⁴m³/d
　　污水处理能力:9600m³/d
　　注水能力:7280m³/d

六、绥中 36-1 油田一期开发工程设施

绥中 36-1 油田一期开发工程设施主要包括:生活动力平台,B 区综合平台,J 区井口平台,AⅠ井口平台,AⅡ井口平台,SPM 单点系泊装置(可应急解脱)。

绥中 36-1 油田二期开发工程设施主要包括:CEP 平台,WHP1~WHP6 平台。

与结构设计有关的数据如下。

AⅠ井口平台　　　　　　　　AⅡ井口平台　　　　　　　　SPM 单点系泊装置(可应急解脱)
水深:31.8m　　　　　　　　水深:31.8m　　　　　　　　水深:32m
生产年限:12 年　　　　　　 生产年限:12 年　　　　　　 生产年限:12 年
结构设计寿命:20 年　　　　 结构设计寿命:20 年　　　　 结构设计寿命:20 年
导管架:　　　　　　　　　　导管架:　　　　　　　　　　最大系泊力:490t
　腿数:4　　　　　　　　　　腿数:4　　　　　　　　　　导管架:
　质量:650t　　　　　　　　 质量:650t　　　　　　　　 腿数:4
　工作点标高:6.3m　　　　　 工作点标高:6.3m　　　　　 质量:345t
　工作点尺度:11m×16m　　　 工作点尺度:11m×16m　　　 工作点标高:4.5m
　桩:4×OD1219　　　　　　　桩:4×OD1219　　　　　　　工作点尺度:8.2m×8.2m
　入泥深度:88.6m　　　　　　入泥深度:88.6m　　　　　　桩:4×OD1219
　质量:604t　　　　　　　　 质量:610t　　　　　　　　 入泥深度:80m
甲板:　　　　　　　　　　　甲板:　　　　　　　　　　　质量:430t
　面积:1124m²　　　　　　　 面积:1252m²　　　　　　　甲板:
　尺度:22m×26m　　　　　　 尺度:22m×26m　　　　　　 上部设施质量:234t
　各层标高:27m,22m,17m,　 各层标高:27m,22m,
　　　12m　　　　　　　　　　　　17m,12m

结构质量:332t
设备质量:158t
油井注水:
井数:16 口

结构质量:381t
设备质量:199t
井数:15 口

生活动力平台
导管架:
  腿数:4
  质量:1154t
  桩:4×OD1371
  入泥深度:66m
  质量:508t
甲板:
  面积:1271m²
  结构质量:1134t
  设备质量:821t
  原油外输系统:1
  生活模块定员:87 人
  直升机坪:1

B 区综合平台
水深:31.3m
生产年限:12 年
结构设计寿命:20 年
导管架:
  腿数:4
  质量:690t+230t
  工作点标高:6.3m
  工作点尺度:11m×16m
  桩:4×OD1524
  入泥深度:85m
  质量:776t
甲板:
  面积:2000m²
  尺度:21m×27m
  各层标高:27m,22m,
       17m,12m
  结构质量:830t
  设备质量:1370t
  油井数:16 口
  生活模块定员:55 人
  直升机坪:1

J 区井口平台
水深:31.4m
生产年限:12 年
结构设计寿命:15 年
导管架:
  腿数:4
  质量:710t
  工作点标高:6.3m
  工作点尺度:11m×16m
  桩:4×OD1524
甲板:
  尺度:21m×24.5m
  各层标高:24m,18m,13m
  结构质量:500t+160t(帽)

CEP 平台
水深:31.0m
生产年限:20 年
结构设计寿命:25 年
导管架:
  腿数:8
  质量:950t
  工作点标高:6.3m
  工作点尺度:3×15m×22m
  导管:1511.3mm×31.75mm×8pcs
  主桩:1371.6mm×8pcs
甲板:
  结构质量:1520t+450t
  尺度:53.5m×34m
  各层标高:10m,14m,22m

WHP1~WHP6 平台
水深:29.4~31m
生产年限:20 年
结构设计寿命:25 年
导管架:
  腿数:4
  质量:600t
  工作点标高:6.3m
  工作点尺度:13m×15m
  导管:1219.2mm×38.1mm×4pcs
  主桩:1066.8mm×4pcs
甲板:
  结构质量:450t
  尺度:30.5m×20.7m
  各层标高:10m,14m,22m

七、曹妃甸 1-6 油田工程设施

曹妃甸 1-6 油田工程设施主要包括:井口平台,单点系泊。与结构设计有关的数据如下。

平台:51.9m×24.4m×4.3m　　　　　单点系泊

沉垫:51.9m×40.1m×3.4m
桩腿:φ1.8m×52.8m
平台总承载能力:2950t
生活模块定员:52人
直升机坪:1

导管架:
　腿数:4
　质量:200t
　桩:4×OD1219
　入泥深度:60m
　质量:440t
　甲板装置:利用 BZ28-1 设施

八、渤西油田群工程设施

渤西油田群工程设施主要包括:歧口 18-1 井口集输平台,歧口 18-1 生活动力平台,歧口 17-2 综合平台,歧口 17-3 综合平台。与结构设计有关的数据如下。

歧口 18-1 井口集输平台
水深:10m
生产年限:12 年
结构设计寿命:20 年
6 桩导管架钢结构
导管架:
　腿数:6
　质量:459t
　工作点标高:7.8m
　工作点尺度:14m×24m
　桩距:14m×(12m×2)
　桩径:48in
甲板:
　质量:763t
　尺度:29m×31.5m
　各层标高:24.5m,19.5m,12.5m
　组块主甲板分三层
　平面最大轮廓尺寸:26m×30m
　9 口井槽(生产井 6 口、水源井 1 口)

歧口 18-1 生活动力平台
水深:10m
生产年限:12 年
结构设计寿命:20 年
4 桩导管架钢结构
导管架:
　腿数:4
　质量:264t
　工作点标高:7.8m
　工作点尺度:14m×16m
　桩距:14m×16m
　桩径:54in
甲板:
　质量:719t
　尺度:26m×26.8m
　各层标高:24.5m,19.5m,12.5m
　组块主甲板分三层
　平面最大轮廓尺寸:26m×26.8m
　生活楼质量:284t
定员:54 人

歧口 17-2 综合平台
6 桩导管架钢结构
导管架:
　腿数:6
　桩距:16m×(16m×2)
　桩径:48in
甲板:
　组块主甲板分三层
　平面最大轮廓尺寸:14m×28m
　定员:50 人

歧口 17-3 综合平台
6 桩导管架钢结构
导管架:
　腿数:6
　桩距:14m×(12m×2)
　桩径:54in
甲板:
　组块主甲板分三层
　平面最大轮廓尺寸:27m×33m
　定员:44 人

九、涠 10-3 油田工程设施

涠 10-3 油田工程设施主要包括:涠 10-3A(井口平台),涠 10-3AP(处理平台),涠 10-3SPM(单点系泊)。与结构设计有关的数据如下:

涠10-3A(井口平台)

水深:40m

生产年限:8年

结构设计寿命:20年

导管架:

    腿数:4

    质量:805.5t

    工作点标高:8.5m

    工作点尺度:9.144m×18.288m

    主桩:4×ϕ48in,重710t,入泥深度67m

    裙桩:4×ϕ48in,重504t,入泥深度67m

甲板:

    面积890m²

    尺度:16.144m×29.11m

    各层标高:20.84m,25.84m,30.64m

    结构质量::486t

    设备质量:121.6t

    油井6口,气井2口,注水井4口

涠10-3AP(处理平台)

沉垫自升式平台

沉垫尺寸:59.588m×49.990m×3.048m

船体尺寸:58.218m×40.234m×4.877m

腿柱:3根,外径3.05m

生活模块定员:60人

涠10-3SPM(单点系泊)

最大系泊力:410t

可解脱,圆柱筒体固定塔式

主桩:6×ϕ48in,长68m

入泥深度51m

十、涠11-4油田工程设施

涠11-4油田工程设施主要包括:涠11-4A(中心平台),涠11-4B(井口平台),涠11-4C(井口平台)。与结构设计有关的数据如下。

涠11-4A(中心平台)

水深:40.8m

生产年限:8年

结构设计寿命:10年

导管架:

    腿数:8

    质量:2018.2t

    工作点标高:8.5m

    工作点尺度:14.4m×40.2m

    主桩:8×ϕ48in

    质量:1396t

    入泥深度:86m

甲板:

    面积:3310m²

    尺度:24.4m×49.7m

    各层标高:17.5m,24.6m,32.6m

    结构质量:2242t

    设备质量:1499t

涠11-4B(井口平台)

导管架:

    腿数:4腿

    质量:1086t

    主桩:4×ϕ48in

    质量:643.8t

    入泥深度:70m

    裙桩:4×ϕ48in

    质量:441.8t

    入泥深度:70m

甲板:

    面积:1172m²

    结构质量:549.5t

    设备质量:604.5t

    油井12口,预留井3口

油井 17 口,预留井 1 口
注水系统 4152m³/d
生活模块定员:66 人

涠 11 - 4C(井口平台)

2 腿 3 桩简易平台
导管架:
 腿数:2
 质量:290t
 钢桩:3×φ48in
 质量:278t
 入泥深度:55m
甲板:
 尺寸:30.96m×16.96m×12.30m(含直升机甲板)
 吊装质量:246.45t
 油井:4 口

十一、涠 12 - 1 油田工程设施

涠 12 - 1 油田工程设施主要包括:涠 12 - 1 综合平台,涠 12 - 1B 平台。与结构设计有关的数据如下。

涠 12 - 1 综合平台	涠 12 - 1B 平台
水深:34.5m	水深:31.2m
生产年限:13 年	生产年限:13 年
结构设计寿命:25 年	结构设计寿命:20 年
导管架:	导管架:
腿数:8	质量:1176t
质量:1634.3t	工作点标高:9.5m
工作点标高:9.5m	工作点尺度:17m×22m
工作点尺度:15m×42m	导管:1638mm×4pcs
主桩:8×φ60in	裙桩:1524mm×4pcs,桩长 110m,桩总重 735t,入泥深度:75m
质量:1588t	隔水套管:24in×24pcs,入泥深度:55m
设计入泥深度:80m	甲板
实际入泥深度:59~70.75m	结构质量:980t(包括飞机甲板及附属结构)
甲板:	上、中、下各层甲板尺度:32.5m×31m,32.5m×31m,20.5m×8m
尺寸:62m×33.6m×38m	上、中、下各层标高:27.84m,20.84m,16.84m
各层标高:19m,26m,34m	井槽:24(油井 14,注水井 8,预留井 2)
吊装质量:4771.8t,	立管:10in/14in,8in
生活模块尺寸:20m×32.5m×17m	
质量:852t(含直升机甲板)	
油井 12 口,注水井 5 口,预留井 1 口	
生活模块定员:80 人	

十二、崖 13 - 1 气田工程设施

崖 13 - 1 气田工程设施主要包括:钻井/生产平台,工艺/生活平台。与结构设计有关的数据如下。

钻井/生产平台
水深:90m
生产年限:30年
结构设计寿命:30年
导管架:
    腿数:4
    质量:3067.5t
    工作点标高:8.08m
    工作点尺度:13.716m×15.24m
    裙桩:8×84in
    入泥深度:300ft
    质量:2200t
甲板:
    面积:1069m^2
结构质量:2300t
设备质量:190t
主甲板尺度:23.77m×45.15m
各层标高:
    底层甲板:15.24m
    中层甲板:19.812m
    主甲板:30.48m
主要设施:钻机;测试分离器
处理能力:
    气120×$10^6 ft^3$/d;
    凝析油1440bbl/d;水3600bbl/d
井槽:15(气井:6)
生活模块定员:36人

工艺/生活平台
水深:90m
生产年限:30年
结构设计寿命:30年
导管架:
    腿数:8
    质量:3000t
    工作点标高:8.08m
    工作点尺度:13.716m×15.24m
    主桩:8×60in
    入泥深度:395ft
甲板:
    面积:2126m^2
    结构质量:2190t;
设备质量:2230t
主甲板尺度:30.48m×63.7m
中层甲板尺度:30.48m×60.96m
各层标高:
    底层甲板:15.24m
    中层甲板:19.812m
    主甲板:30.48m
主要设施:生产分离器;甘醇接触塔;低温分离器;干气压缩机;透平发电机;应急发电机
处理能力:
    气:400×$10^6 ft^3$/d
    凝析油:5158bbl/d
    水:12000bbl/d
生活模块定员:36人
立管:10in,28in

十三、惠州油田群工程设施

    惠州油田群工程设施主要包括:惠州32-2油田工程设施,惠州32-3油田工程设施,惠州26-1油田工程设施,惠州21-1油田工程设施。与结构设计有关的数据如下。

惠州32-2油田
水深:108m
生产年限:7.7年
结构设计寿命:10年
底盘:12孔
导管架:
    腿数:常规式4腿
    质量:4870t
    工作点尺度:15.24m×18.28m
    桩:

惠州32-3油田
水深:113m
生产年限:7.7年
结构设计寿命:10年
底盘:12孔
导管架:
    腿数:常规式4腿
    质量:5100t
    工作点尺度:15.24m×18.28m
    桩:

惠州26-1油田
位置:
    北纬21°10′33.2″
    东经115°15′53.2″
水深:114m
生产年限:10年
结构设计寿命:20年
底盘
    孔数:20
    质量:120t
导管架:

主桩:4×60inOD
裙桩:12×72inOD
质量:2825t
甲板:
 尺度:38.1m×39.3m
 各层标高:21m,31.1m
 质量:980t
 上部设施:
  井数:7口
  火炬/放空系统
 生活模块定员:50人

主桩:4×60inOD
裙桩:12×72inOD
质量:2950t
甲板:
 尺度:32m×39.3m
 各层标高:21m,31.1m
 质量:980t
 上部设施:
  井数:9
  火炬/放空系统
 生活模块定员:50人

腿数:双斜式8腿
质量:8473t
工作点标高:6.55m
工作点尺度:15.24m× 30.48m
桩:
 主桩:8×72inOD
 质量:3431t
 裙桩:12×72inOD
 质量:2600t
甲板:
 结构质量:2074t
 尺度:30.6m×55.5m
 各层标高:20.7m,27.74m
 井数:20口
 生活模块定员:60人

惠州21-1油田
位置:
 北纬21°20′57.4″
 东经115°25′22.4″
水深:115m
生产年限:5.5年
结构设计寿命:15年
底盘:
 孔数:15
 质量:80t
导管架:
 腿数:双斜式4腿
 质量:6011t
 工作点标高:6.096m
 工作点尺度:18.288m× 18.288m
桩:
 主桩:4×60inOD
 质量:1609t
 裙桩:8×72inOD
 质量:2247t
甲板:
 主甲板面积:30.5m× 30.5m(100ft×100ft)
 质量:1873t
 下甲板:30.5m×30.5m
 工作甲板:5.2m×9.5m
 各层标高:19.812m 26.822m

上部设施：

  井数：15 口

  生活模块定员：60 人

十四、陆丰 13-1 油田工程设施

陆丰 13-1 油田工程设施主要包括：生产平台。与结构设计有关的数据如下。

生产平台

水深：146m

生产年限：7.5 年

结构设计寿命：12 年

导管架：

  腿数：8

  质量：15600t

  工作点标高：11m

  裙桩：16×ϕ72inOD

  入泥深度：118m

  质量：5628t

甲板：

  面积：61m×58.5m

  结构质量：12098t

上部设施：

  油井数：10 口

  生活模块定员：60 人

十五、西江油田工程设施

西江油田工程设施主要包括：西江 24-3 油田工程设施，西江 30-2 油田工程设施。与结构设计有关的数据如下。

西江 24-3 油田	西江 30-2 油田
水深：100m	水深：99m
生产年限：12.1 年	生产年限：14.5 年
结构设计寿命：20 年	结构设计寿命：20 年
导管架：	导管架：
腿数：双斜式 8 腿	腿数：双斜式 8 腿
质量：5700t	质量：5700t
工作点标高：7.62m	工作点标高：7.62m
工作点尺度：13.716m×45.72m	工作点尺度：13.716m×45.72m
桩：	桩：
主桩：4×60inOD+4×72inOD	主桩：4×60inOD+4×72inOD
裙桩：4×84inOD	裙桩：4×84inOD
质量：3948t	质量：4072t
甲板：	甲板：
尺度：25.9m×34.8m	尺度：25.9m×45.7m
各层标高：40.23m，33.83m，27.43m，19.51m	各层标高：40.23m，33.83m，27.43m，19.51m
质量：2400t	质量：2400t
生产方式：电潜泵	生产方式：电潜泵

上部设施：
  井数:21 口
  管汇
  平台吊机:2×50t
  生活模块定员:90 人

上部设施：
  井数:22 口
  管汇
  平台吊机:2×50t
  生活模块定员:90 人

十六、平湖油气田工程设施

平湖油气田工程设施主要包括：综合平台。与结构设计有关的数据如下。

平湖油气田综合平台

功能：油气水处理、生活、动力、外输

水深:89m

生产年限:16 年

结构设计寿命:20 年

导管架：
  腿数:4
  质量:4530t
  尺寸:高 106m
  工作点:44m×16m
  下底:44m×32m

甲板：
  层数:4
  尺度:30m×67.5m
  各层标高:38.69m,31.69m,24.19m,19.79m
  用钢量:2900t
  生活模块：
    尺寸:21m×18m×16m
    床位数:90
  井槽数:20
  井数:气井 7 口;油井 7 口
  设计能力:油 3100m^3/d;天然气 160m^3/d;水 3400m^3/d
  直升机坪:1

十七、文昌油田工程设施

文昌油田工程设施主要包括：文昌 13-1 油田工程设施,文昌 13-2 油田工程设施。与结构设计有关的数据如下。

文昌 13-1 油田

水深:117m

导管架：
  腿数:4
  质量:2650t
  工作点标高:10m
  工作点尺度:13m×16m
  桩：
    导管:1778mm×4pcs
    裙桩:1828.8mm×8pcs

文昌 13-2 油田

水深:117m

导管架：
  腿数:4
  质量:2650t
  工作点标高:10m
  工作点尺度:13m×16m
  桩：
    导管:1778mm×4pcs
    裙桩:1828.8mm×8pcs

甲板:
　　结构质量:410t
　　尺度:31m×27m
　　各层标高:29m,24m,19m
　　生活模块定员(临时):60人

甲板:
　　结构质量:410t
　　尺度:31m×27m
　　各层标高:29m,24m,19m
　　生活模块定员(临时):60人

"南海奋进"号主要参数
全长:262.2m
水线长:250m
型宽:46m
型深:24.6m
结构设计吃水:17.5m
空载:3.5m
空船质量:3201.8t
FPSO 吨位(DWT):15×10^{4}t
设计原油年处理能力:300×10^{4}t
生活模块定员:81人

"南海奋进"号单点系泊系统
　　文昌油田转塔式单点系泊是永久性系泊系统,由挪威 APL 公司总承包设计、制造及海上安装的。单点系泊系统是按照百年一遇的海况条件及浮式生产储油轮不解脱的极端工况下设计的,其直接功能一是系泊浮式生产储油系统,使储油轮以单点为轴随风、水流而转动;二是通过单点的转接,从井口平台流经海管的原油被输送到油轮,而油轮的电源通过海底电缆传输到附近的两座井口平台。整个单点系统采用目前较为流行的 3×3 系泊布置,有 2 个 10in 油通道,2 个 10.5kV 电通道,主要包括系泊转塔、旋转接头、水下浮筒、系泊锚链、液压操作系统、通风及探测消防等系统。

十八、秦皇岛 32-6 油田工程设施

秦皇岛 32-6 油田工程设施主要包括:6 座 4 腿无人驻守井口平台。与结构设计有关的数据如下。

WHP 井口平台(A、B、C、D、E、F 六个平台结构相似)
位置:E119°08′~119°19′
N39°02′~39°10′
水深:19.7m
投产时间:2001 年 10 月
生产年限:20 年
结构设计寿命:25 年
导管架
　　质量:400t
　　导管尺寸:1371.6mm×4pcs
　　工作点标高:7.2m
　　工作点尺度:13m×15m
　　桩重:400t
　　主桩:1219.2mm×4pcs
　　桩入泥:65~75m
　　隔水套管:790t
　　隔水套管尺寸:508mm(ϕ20in)

隔水套管入泥深度:35m

组块结构

    甲板面积:2040m^2

    结构质量:620t

    设备质量:650t(干重)820t(操作重)

    尺度:24m×27m

    各层标高:31.6m,25.6m,20.6m,15.1m

    油井数:133

    注水井:24

    水源井:6

船体主要参数

总长	287.4m
设计水线长	282.0m
型宽	51m
型深	20.6m
设计吃水	14.5m
对应排水量	201287t
空船质量	40699.2t
载重量	160587.8t
满载排水量	201287t
原油储藏量	143280t
污油及油水处理舱	20925t
压载水舱	83339.8t
淡水舱	639.1t
饮用水舱	117.2t
柴油舱	1073.0t

FPSO生活区,定员130人

长×宽×高=20.0m×30m×9.7m

单点系泊(固定式系泊塔)

单点导管架:质量405t

工作点尺度:15m×15m

桩径:54in

入土深度:72m

共有立管7根,电缆护管3根

单点上部结构

吊装质量:	730t
管汇甲板:	EL+10.65m
旋转甲板:	EL+20.48m
软管甲板:	EL+32m
油水通道:	4个
(每个通道为2进2出,ϕ18in)	
电通道:	3个

输送功率：　　　　　　　　　3兆瓦(MW)
软刚臂结构
　　吊装质量：　　　　　　　　　540t
　　长度：　　　　　　　　　　　35m
　　压载浮筒：　　　　　　　　　$\phi5.2m\times40m$
系泊支架吊装质量：　　　　　　　440t

十九、东方油田工程设施

东方油田工程设施主要包括：一期工程的中心平台一座(CEP)，井口平台一座(WHP-E)。与结构设计有关的数据如下。

中心平台(CEP)
　　位置：E107°45′37.531″
　　　　　N18°36′54.401″
水深：68.6m
投产时间：2003年8月1日
结构设计寿命：30年
导管架
　　质量：2682t
　　工作点标高：9.9m
　　工作点尺度：15m×45m
　　导管：1219mm×32mm×8pcs
　　裙桩：2134mm×8pcs，桩长116.8m，桩总重2007t
甲板
　　甲板结构质量：1699.76t
　　生活模块结构质量：746t
　　火炬臂结构质量：112t
　　尺度：29m×56.35m
　　上、中、下各层标高：29.00m，21.50m，16.20m
　　井槽：8
　　生活模块：60人
　　立管：22in，12in

井口平台-E
　　位置：E107°43′43.8413″
　　　　　N18°37′14.6157″
水深：66.1m
投产时间：2003年8月1日
结构设计寿命：30年
导管架
　　质量：1171t
　　工作点标高：9.3m
　　工作点尺度：11m×13m
　　导管：1067mm×35mm×4pcs
　　裙桩：2134mm×4pcs，桩长94.3m，桩总重805t

甲板

 甲板结构质量:372.35t

 放空臂结构质量:14.67t

 尺度:17.85m×21.63m

 上、下各层标高:20.00m,15.00m

 井槽:6

 立管:12in

附录 2 打桩锤资料

IHCS 系列打桩锤数据见附表 2-1。

附表 2-1 IHCS 系列打桩捶数据

项目	S-70	S-90	S-120	S-150	S-200	S-280	S-500	S-600
操作数据								
最大锤击能 kN·m	70	90	120	150	200	280	500	600
最小锤击能 kN·m	2	2	6	6	10	10	20	20
最大锤击能下的锤击率 bl/min	50	50	44	40	45	45	45	36
重量								
锤头, t	3.5	4.5	6	7.5	10	13.6	25	30
替打加锤头（空气中重, t）	8.3	9.2	14.3	16.2	24.5	29	55	63
尺寸								
桩锤外径, mm	610	610	712	712	915	915	1220	1220
桩锤长, mm	7130	7880	7960	8710	8920	10190	10200	11000
液压系统数据								
操作压力, bar	230	280	250	280	250	300	300	280
液压油流量 L/min	220	220	410	410	750	750	1400	1500
液压油管内径 mm	32	32	38	38	50	50	2×50	2×50
建议的动力装置类型								
空冷	P-250	P-250	P-410	P-410	P-750L	P-750L		P-1500
水冷					P-750W	P-750W	P-1600W	

附录3 常用钢材特性表

一、常用结构钢管特性表（见附表3-1）

附表3-1 常用结构钢管特性表

公称尺寸 in	外径 in	外径 mm	壁厚 in	壁厚 mm	单位质量 kg/m	单位浮力 kg/m	截面积 cm²	惯性矩 cm⁴	截面模量 cm³	回转半径 cm
1	1.315	33.4	0.133	3.38	2.5	0.9	3.2	3.6	2.2	1.1
	1.315	33.4	0.179	4.55	3.2	0.9	4.1	4.4	2.6	1.0
1.25	1.66	42.2	0.14	3.56	3.4	1.4	4.3	8.1	3.8	1.4
	1.66	42.2	0.191	4.85	4.5	1.4	5.7	10.1	4.8	1.3
1.5	1.9	48.3	0.145	3.68	4.0	1.8	5.2	12.9	5.3	1.6
	1.9	48.3	0.2	5.08	5.4	1.8	6.9	16.3	6.7	1.5
2	2.375	60.3	0.154	3.91	5.4	2.9	6.9	27.7	9.2	2.0
	2.375	60.3	0.218	5.54	7.5	2.9	9.5	36.1	12.0	1.9
	2.375	60.3	0.436	11.07	13.5	2.9	17.1	54.6	18.1	1.8
2.5	2.875	73.0	0.203	5.16	8.6	4.2	11.0	63.7	17.4	2.4
	2.875	73.0	0.276	7.01	11.4	4.2	14.5	80.1	21.9	2.3
	2.875	73.0	0.552	14.02	20.4	4.2	26.0	119.5	32.7	2.1
3	3.5	88.9	0.216	5.49	11.3	6.2	14.4	125.6	28.3	3.0
	3.5	88.9	0.3	7.62	15.3	6.2	19.5	162.1	36.5	2.9
	3.5	88.9	0.6	15.24	27.7	6.2	35.3	249.4	56.1	2.7
3.5	4	101.6	0.226	5.74	13.6	8.1	17.3	199.3	39.2	3.4
	4	101.6	0.318	8.08	18.6	8.1	23.7	261.4	51.5	3.3
4	4.5	114.3	0.237	6.02	16.1	10.3	20.5	301.0	52.7	3.8
	4.5	114.3	0.337	8.56	22.3	10.3	28.4	400.0	70.0	3.8
	4.5	114.3	0.674	17.12	41.0	10.3	52.3	636.2	111.3	3.5
5	5.563	141.3	0.258	6.55	21.8	15.7	27.7	631.1	89.3	4.8
	5.563	141.3	0.375	9.53	31.0	15.7	39.4	860.4	121.8	4.7
	5.563	141.3	0.75	19.05	57.4	15.7	73.2	1400.0	198.2	4.4
6	6.625	168.3	0.28	7.11	28.3	22.2	36.0	1171.4	139.2	5.7
	6.625	168.3	0.432	10.97	42.6	22.2	54.2	1685.4	200.3	5.6
	6.625	168.3	0.864	21.95	79.2	22.2	100.9	2761.0	328.2	5.2
8	8.625	219.1	0.322	8.18	42.5	37.7	54.2	3017.2	275.5	7.5
	8.625	219.1	0.5	12.70	64.6	37.7	82.3	4400.3	401.7	7.3
	8.625	219.1	0.875	22.23	107.9	37.7	137.4	6742.3	615.5	7.0
10	10.75	273.1	0.365	9.27	60.3	58.6	76.8	6690.3	490.0	9.3
	10.75	273.1	0.5	12.70	81.5	58.6	103.9	8822.1	646.2	9.2
	10.75	273.1	1	25.40	155.1	58.6	197.6	15309.3	1121.4	8.8
12	12.75	323.9	0.375	9.53	73.8	82.4	94.1	11626.8	718.0	11.1
	12.75	323.9	0.5	12.70	97.5	82.4	124.1	15048.6	929.4	11.0
	12.75	323.9	1	25.40	187.0	82.4	238.1	26708.1	1649.4	10.6
14	14	355.6	0.375	9.53	81.3	99.3	103.6	15515.5	872.6	12.2
	14	355.6	0.5	12.70	107.4	99.3	136.8	20135.5	1132.5	12.1
	14	355.6	0.75	19.05	158.1	99.3	201.4	28608.4	1609.0	11.9

续表

公称尺寸 in	外径		壁厚		单位质量 kg/m	单位浮力 kg/m	截面积 cm²	惯性矩 cm⁴	截面模量 cm³	回转半径 cm
	in	mm	in	mm						
16	16	406.4	0.375	9.53	93.2	129.7	118.8	23395.8	1151.4	14.0
	16	406.4	0.5	12.70	123.3	129.7	157.1	30465.8	1499.3	13.9
	16	406.4	0.75	19.05	182.0	129.7	231.8	43582.9	2144.8	13.7
18	18	457.2	0.375	9.53	105.2	164.2	134.0	33574.6	1468.7	15.8
	18	457.2	0.5	12.70	139.2	164.2	177.3	43836.3	1917.6	15.7
	18	457.2	0.75	19.05	205.8	164.2	262.2	63044.1	2757.8	15.5
20	20	508.0	0.375	9.53	117.1	202.7	149.2	46346.2	1824.7	17.6
	20	508.0	0.5	12.70	155.1	202.7	197.6	60639.4	2387.4	17.5
	20	508.0	0.625	15.88	192.7	202.7	245.4	74379.4	2928.3	17.4
	20	508.0	0.75	19.05	229.7	202.7	292.6	87580.6	3448.1	17.3
	20	508.0	0.875	22.23	266.3	202.7	339.2	100257.4	3947.1	17.2
	20	508.0	1	25.40	302.3	202.7	385.1	112423.7	4426.1	17.1
22	22	558.8	0.375	9.53	129.0	245.2	164.4	62004.9	2219.2	19.4
	22	558.8	0.5	12.70	171.0	245.2	217.9	81267.3	2908.6	19.3
	22	558.8	0.625	15.88	212.6	245.2	270.8	99854.0	3573.9	19.2
	22	558.8	0.75	19.05	253.6	245.2	323.0	117780.8	4215.5	19.1
	22	558.8	0.875	22.23	294.1	245.2	374.6	135063.6	4834.1	19.0
	22	558.8	1	25.40	334.1	245.2	425.6	151718.1	5430.1	18.9
24	24	609.6	0.375	9.53	141.0	291.9	179.6	80844.8	2652.4	21.2
	24	609.6	0.5	12.70	187.0	291.9	238.1	106112.3	3481.4	21.1
	24	609.6	0.625	15.88	232.4	291.9	296.1	130569.3	4283.8	21.0
	24	609.6	0.75	19.05	277.4	291.9	353.4	154233.1	5060.1	20.9
	24	609.6	0.875	22.23	321.9	291.9	410.1	177121.1	5811.1	20.8
	24	609.6	1	25.40	365.9	291.9	466.1	199250.5	6537.1	20.7
	24	609.6	1.25	31.75	452.5	291.9	576.3	241301.0	7916.7	20.5
26	26	660.4	0.375	9.53	152.9	342.5	194.8	103160.1	3124.2	23.0
	26	660.4	0.5	12.70	202.9	342.5	258.4	135566.8	4105.6	22.9
	26	660.4	0.625	15.88	252.3	342.5	321.4	167015.7	5058.0	22.8
	26	660.4	0.75	19.05	301.3	342.5	383.8	197526.0	5982.0	22.7
	26	660.4	0.875	22.23	349.8	342.5	445.6	227116.4	6878.1	22.6
	26	660.4	1	25.40	397.8	342.5	506.7	255805.6	7747.0	22.5
	26	660.4	1.125	28.58	445.2	342.5	567.2	283612.2	8589.1	22.4
	26	660.4	1.25	31.75	492.2	342.5	627.0	310554.5	9405.0	22.3
	26	660.4	1.375	34.93	538.7	342.5	686.2	336650.4	10195.3	22.1
28	28	711.2	0.375	9.53	164.8	397.3	210.0	129245.0	3634.6	24.8
	28	711.2	0.5	12.70	218.8	397.3	278.7	170022.9	4781.3	24.7
	28	711.2	0.625	15.88	272.2	397.3	346.8	209683.6	5896.6	24.6
	28	711.2	0.75	19.05	325.2	397.3	414.2	248247.8	6981.1	24.5

续表

公称尺寸 in	外径		壁厚		单位质量 kg/m	单位浮力 kg/m	截面积 cm²	惯性矩 cm⁴	截面模量 cm³	回转半径 cm
	in	mm	in	mm						
28	28	711.2	0.875	22.23	377.6	397.3	481.0	285735.9	8035.3	24.4
	28	711.2	1	25.40	429.6	397.3	547.2	322168.0	9059.8	24.3
	28	711.2	1.125	28.58	481.0	397.3	612.8	357564.2	10055.2	24.2
	28	711.2	1.25	31.75	532.0	397.3	677.7	391944.4	11022.1	24.0
30	30	762.0	0.375	9.53	176.8	456.0	225.2	159393.9	4183.6	26.6
	30	762.0	0.5	12.70	234.7	456.0	298.9	209873.0	5508.5	26.5
	30	762.0	0.625	15.88	292.1	456.0	372.1	259063.3	6799.6	26.4
	30	762.0	0.75	19.05	349.0	456.0	444.6	306987.1	8057.4	26.3
	30	762.0	0.875	22.23	405.5	456.0	516.5	353666.1	9282.6	26.2
	30	762.0	1	25.40	461.4	456.0	587.7	399122.2	10475.6	26.1
	30	762.0	1.125	28.58	516.8	456.0	658.4	443376.8	11637.2	26.0
	30	762.0	1.25	31.75	571.8	456.0	728.3	486451.5	12767.8	25.8
	30	762.0	1.375	34.93	626.2	456.0	797.7	528367.2	13867.9	25.7
	30	762.0	1.5	38.10	680.2	456.0	866.4	569145.1	14938.2	25.6
32	32	812.8	0.375	9.53	188.7	518.9	240.4	193900.8	4771.2	28.4
	32	812.8	0.5	12.70	250.6	518.9	319.2	255509.4	6287.1	28.3
	32	812.8	0.625	15.88	312.0	518.9	397.4	315645.3	7766.9	28.2
	32	812.8	0.75	19.05	372.9	518.9	475.0	374332.2	9210.9	28.1
	32	812.8	0.875	22.23	433.3	518.9	552.0	431593.6	10619.9	28.0
	32	812.8	1	25.40	493.2	518.9	628.3	487452.8	11994.4	27.9
	32	812.8	1.125	28.58	552.6	518.9	704.0	541932.8	13335.0	27.7
	32	812.8	1.25	31.75	611.6	518.9	779.0	595056.5	14642.1	27.6
	32	812.8	1.375	34.93	670.0	518.9	853.4	646846.7	15916.5	27.5
	32	812.8	1.5	38.10	727.9	518.9	927.2	697325.8	17158.6	27.4
36	36	914.4	0.5	12.70	282.4	656.7	359.7	365710.1	7998.9	31.9
	36	914.4	0.625	15.88	351.8	656.7	448.1	452377.2	9894.5	31.8
	36	914.4	0.75	19.05	420.6	656.7	535.8	537193.8	11749.6	31.7
	36	914.4	0.875	22.23	489.0	656.7	622.9	620186.4	13564.9	31.6
	36	914.4	1	25.40	556.9	656.7	709.3	701381.5	15340.8	31.4
	36	914.4	1.125	28.58	624.2	656.7	795.2	780805.1	17078.0	31.3
	36	914.4	1.25	31.75	691.1	656.7	880.4	858483.2	18777.0	31.2
	36	914.4	1.375	34.93	757.5	656.7	964.9	934441.6	20438.4	31.1
	36	914.4	1.5	38.10	823.4	656.7	1048.8	1008705.8	22062.7	31.0
	36	914.4	1.625	41.28	888.8	656.7	1132.1	1081301.2	23650.5	30.9
	36	914.4	1.75	44.45	953.6	656.7	1214.8	1152253.1	25202.4	30.8
42	42	1066.8	0.5	12.70	330.1	893.8	420.5	584215.5	10952.7	37.3
	42	1066.8	0.625	15.88	411.4	893.8	524.1	723750.5	13568.6	37.2
	42	1066.8	0.75	19.05	492.2	893.8	627.0	860740.9	16136.9	37.0

续表

公称尺寸 in	外径		壁厚		单位质量 kg/m	单位浮力 kg/m	截面积 cm²	惯性矩 cm⁴	截面模量 cm³	回转半径 cm
	in	mm	in	mm						
42	42	1066.8	0.875	22.23	572.5	893.8	729.3	995217.7	18658.0	36.9
	42	1066.8	1	25.40	652.3	893.8	830.9	1127212.0	21132.6	36.8
	42	1066.8	1.125	28.58	731.6	893.8	932.0	1256754.5	23561.2	36.7
	42	1066.8	1.25	31.75	810.4	893.8	1032.4	1383875.7	25944.4	36.6
	42	1066.8	1.375	34.93	888.8	893.8	1132.1	1508605.9	28282.8	36.5
	42	1066.8	1.5	38.10	966.6	893.8	1231.2	1630975.5	30577.0	36.4
	42	1066.8	1.625	41.28	1043.9	893.8	1329.7	1751014.2	32827.4	36.3
	42	1066.8	1.75	44.45	1120.7	893.8	1427.6	1868752.0	35034.7	36.2
	42	1066.8	1.875	47.63	1197.0	893.8	1524.8	1984218.4	37199.4	36.1
	42	1066.8	2	50.80	1272.9	893.8	1621.4	2097442.8	39322.1	36.0
48	48	1219.2	0.75	19.05	563.8	1167.5	718.2	1293516.2	21219.1	42.4
	48	1219.2	0.875	22.23	656.1	1167.5	835.7	1497295.8	24561.9	42.3
	48	1219.2	1	25.40	747.8	1167.5	952.6	1697797.5	27851.0	42.2
	48	1219.2	1.125	28.58	839.0	1167.5	1068.8	1895056.7	31086.9	42.1
	48	1219.2	1.25	31.75	929.8	1167.5	1184.4	2089108.5	34270.2	42.0
	48	1219.2	1.375	34.93	1020.0	1167.5	1299.3	2279987.9	37401.4	41.9
	48	1219.2	1.5	38.10	1109.8	1167.5	1413.6	2467729.6	40481.1	41.8
	48	1219.2	1.625	41.28	1199.0	1167.5	1527.3	2652368.2	43510.0	41.7
	48	1219.2	1.75	44.45	1287.8	1167.5	1640.4	2833938.1	46488.5	41.6
	48	1219.2	1.875	47.63	1376.0	1167.5	1752.8	3012473.5	49417.2	41.5
	48	1219.2	2	50.80	1463.8	1167.5	1864.6	3188008.4	52296.7	41.3
	48	1219.2	2.125	53.98	1551.0	1167.5	1975.7	3360576.6	55127.6	41.2
	48	1219.2	2.25	57.15	1637.8	1167.5	2086.2	3530211.6	57910.3	41.1
54	54	1371.6	0.75	19.05	635.4	1477.6	809.4	1851407.5	26996.3	47.8
	54	1371.6	0.875	22.23	739.6	1477.6	942.1	2144956.3	31276.7	47.7
	54	1371.6	1	25.40	843.3	1477.6	1074.2	2434321.6	35496.1	47.6
	54	1371.6	1.125	28.58	946.4	1477.6	1205.6	2719543.4	39655.1	47.5
	54	1371.6	1.25	31.75	1049.1	1477.6	1336.4	3000661.3	43754.2	47.4
	54	1371.6	1.375	34.93	1151.3	1477.6	1466.5	3277714.9	47794.0	47.3
	54	1371.6	1.5	38.10	1253.0	1477.6	1596.0	3550743.6	51775.2	47.2
	54	1371.6	1.625	41.28	1354.1	1477.6	1724.9	3819786.6	55698.3	47.1
	54	1371.6	1.75	44.45	1454.8	1477.6	1853.2	4084882.8	59563.8	46.9
	54	1371.6	1.875	47.63	1555.0	1477.6	1980.8	4346071.1	63372.3	46.8
	54	1371.6	2	50.80	1654.7	1477.6	2107.8	4603390.0	67124.4	46.7
	54	1371.6	2.125	53.98	1753.9	1477.6	2234.1	4856877.9	70820.6	46.6
	54	1371.6	2.25	57.15	1852.6	1477.6	2359.8	5106573.0	74461.5	46.5
	54	1371.6	2.375	60.33	1950.8	1477.6	2484.9	5352513.4	78047.7	46.4
	54	1371.6	2.5	63.50	2048.5	1477.6	2609.4	5594736.9	81579.7	46.3

续表

公称尺寸 in	外径		壁厚		单位质量 kg/m	单位浮力 kg/m	截面积 cm²	惯性矩 cm⁴	截面模量 cm³	回转半径 cm
	in	mm	in	mm						
60	60	1524.0	1	25.40	938.7	1824.2	1195.8	3357967.9	44067.8	53.0
	60	1524.0	1.125	28.58	1053.8	1824.2	1342.4	3754046.0	49265.7	52.9
	60	1524.0	1.25	31.75	1168.4	1824.2	1488.4	4145013.5	54396.5	52.8
	60	1524.0	1.375	34.93	1282.5	1824.2	1633.7	4530914.5	59460.8	52.7
	60	1524.0	1.5	38.10	1396.2	1824.2	1778.4	4911793.1	64459.2	52.6
	60	1524.0	1.625	41.28	1509.3	1824.2	1922.5	5287692.9	69392.3	52.4
	60	1524.0	1.75	44.45	1621.9	1824.2	2066.0	5658657.6	74260.6	52.3
	60	1524.0	1.875	47.63	1734.0	1824.2	2208.8	6024730.5	79064.7	52.2
	60	1524.0	2	50.80	1845.6	1824.2	2351.0	6385954.8	83805.2	52.1
	60	1524.0	2.125	53.98	1956.8	1824.2	2492.5	6742373.6	88482.6	52.0
	60	1524.0	2.25	57.15	2067.4	1824.2	2633.5	7094029.6	93097.5	51.9
	60	1524.0	2.375	60.33	2177.5	1824.2	2773.7	7440965.4	97650.5	51.8
	60	1524.0	2.5	63.50	2287.2	1824.2	2913.4	7783223.6	102142.0	51.7
	60	1524.0	2.625	66.68	2396.3	1824.2	3052.4	8120846.3	106572.8	51.6
	60	1524.0	2.75	69.85	2504.9	1824.2	3190.8	8453875.6	110943.2	51.5
	60	1524.0	2.875	73.03	2613.1	1824.2	3328.5	8782353.3	115254.0	51.4
	60	1524.0	3	76.20	2720.7	1824.2	3465.7	9106321.1	119505.5	51.3
66	66	1676.4	1	25.40	1034.2	2207.2	1317.4	4489920.1	53566.2	58.4
	66	1676.4	1.125	28.58	1161.2	2207.2	1479.2	5022396.3	59918.8	58.3
	66	1676.4	1.25	31.75	1287.8	2207.2	1640.4	5548644.8	66197.1	58.2
	66	1676.4	1.375	34.93	1413.8	2207.2	1800.9	6068714.3	72401.7	58.0
	66	1676.4	1.5	38.10	1539.4	2207.2	1960.8	6582653.4	78533.2	57.9
	66	1676.4	1.625	41.28	1664.4	2207.2	2120.1	7090510.4	84592.1	57.8
	66	1676.4	1.75	44.45	1789.0	2207.2	2278.8	7592333.6	90579.0	57.7
	66	1676.4	1.875	47.63	1913.0	2207.2	2436.8	8088170.9	96494.5	57.6
	66	1676.4	2	50.80	2036.6	2207.2	2594.2	8578070.2	102339.2	57.5
	66	1676.4	2.125	53.98	2159.6	2207.2	2750.9	9062078.9	108113.6	57.4
	66	1676.4	2.25	57.15	2282.2	2207.2	2907.1	9540244.5	113818.2	57.3
	66	1676.4	2.375	60.33	2404.2	2207.2	3062.5	10012614.3	119453.8	57.2
	66	1676.4	2.5	63.50	2525.8	2207.2	3217.4	10479235.2	125020.7	57.1
	66	1676.4	2.625	66.68	2646.9	2207.2	3371.6	10940154.1	130519.6	57.0
	66	1676.4	2.75	69.85	2767.5	2207.2	3525.2	11395417.7	135951.1	56.9
	66	1676.4	2.875	73.03	2887.5	2207.2	3678.2	11845072.3	141315.6	56.7
	66	1676.4	3	76.20	3007.1	2207.2	3830.5	12289164.3	146613.7	56.6
72	72	1828.8	1.25	31.75	1407.1	2626.8	1792.4	7238034.7	79156.1	63.5
	72	1828.8	1.375	34.93	1545.1	2626.8	1968.1	7920241.7	86616.8	63.4
	72	1828.8	1.5	38.10	1682.6	2626.8	2143.2	8595100.0	93997.2	63.3
	72	1828.8	1.625	41.28	1819.5	2626.8	2317.7	9262662.7	101297.7	63.2

续表

公称尺寸 in	外径		壁厚		单位质量 kg/m	单位浮力 kg/m	截面积 cm²	惯性矩 cm⁴	截面模量 cm³	回转半径 cm
	in	mm	in	mm						
72	72	1828.8	1.75	44.45	1956.0	2626.8	2491.6	9922982.5	108519.1	63.1
	72	1828.8	1.875	47.63	2092.0	2626.8	2664.8	10576111.9	115661.8	63.0
	72	1828.8	2	50.80	2227.5	2626.8	2837.4	11222103.4	122726.4	62.9
	72	1828.8	2.25	57.15	2497.0	2626.8	3180.7	12492881.1	136623.8	62.7
	72	1828.8	2.375	60.33	2631.0	2626.8	3351.3	13117771.1	143457.7	62.6
	72	1828.8	2.5	63.50	2764.5	2626.8	3521.4	13735730.9	150215.8	62.5
	72	1828.8	2.625	66.68	2897.5	2626.8	3690.8	14346811.7	156898.6	62.3
	72	1828.8	2.75	69.85	3030.0	2626.8	3859.6	14951065.0	163506.8	62.2
	72	1828.8	2.875	73.03	3162.0	2626.8	4027.8	15548541.6	170040.9	62.1
	72	1828.8	3	76.20	3293.5	2626.8	4195.3	16139292.5	176501.4	62.0
	72	1828.8	3.125	79.38	3424.5	2626.8	4362.2	16723368.3	182889.0	61.9
	72	1828.8	3.25	82.55	3555.0	2626.8	4528.4	17300819.5	189204.1	61.8
84	84	2133.6	1.25	31.75	1645.8	3575.3	2096.4	11580008.4	108549.0	74.3
	84	2133.6	1.375	34.93	1807.6	3575.3	2302.5	12680989.4	118869.4	74.2
	84	2133.6	1.5	38.10	1968.9	3575.3	2508.0	13771854.2	129095.0	74.1
	84	2133.6	1.625	41.28	2129.8	3575.3	2712.9	14852665.1	139226.3	74.0
	84	2133.6	1.75	44.45	2290.1	3575.3	2917.2	15923483.9	149264.0	73.9
	84	2133.6	1.875	47.63	2450.0	3575.3	3120.8	16984372.6	159208.6	73.8
	84	2133.6	2	50.80	2609.3	3575.3	3323.8	18035392.5	169060.7	73.7
	84	2133.6	2.125	53.98	2768.2	3575.3	3526.2	19076605.2	178820.8	73.6
	84	2133.6	2.25	57.15	2926.6	3575.3	3727.9	20108071.9	188489.6	73.4
	84	2133.6	2.375	60.33	3084.4	3575.3	3929.0	21129853.4	198067.6	73.3
	84	2133.6	2.5	63.50	3241.8	3575.3	4129.4	22142010.8	207555.4	73.2
	84	2133.6	2.625	66.68	3398.7	3575.3	4329.2	23144604.5	216953.5	73.1
	84	2133.6	2.75	69.85	3555.0	3575.3	4528.4	24137695.1	226262.6	73.0
	84	2133.6	2.875	73.03	3710.9	3575.3	4727.0	25121342.7	235483.2	72.9
	84	2133.6	3	76.20	3866.3	3575.3	4924.9	26095607.5	244615.7	72.8
	84	2133.6	3.125	79.38	4021.2	3575.3	5122.2	27060549.2	253660.9	72.7
	84	2133.6	3.25	82.55	4175.6	3575.3	5318.8	28016227.5	262619.3	72.6
	84	2133.6	3.5	88.90	4482.8	3575.3	5710.2	29900031.8	280277.8	72.4
96	96	2438.4	1.5	38.10	2255.3	4669.8	2872.9	20696259.5	169752.8	84.9
	96	2438.4	1.625	41.28	2440.0	4669.8	3108.1	22333087.5	183178.2	84.8
	96	2438.4	1.75	44.45	2624.3	4669.8	3342.8	23956733.0	196495.5	84.7
	96	2438.4	1.875	47.63	2808.0	4669.8	3576.8	25567267.2	209705.3	84.5
	96	2438.4	2	50.80	2991.2	4669.8	3810.2	27164760.6	222808.1	84.4

使用说明：

（1）表中钢管是海上平台设计中常用的规格，根据我国海上平台上结构钢材的实际使用情况，采用英制常见的规格尺寸换算。对于公制钢材规格，可以参考接近的断面尺寸规格。

（2）规格选择考虑了目前国内的制造习惯和卷管限制条件。对于16in以下的钢管采用无缝钢管，16in以上的钢管采用钢板卷管。卷管的径厚比（D/t）一般不小20。

（3）表中钢管特性根据直径和壁厚进行理论推算，由于制式换算和四舍五入的关系，与某些厂家给出的特性会有所差别，但用于结构计算，该误差可忽略不计。

二、常用型钢特性表(见附表3-2～附表3-6)

附表3-2 常用宽缘H型钢截面特性表

型号[1]	$H \times B$ mm	t_1 mm	t_2 mm	r mm	截面面积[2] cm^2	理论质量 kg/m	惯性矩,cm^4 I_X	I_Y	惯性半径,cm i_X	i_Y	截面模量,cm^3 W_X	W_Y
100×100	100×100	6	8	10	21.90	17.2	383	134	4.18	2.47	76.5	26.7
125×125	125×125	6.5	9	10	30.31	23.8	847	294	5.29	3.11	136	47.0
150×150	150×150	7	10	13	40.55	31.9	1660	564	6.39	3.73	221	75.1
175×175	175×175	7.5	11	13	51.43	40.3	2900	984	7.50	4.37	331	112
200×200	200×200	8	12	16	64.28	50.5	4700	1600	8.61	4.99	477	160
	#200×204	12	12	16	72.28	56.7	5030	1700	8.35	4.85	503	167
250×250	250×250	9	14	16	92.18	72.4	10800	3650	10.8	6.29	867	292
	#250×255	11	14	16	104.7	82.2	11500	3880	10.5	6.09	919	304
300×300	#294×302	12	12	20	108.3	85.0	17000	5520	12.5	7.14	1160	365
	300×300	10	15	20	120.4	94.5	20500	6760	13.1	7.49	1370	450
	300×305	15	15	20	135.4	106	21600	7100	12.6	7.24	1440	466
350×350	#344×348	10	16	20	146.0	115	33300	11200	15.1	8.78	1940	646
	350×350	12	19	20	173.9	137	40300	13600	15.2	8.84	2300	776
400×400	#388×402	15	15	24	179.2	141	49200	16300	16.0	9.52	2540	809
	#394×398	11	18	24	187.6	147	56400	18900	17.3	10.0	2860	951
	400×400	13	21	24	219.5	172	66900	22400	17.5	10.1	3340	1120
	#400×408	21	21	24	251.5	197	71100	23800	16.8	9.73	3560	1170
	#414×405	18	28	24	296.2	233	93000	31000	17.7	10.2	4490	1530
	#428×407	20	35	24	361.4	284	119000	39400	18.2	10.4	5580	1930
	*458×417	30	50	24	529.3	415	187000	60500	18.8	10.7	8180	2900
	*458×432	45	70	24	770.8	605	298000	94400	19.7	11.1	12000	4370

注:"#"表示的规格为非常用规格。
"*"表示的规格,目前国内尚未生产。
[1] 型号属同一范围的产品,其内侧尺寸高度是一致的。
[2] 截面面积计算公式为 $t_1(H - 2t_2) + 2Bt_2 + 0.858r^2$。

附表3-3 常用中缘H型钢截面特性表

型号[1]	$H \times B$ mm	t_1 mm	t_2 mm	r mm	截面面积[2] cm^2	理论质量 kg/m	惯性矩,cm^4 I_X	I_Y	惯性半径,cm i_X	i_Y	截面模量,cm^3 W_X	W_Y
150×100	148×100	6	9	13	27.25	21.4	1040	151	6.17	2.35	140	30.2
200×150	194×150	6	9	16	39.76	31.2	2740	508	8.30	3.57	283	67.7
250×175	244×175	7	11	16	56.24	44.1	6120	985	10.4	4.18	502	113
300×200	294×200	8	12	20	73.03	57.3	11400	1600	12.5	4.69	779	160
350×250	340×250	9	14	20	101.5	79.7	21700	3650	14.6	6.00	1280	292
400×300	390×300	10	16	24	136.7	107	38900	7210	16.9	7.26	2000	481
450×300	440×300	11	18	24	157.4	124	56100	8110	18.9	7.18	2550	541
500×300	482×300	11	15	28	146.4	115	60800	6770	20.4	6.80	2520	451
	488×300	11	18	28	164.4	129	71400	8120	20.8	7.03	2930	541
600×300	582×300	12	17	28	174.5	137	103000	7670	24.3	6.63	3530	511
	588×300	12	20	28	192.5	151	118000	9020	24.8	6.85	4020	601
	#591×302	14	23	28	222.4	175	137000	10600	24.9	6.90	4620	701

注:"#"表示的规格为非常用规格。
"*"表示的规格,目前国内尚未生产。
[1] 型号属同一范围的产品,其内侧尺寸高度是一致的。
[2] 截面面积计算公式为 $t_1(H - 2t_2) + 2Bt_2 + 0.858r^2$。

附表 3-4 常用窄缘 H 型钢截面特性表

型号[①]	$H \times B$ mm	t_1 mm	t_2 mm	r mm	截面面积[②] cm^2	理论质量 kg/m	惯性矩,cm^4		惯性半径,cm		截面模量,cm^3	
							I_X	I_Y	i_X	i_Y	W_X	W_Y
100×50	100×50	5	7	10	12.16	9.54	192	14.9	3.98	1.11	38.5	5.96
125×60	125×60	6	8	10	17.01	13.3	417	29.3	4.95	1.31	66.8	9.75
150×75	150×75	5	7	10	18.16	14.3	679	49.6	6.12	1.65	90.6	13.2
175×90	175×90	5	8	10	23.21	18.2	1200	97.6	7.26	2.05	140	21.7
200×100	198×99	4.5	7	13	23.59	18.5	1610	114	8.27	2.20	163	23.0
	200×100	5.5	8	13	27.57	21.7	1880	134	8.25	2.21	188	26.8
250×125	248×124	5	8	13	32.89	25.8	3560	255	10.4	2.78	287	41.1
	250×125	6	9	13	37.87	29.7	4080	294	10.4	2.79	326	47.0
300×150	298×149	5.5	8	16	41.55	32.6	6460	443	12.4	3.26	433	59.4
	300×150	6.5	9	16	47.53	37.3	7350	508	12.4	3.27	490	67.7
350×175	346×174	6	9	16	53.19	41.8	11200	792	14.5	3.86	649	91.0
	350×175	7	11	16	63.66	50.0	13700	985	14.7	3.93	782	113
#400×150	#400×150	8	13	16	71.12	55.8	18800	734	16.3	3.21	942	97.9
400×200	396×199	7	11	16	72.16	56.7	20000	1450	16.7	4.48	1010	145
	400×200	8	13	16	84.12	66.0	23700	1740	16.8	4.54	1190	171
#450×150	#450×150	9	14	20	83.41	65.5	27100	793	18.0	3.08	1200	106
450×200	446×199	8	12	20	84.95	66.7	29000	1580	18.5	4.31	1300	159
	450×200	9	14	20	97.41	76.5	33700	1870	18.6	4.38	1500	187
#500×150	#500×150	10	16	20	98.23	77.1	38500	907	19.8	3.04	1540	121
500×200	496×199	9	14	20	101.3	79.5	41900	1840	20.3	4.27	1690	185
	500×200	10	16	20	114.2	89.6	47800	2140	20.5	4.33	1910	214
	#506×201	11	19	20	131.3	103	56500	2580	20.8	4.43	2230	257
600×200	596×199	10	15	24	121.2	95.1	69300	1980	23.9	4.04	2300	199
	600×200	11	17	24	135.2	106	78200	2280	24.1	4.11	2610	228
	#606×201	12	20	24	153.3	120	91000	2720	24.4	4.21	3000	271
700×300	#692×300	13	20	28	211.5	166	172000	9020	28.6	6.53	4980	602
	700×300	13	24	28	235.5	185	201000	10800	29.3	6.78	5760	722
*800×300	*792×300	14	22	28	243.4	191	254000	9930	32.3	6.39	6400	662
	*800×300	14	26	28	267.4	210	292000	11700	33.0	6.62	7290	782
*900×300	*890×299	15	23	28	270.9	213	345000	10300	35.7	6.16	7760	688
	*900×300	16	28	28	309.8	243	411000	12600	36.4	6.39	9140	843
	*912×302	18	34	28	364.0	286	498000	15700	37.0	6.56	10900	1040

注:"#"表示的规格为非常用规格。

"*"表示的规格,目前国内尚未生产。

① 型号属同一范围的产品,其内侧尺寸高度是一致的。

② 截面面积计算公式为 $t_1(H-2t_2)+2Bt_2+0.858r^2$。

附表 3-5　H 型钢桩截面尺寸、截面面积、理论重量和截面特性

型号①	$H \times B$ mm	t_1 mm	t_2 mm	r mm	截面面积② cm²	理论质量 kg/m	惯性矩，cm⁴		惯性半径，cm		截面模量，cm³	
							I_X	I_Y	i_X	i_Y	W_X	W_Y
200×200	200×204	12	12	16	72.28	56.7	5030	1700	8.35	4.85	503	167
250×250	244×252	11	11	16	82.05	64.4	8790	2940	10.4	5.98	720	233
	250×255	14	14	16	104.7	82.2	11500	3880	10.5	6.09	919	304
300×300	294×302	12	12	20	108.3	85.0	17000	5520	12.5	7.13	1150	365
	300×300	10	15	20	120.4	94.5	20500	6760	13.1	7.49	1370	450
	300×305	15	15	20	135.4	106	21600	7110	12.6	7.24	1440	466
350×350	338×351	13	13	20	135.3	106	28200	9380	14.4	8.33	1670	535
	344×354	16	16	20	166.6	131	35300	11800	14.6	8.43	2050	669
	350×350	12	19	20	173.9	137	40300	13600	15.2	8.84	2300	776
	350×357	19	19	20	198.4	156	42800	14400	14.7	8.53	2450	809
400×400	388×402	15	15	24	179.2	141	49200	16300	16.6	9.52	2540	809
	394×405	18	18	24	215.2	169	59900	20000	16.7	9.63	3040	986
	400×400	13	21	24	219.5	172	66900	22400	17.5	10.1	3340	1120
	400×408	21	21	24	251.5	197	71100	23800	16.8	9.73	3560	1170
	414×405	18	28	24	296.2	233	93000	31000	17.7	10.2	4490	1530
	428×407	20	35	24	361.4	284	119000	39400	18.2	10.4	5580	1930
*500×500	*492×465	15	20	28	260.4	204	118000	33500	21.3	11.4	4810	1440
	*502×465	15	25	28	307.0	241	147000	41900	21.9	11.7	5860	1800
	*502×470	20	25	28	332.1	261	152000	43300	21.4	11.4	6070	1840

注："#"表示的规格为非常用规格。
　　"*"表示的规格，目前国内尚未生产。
① 型号属同一范围的产品，其内侧尺寸高度是一致的。
② 截面面积计算公式为 $t_1(H-2t_2)+2Bt_2+0.858r^2$。

附表 3-6　部分 T 型钢截面尺寸、截面面积、理论重量和截面特性

型号	截面尺寸，mm					截面面积 cm²	理论质量 kg/m	惯性矩，cm⁴		惯性半径，cm		截面模量，cm³		重心，cm
	h	B	t_1	t_2	r			I_X	I_Y	i_X	i_Y	W_X	W_Y	C_X
50×100	50	100	6	8	10	10.95	8.56	16.1	66.9	1.21	2.47	4.03	13.4	1.00
62.5×125	62.5	125	6.5	9	10	15.16	11.9	35.0	147	1.52	3.11	6.91	23.5	1.19
75×150	75	150	7	10	13	20.28	15.9	66.4	282	1.81	3.73	10.8	37.6	1.37
87.5×175	87.5	175	7.5	11	13	25.71	20.2	115	492	2.11	4.37	15.9	56.2	1.55
100×200	100	200	8	12	16	32.14	25.2	185	801	2.40	4.99	22.3	80.1	1.73
	#100	204	12	12	16	36.14	28.3	256	851	2.66	4.85	32.4	83.5	2.09
125×250	125	250	9	14	16	46.09	36.2	412	1820	2.99	6.29	39.5	146	2.08
	#125	255	14	14	16	52.34	41.1	589	1940	3.36	6.09	59.4	152	2.58
150×300	#147	302	12	12	20	54.16	42.5	858	2760	3.98	7.14	72.3	183	2.83
	150	300	10	15	20	60.22	47.3	798	3380	3.64	7.49	63.7	225	2.47
	150	305	15	15	20	67.72	53.1	1110	3550	4.05	7.24	92.5	233	3.02
175×350	#172	348	10	16	20	73.00	57.3	1230	5620	4.11	8.78	84.7	323	2.67
	175	350	12	19	20	86.94	68.2	1520	6790	4.18	8.84	104	388	2.86

续表

型号	截面尺寸,mm					截面面积 cm²	理论质量 kg/m	惯性矩,cm⁴		惯性半径,cm		截面模量,cm³		重心,cm
	h	B	t_1	t_2	r			I_X	I_Y	i_X	i_Y	W_X	W_Y	C_X
200×400	#194	402	15	15	24	89.62	70.3	2480	8130	5.26	9.52	158	405	3.69
	#197	398	11	18	24	93.80	73.6	2050	9460	4.67	10.0	123	476	3.01
	200	400	13	21	24	109.7	86.1	2480	11200	4.75	10.1	147	560	3.21
	#200	408	21	21	24	125.7	98.7	3650	11900	5.39	9.73	229	584	4.07
	#207	405	18	28	24	148.1	116	3620	15500	4.95	10.2	213	766	3.68
	#214	407	20	35	24	180.7	142	4380	19700	4.92	10.4	250	967	3.90
74×100	74	100	6	9	13	13.63	10.7	51.7	75.4	1.95	2.35	8.80	15.1	1.55
97×150	97	150	6	9	16	19.88	15.6	125	254	2.50	3.57	15.8	33.9	1.78
122×175	122	175	7	11	16	28.12	22.1	289	492	3.20	4.18	29.1	56.3	2.27
147×200	147	200	8	12	20	36.52	28.7	572	802	3.96	4.69	48.2	80.2	2.82
170×250	170	250	9	14	20	50.76	39.9	1020	1830	4.48	6.00	73.1	146	3.09
200×300	195	300	10	16	24	68.37	53.7	1730	3600	5.03	7.26	108	240	3.40
220×300	220	300	11	18	24	78.69	61.8	2680	4060	5.84	7.18	150	270	4.05
250×300	241	300	11	15	28	73.23	57.5	3420	3380	6.83	6.80	178	226	4.90
	244	300	11	18	28	82.23	64.5	3620	4060	6.64	7.03	184	271	4.65
300×300	291	300	12	17	28	87.25	68.5	6360	3830	8.54	6.63	280	256	6.39
	294	300	12	20	28	96.25	75.5	6710	4510	8.35	6.85	288	301	6.08
	#297	302	14	23	28	111.2	87.3	7920	5290	8.44	6.90	339	351	6.33
50×50	50	50	5	7	10	6.079	4.79	11.9	7.45	1.40	1.11	3.18	2.98	1.27
62.5×60	62.5	60	6	8	10	8.499	6.67	27.5	14.6	1.80	1.31	5.96	4.88	1.63
75×75	75	75	5	7	10	9.079	7.14	42.7	24.8	2.17	1.65	7.46	6.61	1.78
87.5×90	87.5	90	5	8	10	11.60	9.11	70.7	48.8	2.47	2.05	10.4	10.8	1.92
100×100	99	99	4.5	7	13	11.80	9.26	94	56.9	2.82	2.20	12.1	11.5	2.13
	100	100	5.5	8	13	13.79	10.8	115	67.1	2.88	2.21	14.8	13.4	2.27
125×125	124	124	5	8	13	16.45	12.9	208	128	3.56	2.78	21.3	20.6	2.62
	125	125	6	9	13	18.94	14.8	249	147	3.62	2.79	25.6	23.5	2.78
150×150	149	149	5.5	8	16	20.77	16.3	395	221	4.36	3.26	39.8	29.7	3.22
	150	150	6.5	9	16	23.76	18.7	465	254	4.42	3.27	40.0	33.9	3.38
175×175	173	174	6	9	16	26.60	20.9	681	396	5.06	3.86	50.0	45.5	3.68
	175	175	7	11	16	31.83	25.0	816	492	5.06	3.93	59.3	56.3	3.74
200×200	198	199	7	11	16	36.08	28.3	1190	724	5.76	4.48	76.4	72.7	4.17
	200	200	8	13	16	42.06	33.0	1400	868	5.76	4.54	88.6	68.8	4.23
225×200	223	199	8	12	20	42.54	33.4	1880	790	6.65	4.31	109	79.4	5.07
	225	200	9	14	20	48.71	38.2	2160	936	6.66	4.38	124	93.6	5.13
250×200	248	199	9	14	20	50.64	39.7	2840	922	7.49	4.27	150	92.7	5.90
	250	200	10	16	20	57.12	44.8	3210	1070	7.50	4.33	169	107	5.96
	#253	201	11	19	20	65.65	51.5	3670	1290	7.48	4.43	190	128	5.95
300×200	298	199	10	15	24	60.62	47.6	5200	991	9.27	4.04	236	100	7.76
	300	200	11	17	24	67.60	53.1	5820	1140	9.28	4.11	262	114	7.81
	#303	201	12	20	24	76.63	60.1	6580	1360	9.26	4.21	292	135	7.76

注:"#"表示的规格为非常用规格。

三、常用国产钢材机械性能表(见附表3-7和附表3-8)

附表3-7 船体用结构钢

钢材等级	厚度 mm	屈服点,σ_s N/mm² (kgf/mm²)	抗拉强度,σ_b N/mm² (kgf/mm²)	伸长率,σ_s %	V型冲击试验 温度 ℃	平均冲击功 A_{kv} J(kgf·m) 纵向	平均冲击功 A_{kv} J(kgf·m) 横向
		小于		小于		小于	
A	≤50	235(24)	400~490 (41~50)	22	—	—	—
B					0	27(2.8)	20(2.0)
D					-10	27(2.8)	20(2.0)
E					-40	27(2.8)	20(2.0)
AH32	≤50	315(32)	440~590 (45~60)	22	0	31(3.2)	22(2.2)
DH32					-20	31(3.2)	22(2.2)
EH32					-40	31(3.2)	22(2.2)
AH36	≤50	355(36)	490~620 (50~63)	21	0	34(3.5)	24(2.5)
DH36					-20	34(3.5)	24(2.5)
EH36					-40	34(3.5)	24(2.5)

注:(1)厚度大于50mm钢材的力学性能和工艺性能指标由供需双方协商规定。
(2)厚度大于25mm的A级钢材,最低的屈服点允许为220N/mm²(kgf/mm²)。
(3)经船检部门同意,厚度小于25mm的B级钢材和厚度不大于12mm的热轧空轧AH32、AH36钢材及厚度不大于30mm的正火处理的AH32、AH36钢材,可不进行冲击试验。

附表3-8 碳素结构钢

牌号	等级	拉伸试验 屈服点 σ_s, N/mm² 钢材厚度(直径), mm ≤16	>16~40	>40~60	>60~100	>100~150	>150	抗拉强度 σ_b N/mm²	冲击试验 温度 ℃	V型冲击功 (纵向) J
		不小于								不小于
Q195	—	(195)	(185)	—	—	—	—	315~430	—	—
Q215	A	215	205	195	185	175	165	335~450	—	—
	B								20	27
Q235	A	235	225	215	205	195	185	375~500	—	—
	B								20	27
	C								0	27
	D								-20	27
Q255	A	255	245	235	225	215	205	410~550	—	—
	B								20	27
Q275	—	275	265	255	245	235	225	490~630	—	—

附录4 常用结构程序使用要点

一、SACS 程序使用要点

SACS 程序即 Structural Analysis Computer System，是由美国 Engineering Dynamics, INC. 开发的海工结构专业应用软件。SACS 程序的计算原理为 API 规范及其相关规范。

SACS 程序各模块之间的相互关系流程图见附图 4-1。

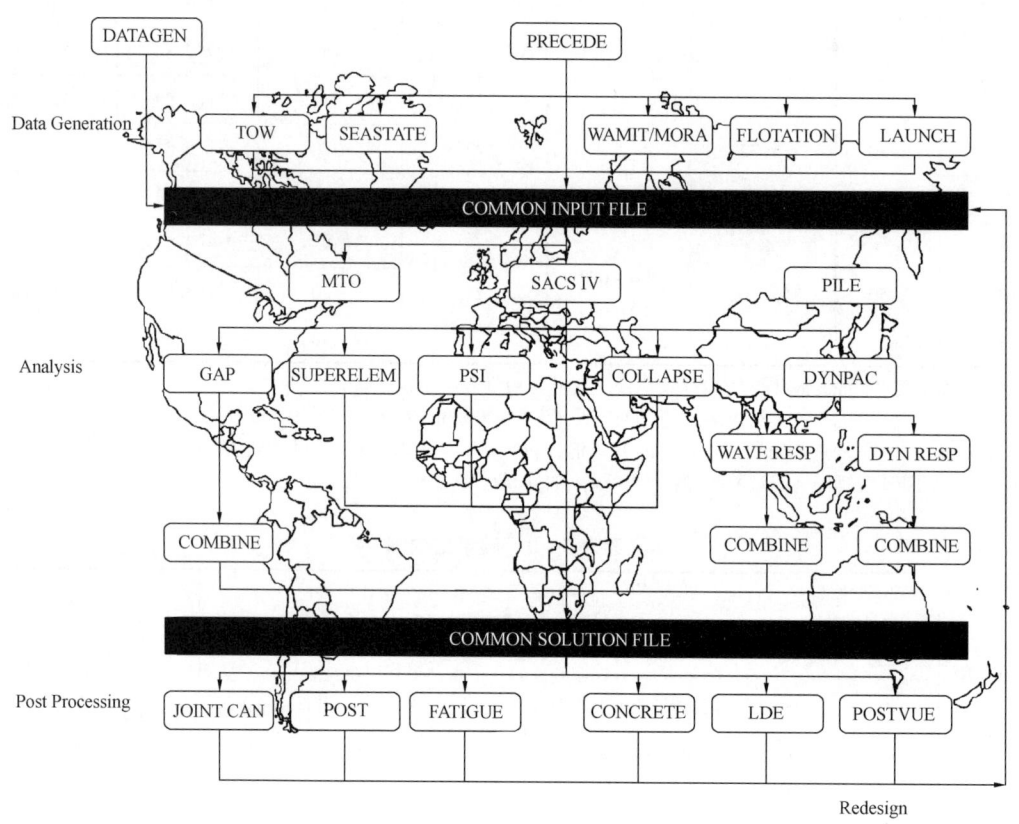

附图 4-1 ASCS 程序各模块之间的相互关系统程图

在使用 SACS 程序进行结构计算时，首先需要了解和掌握 API RP 2A 及其相关规范，SACS 程序的计算原理（包括输入文件的参数选取）是以 API RP 2A 及其他相关规范为基础的。

在固定式导管架平台结构分析中，一般包括静力分析、地震分析、疲劳分析、装船分析、拖航分析、吊装分析等。本指南使用从工作实际出发，就 SACS 程序使用要点做简要诠释，以便工程技术人员能够尽快熟悉和掌握。为便于说明，本文涉及的荷载系数均按 1.0 考虑；工程设计中，需根据工程实际情况和相关规范选取。

1. 静力分析

静力分析是固定式导管架平台结构最基本的结构分析，静力分析模型文件是其他工况结构分析的基础文件。使用 Precede module 生成结构计算模型及荷载条件，使用 Datagen module 可以展示结构计算的模型文件，并能在文件中直接输入或修改相应的数据。

一般静力分析需要的结构计算模型文件 SACINP.STA 数据输入见附表 4-1。

附表 4-1　静力分析模型文件数据输入

LDOPT	Basic seastate analysis and print options
TITLES	Description about the analysis
OPTIONS	Analysis option
LCSEL	Designates load case selection criteria
HYDRO	Hydrostatic collapse analysis options
HYDRO2	Additional hydrostatic collapse options
UCPART	Member unity check range report partitions
AMOD	Designates load case allowable stress factors
FILE	Designates that model data is found in another file
SECT	Section property defined by user
GRUP	Member group material and general properties
MEMBER	Member description
PGRUP	Plate group material and general properties
PLATE	Plate description
JOINT	Joint geometry and description
AREA	Wind area and description
AREA	Submerged area or volume
CDM	Global coefficient of drag and inertia diameter variations
MGROV	Global marine growth override
GRPOV	Global hydrodynamic group override
MEMOV	Global hydrodynamic member override, such as PGROV, MGROV
DUMMY	Designates non-structural elements to be loaded. include KEEP, DElETE, DELGRP, DELMEM, DELJNT
LOADCN	Load case header input line
LOADLB	Load condition description
LCOMB	Designates load combination name and contents
END	

注:所列项目为静力分析模型文件的主要数据行,详细内容见 SACS Manuals。

附表 4-1 所列项目为静力分析输入文件的基本数据,根据工程实际情况及规范选取相关参数,确定荷载条件,建立结构计算模型。

对于结构模型中"W.B GROUP",一般参照隔水套管杆件尺寸定义,如可取为 $D=60\text{cm}$,$T=2\text{cm}$,Density = 0.001,以模拟其刚度。对于节点,为了使结构模拟真实,需使用"OFFSET"功能,考虑支杆和弦杆连接的相贯情形。对于甲板位置的 H 型钢,需参考甲板面高度,对杆件定义"OFFSET"值,使得在结构模型中梁位于甲板面以下的正确位置。需要考虑杆件的 K_y/K_z 系数,尤其是 X 型或 K 型撑杆,重新定义其实际的 K_y/K_z 系数。考虑 C_d 和 C_m 系数,所有杆件均按粗糙杆件计。

静力分析还需考虑非线性变化的土壤参数,一般使用 P—Y 曲线、T—Z 曲线和 Q—Z 曲线来模拟桩—土结构。

在 Analysis Options 中选用 Linear Static Analysis with Pile Soil interaction,选取输入文件(SACS Input File)SACINP.STA 和(PSI Input File)PSIINP.STA,得到输出文件 PSILST.STA。在前期研究中,在不能得到现场土壤的荷载—变位曲线时可采用长度等于 6~8 倍实际桩径的等效桩来代替桩—土结构,Analysis Options 选用 Linear Static Analysis,选取输入文件(SACS Input File)SACINP.STA,得到输出文件 SACLST.STA。

使用 Datagen module 生成桩土数据输入文件(PSI Input File)PSIINP.STA。一般 PSIINP.STA 的主要输入数据见附表 4-2。

附表 4-2 PSI input file 输入数据

TITLES	Description about the analysis
PSIOPT	Psi analysis and print option
PLTRO	Specifies output plot
PLGRUP	Pile group description
PILE	Pile geometry and soil ID
SOIL	T-Z Axial Header
SOIL	T-Z Soil Axial
SOIL	T-Z Axial Stratum
SOIL	T-Z Axial
SOIL	T-Z(Q-Z) Axial Bearing Header
SOIL	T-Z(Q-Z) Axial Bearing Stratum
SOIL	T-Z(Q-Z) Axial
SOIL	Lateral Soil Header
SOIL	Lateral Soil Stratum
SOIL	Lateral P-Y
END	

注:所列项目为 PSI input file 的主要数据行,详细内容见 SACS Manuals。

为了校核节点的冲剪强度,还需进行冲剪应力校核。Analysis Options 选用 Post Processing 的 Joint Can Tubular Connection Check,选取输入文件(SACS Common Solution File)PSICSF.STA(来自静力分析输出文件)和(Joint Can Input File)JCNINP.STA,得到输出文件 JCNLST.STA。

冲剪分析的输入文件 JCNINP.STA 见附表 4-3。

附表 4-3 冲剪分析的输入文件

JCNOPT	Joint Can Tubular Connection Check Option
JSLC	Joint No. Selection
END	

静力分析包括杆件和节点的强度计算,即对结构进行杆件名义应力校核和节点冲剪应力校核。对于输入和输出文件,需要重点检查的数据有:基本工况和组合工况,包括自重、浮力、设备荷载、活荷载、环境荷载等;杆件名义应力校核和节点冲剪应力校核结果;桩的轴向承载力、抗拔力、及其容许应力校核,基地反力;主要节点及桩顶的位移。

2. 地震分析

地震分析包括以下步骤。

1)生成桩头刚度矩阵的超单元文件

为了考虑桩—土的边界条件,Analysis Options 选用 Linear Static Analysis with Pile Soil interaction,选取输入文件(SACS Input File)SACINP.SUP 和(PSI Input File)PSIINP.SUP,输出 PSICSF.SUP 和超单元文件 DYNSEF.SUP。

SACINP.SUP 源自 SACINP.STA,并需对其做如下修改:

LCSEL ST   SUPX SUPY EQKS
LOADCN STAZ
DEAD

```
DEAD          -Z                              M BML
LOADCN SEFX
DEAD
DEAD          +X                              M BML
LOADCN SEFY
DEAD
DEAD          +Y                              M BML
LOADCN ADDT
*ADDITIONAL LOAD
LOAD
LCOMB
*SUPX SUPY FOR FOUNDATION SUPELEMENT
LCOMB SUPX    STAZ   1.0   SEFX   0.2   ADDT   1.0
LCOMB SUPY    STAZ   1.0   SEFY   0.2   ADDT   1.0
*EQKS FOR STATIC LOAD CASE THAT COMBINE WITH SEISMIC LOAD
LCOMB EQKS    STAZ   1.0   ADDT   1.0
LCOMB DYN     ADDT   1.0
END
```

注：SEFX 0.2（SEFY 0.2）模拟 0.2g 的水平地震加速度产生的水平荷载。ADDT 除结构自重以外的其他设备荷载，活荷载按 75% 计。

PSIINP.SUP 源自 PSIINP.STA，并需增加以下输入数据：

```
LCSEL IN        SUPX SUPY
PILSUP AVG      SUPXSUPY
```

2）动力分析

通过 SACS 程序的动力分析，获得结构的自振特性。结构的自振特性分析程序 DYNPAC 是 SACS 程序系统的动力分析程序。在进行地震分析前，首先要进行动力分析以获得结构动力特性文件 DYNMOD.DYN 和 DYNMAS.DYN。

DYNPAC 程序利用 SACS IV 的结构输入数据，计算结构的质量，包括结构杆件质量、包含水体的质量、附着海生物质量和附连水质量，计算上部组块的操作荷载。

动力分析 Analysis Options 选择 DYN Extract mode shapes，选取输入文件 SACINP.DYN，桩头刚度超单元文件 DYNSEF.SUP 和 DYNPAC 输入文件 DYNINP.DYN，运行后输出文件 DYNLST.DYN、DYNMOD.DYN 和 DYNMAS.DYN。

SACINP.DYN 源自 SACINP.STA，并需对其做如下修改：(1) 对结构主要节点保留位移自由度，即节点约束为 222000。(2) 荷载工况只取附加荷载（ADDT）。程序本身自动考虑结构自重和海生物、附连水质量和包含水体的质量。(3) 桩头连接节点可保留约束为 222222。

DYNINP.DYN 文件主要数据输入见附表 4-4。

附表 4-4　DYNINP.DYN 文件主要数据输入表

TITLE	Dynamic analysis title
DYNOPT	Dynamic analysis options
GROVR	Member group density and hydrodynamic property overrides
MBOVR	Member density and hydrodynamic property overrides
JTWGT	Specify joint concentrated weight data
END	

典型的动力特性输入文件如下：

DYNOPT +ZMN 15LUMP 8.634 1.02   1.0   SA-Z
END

注：8.634为考虑了结构自重系数的钢材密度，本输入文件考虑的结构重量系数为1.1。

DYNLST.DYN包括以下重要输出结果。

(1)重量和重心（WEIGHT AND CENTER OF GRAVITY SUMMARY），见附表4-5。

附表4-5

MEMBER ELEMENTS	结构自重 海生物
MEMBER ELEMENT NORMAL ADDED MASS	附连水质量
FLOODED MEMBER ELEMENT ENTRAPPED FLUID	包含水体的质量
LOAD CASES CONVERTED TO WEIGHTS	上部操作荷载转化的质量

(2)输出结构自振周期。

本分析还输出用于其他动力响应分析的结构动力特性文件。

3)地震响应分析

Analysis Options 选择 Earthquake，选取动力响应输入文件（Dyanmic Response Input File）DYRINP.EQK，动力模型文件（DYNPAC Modle Shape File）DYNMOD.DYN，动力质量文件（DYNPAC Mass File）DYNMAS.DYN，和静力公用输出文件（Static Common Solution File）PSICSF.SUP，运行后输出文件 DYRLST.EQK 和 DYRCSF.EQK。

DYRINP.EQK 典型输入文件如下：

DROPT SPEC   15EC+Z   A
SDAMP   2.0
STCMB   1.0 2.0EQKS
LOAD
SPLOAD   APIB   SDO CQC   0.25   1.0   1.0   0.5
END

注：该示例选择API B谱，水平地震加速度为0.25g，水平方向（X和Y）按100%考虑，Z方向按50%考虑；对于杆件，按1倍水平地震加速度校核，考虑"1"和"2"工况荷载（受拉和受压）。对于管节点强度，按2倍水平地震加速度校核，考虑"3"和"4"工况荷载（受拉和受压）。结构阻尼取2%。

DYRLST.EQK 文件包括以下重要输出结果：

SPECTRAL OUTPUT RESPONSE FOR LOAD CASE   1
RESPONSES FOR CQC METHOD IN X DIRECTION
RESPONSES FOR CQC METHOD IN Y DIRECTION
RESPONSES FOR CQC METHOD IN Z DIRECTION
COMBINE PROGRAM OPTIONS

4)后处理

(1)杆件名义应力校核。

Analysis Options 选择 Element Stress and Code Check，选取 Post Processor Input File PSTINP.PST 和 SACS Common Solution File DYRCSF.EQK，运行后输出文件 PSTLST.PST。

PSTINP.PST 典型输入如下：

PSTOPT NPT MOD ECH   NST AJT
OPTION   MN   FXSDUCJO 4 2   CP PT PTPTPTPTPTPTPT

```
LCSEL IN            1    2
AMOD
AMOD          1    1.7    2    1.7
END
```
注:在地震荷载作用下,杆件名义应力校核时,许用应力可提高70%。

(2)节点冲剪应力校核。

Analysis Options 选择 Joint Can Tubular Connection Check,选取输入文件(Joint Can Input File)JCNINP. PST 和(SACS Common Solution File)DYRCSF. EQK,运行后输出文件 JCNLST. PST。

JCNINP. PST 典型输入如下:

```
JCNOPT API MN        5.0       B1 C  NID         FLFL 1.0PTPT      1.75
JSLC
LCSEL IN            3    4
AMOD
AMOD          3 1.7       4 1.7
END
```

注:在地震荷载作用下,节点冲剪应力校核时,许用应力可提高70%。

3. 疲劳分析

疲劳分析包括以下步骤。

1)生成桩头刚度矩阵的超单元文件

为了考虑桩—土的边界条件,Analysis Options 选用 Linear Static Analysis with Pile Soil interaction,选取输入文件(SACS Input File)SACINP. SUP 和(PSI Input File)PSIINP. SUP,输出 PSICSF. SUP 和超单元文件 DYNSEF. SUP。

SACINP. SUP 源自 SACINP. STA,并需对其做如下修改:

```
LCSEL ST        SUPX SUPY
LOADCNSUPX
DEAD + MASS + WAVE(WAVE    FORCE   at   0   Degree)
LOADCNSUPY
DEAD + MASS + WAVE(WAVE    FORCE   at   90  Degree)
END
```

注:波浪力可以选取一年一遇的波浪条件。

PSIINP. SUP 源自 PSIINP. STA,并需增加以下输入数据:

```
LCSEL IN        SUPX SUPY
PILSUP AVG      SUPXSUPY
```

2)动力分析

动力分析过程与前述"地震分析"中的动力分析相同。

3)波浪响应分析

波浪响应分析需对每个选定方向分别进行计算(一般至少选取8个方向0°,45°,90°,135°,180°,225°,270°,315°)。Analysis Options 选择 Wave Response,选取输入文件(Seastate Input File)SEAINP. 000,结构模型文件(Model Data File)SACINP. STA,波浪响应输入文件(Wave Response Input File)WVRINP. EQS,动力模型文件(Dynpac Model Shape File)DYNMOD. DYN,动力质量文件(Dynpac Mass File)DYNMAS. DYN,和桩头刚度超单元文件(Superelement File)DYNSEF. SUP,运行后输出所需文件 SACCSF. 000。

0°方向 SEAINP. 000 典型输入文件如下:

LDOPT SF		+Z	1.03	7.849	-69.2	71.2	MN	NPNP	K
FILE S									
LOAD									
LOADCN									
GNTRF	AL	1 05	10.00			0.00	18STOKPF
GNTRF	AL	1.05	5.00			0.00	18STOKPF
GNTRF	AL	1.05	4.50			0.00	18STOKPF
GNTRF	AL	1.05	4.00			0.00	18STOKPF
GNTRF	AL	1.05	3.50			0.00	18STOKPF
GNTRF	AL	1.05	3.00			0.00	18STOKPF
GNTRF	AL	1.05	2.93			0.00	18STOKPF
GNTRF	AL	1.05	2.87			0.00	18STOKPF
GNTRF	AL	1.05	2.80			0.00	18STOKPF
GNTRF	AL	1.05	2.77			0.00	18STOKPF
GNTRF	AL	1.05	2.71			0.00	18STOKPF
GNTRF	AL	1.05	2.50			0.00	18STOKPF
GNTRF	AL	1.05	2.25			0.00	18STOKPF
GNTRF	AL	1.05	2.00			0.00	18STOKPF
GNTRF	AL	1.05	1.50			0.00	18STOKPF
GNTRF	AL	1.05	1.31			0.00	18STOKPF
GNTRF	AL	1.05	1.21			0.00	18STOKPF
GNTRF	AL	1.05	1.10			0.00	18STOKPF
GNTRF	AL	1.05	1.00			0.00	18STOKPF
END							

其他方向波浪条件输入文件与 SEAINP.000 文件相同,仅改变方向数据。

WVRINP.EQS 输入文件如下:

```
WROPT   MNPSL   ALL ES                    15    -1
PLTTF                   OM BS                 FQ
DAMP         3.0
END
```

4) 疲劳破坏分析

Analysis Options 选择 Post Processing 的 Fatigue Damage,选取疲劳输入文件(Fatigue Input File)FTGINP.FTG,0°方向公用输入文件(First Common Solution File)SACCSF.000,0°方向输入文件(First Seastate Input File)SEAINP.000,以及其他各方向的输入文件,运行后输出结果文件 FT-GLST.FTG。

FTGINP.FTG 典型输入文件如下:

```
FTOPTG7    15.0    1.0    2.OOSMAPP    MN    0.125    20.    2.    K LPEFT
FTOPT2 PTPTPTVC   LOPV      WS                                12.0
SCFLM       2.50
RELIEF
SEAS
FTLOAD     11.00    1.0        SPC
SCATD D 1.0    1.0    0.01    JS2.0    1.525
```

```
SCWAV        0.82   3.28   6.56   9.84  13.12 16.40 19.68
SCPER   1.0000.0100
SCPER   2.0000.2300
SCPER   3.0001.7900
SCPER   4.0001.92007.6300
SCPER   5.0000.04008.9600
SCPER   6.0000.01003.18002.3100
SCPER   7.000            2.4100
SCPER   8.000                  0.20000.2800
SCPER   9.000                         0.0400
FTLOAD  21.00   1.0        SPC              45.
SCATD D 1.0     1.0    0.01         JS2.0   1.525
SCWAV        0.82   3.28   6.56   9.84  13.12 16.40 19.68
SCPER   1.0000.0100
SCPER   2.0000.1600
SCPER   3.0001.4200
SCPER   4.0001.67006.0200
SCPER   5.0000.05003.2500
SCPER   6.0000.01000.53000.3800
SCPER   7.000         0.04000.2600
SCPER   8.000                0.02000.0300
```

注：设计寿命安全系数按 2.0 考虑，S-N 曲线选用 API 规范 X 曲线。

疲劳分析中选取的波浪条件一般最小波高为 0.3m，最大波高为一年一遇。

FTGINP. FTG 输入文件包括 8 个方向(0°,45°,90°,135°,180°,225°,270°,315°)的波谱数据，这里仅列出 2 个方向(0°,45°)以供参考。每个计算方向为一个荷载工况，所有波浪出现的概率和为 100%。

4. 装船分析

装船分析按以下步骤进行：(1)修改模型文件(SACINP)和(SEAINP)；(2)形成 GAP 输入文件(GAPINP)；(3)形成运行文件；(4)输出结果文件并审查。

装船分析包括完全支撑、失去部分支撑等荷载工况(如:STA,LOS1,LOS2,LOS3,LOS4)。

Analysis Options 选用 Linear Static Analysis with Gap Element，选取输入文件(SACS Input File)SACINP.GAP 和 GAPINP.GAP(Gap Inputfile)，运行后输出文件 SACLST.GAP。

SACINP.GAP 源自 SACINP.STA，并需对模型文件做如下修改：(1)修改成装船状态的结构模型；(2)荷载工况只取附加荷载(ADDT)；(3)定义支撑节点和其工况号:Joint fixity 111000;Z-Deflection(-3cm);Load ConditionName No.。(4)导管架通常平卧于驳船上，这样杆件的 K_y/K_z 系数需要根据坐标系统重新考虑。

GAPINP.GAP 文件主要数据行示意如下：

```
GAPOPT           0         MN1000    0.001
LCGAP LOS1 INC NL MEM 001P101L
LCGAP LOS3 INC NL MEM 003P103L
LCGAP LOS5 INC NL MEM 005P105L
LCGAP LOS7 INC NL MEM 007P107L
LCSEL
LCOMB
```

GAPELM
END

使用 Gap 单元进行装船分析时,假定 Gap 单元仅受压力。当分析过程中,在支撑点出现拉力时,则其施以反方向力与之平衡,使该支撑点的荷载为 0,然后在该受力状态下,对结构进行强度和稳定行分析。若采用这种分析方法,求得的支撑点位移较大,则不符合实际情况,需要修改原文件为限制位移的方法。

5. 拖航分析

1)生成 Tow/Transportation Inertia Loads

Analysis Options 选择 Tow/Transportation Inertia Loads,选取拖航输入文件(Tow Input File) TOWINP. TOW 和 SACINP. TOW(SACS Input Data File),运行后输出文件 TOWLST. TOW 和 TOWOCI. TOW。

SACINP. TOW 源自 SACINP. STA,并需对模型文件做如下修改:(1)修改成拖航状态的结构模型;(2)荷载工况只取附加荷载(ADDT)。(3)导管架通常平卧于驳船上,这样杆件的 K_y/K_z 系数需要根据坐标系统重新考虑。

TOWINP. TOW 典型输入文件如下:

```
TOW ANALYSIS FOR JACKET STRUCTURE
TOWOPT    MN         WPOR          50.0   0.415   -15.0XYZ
LCFAC    1.0     ADDT
MOTION + P + H          10.   10.                    0.2
MOTION + R + H    20.   10.                          0.2
MOTION - P + H         -10.   10.                    0.2
MOTION - R + H - 20.   10.                           0.2
MOTION + P - H          10.   10.                   -0.2
MOTION + R - H    20.   10.                         -0.2
MOTION - P - H         -10.   10.                   -0.2
MOTION - R - H - 20.   10.                          -0.2
END
```

注:主要输入参数包括:摇摆中心的坐标;横摇 20°、纵摇 10°和摇摆周期 10s;升沉加速度 0.2g。

TOWLST. TOW 的重要结果数据如下:

DYNAMIC LOADING SUMMATION 包括拖航状态的重要运动及力学特征。

2)修改 TOWOCI. TOW 为 SACINP. TOW

工况选择:(1)DEAD;(2)ADDT;(3)WIND LOAD(4 个方向:0°,90°,180°,270°);(4) TRANSPORTATION CASES(8 个工况)。

工况组合:按上述基本工况进行组合。

节点约束:支撑点约束形式为 Joint fixity 111000。

拖航分析许用应力可提高 1/3。

Analysis Options 选用 Linear Static Analysis,选取输入文件(SACS Input File) SACINP. TOW,运行后输出文件 SACLST. TOW。

6. 吊装分析

Analysis Options 选用 Linear Static Analysis,选取输入文件(SACS Input File) SACINP. LFT,运行后输出文件 SACLST. LFT。

SACINP. LFT 源自 SACINP. TOW,并需对其做如下修改:

（1）确定吊点位置，加吊绳连接吊点和结构，形成吊装状态的结构模型。一般情况下，吊点位于结构重心的正上方，吊绳水平夹角不小于60°；

（2）荷载工况只取附加荷载（ADDT）；

（3）吊绳杆件约束释放，两端为011111；选取结构底部的2~3个节点，加合适的弹簧力。弹簧力避免结构在水平方向受力不平衡，位移过大，导致计算错误。如果输出结果水平力或位移较大，则应校核吊点选择是否合理。

在敞开海域，对主要杆件，动荷载系数按2.0考虑；对次要杆件，动荷载系数按1.35考虑；在屏蔽海域，对主要杆件，动荷载系数按1.5考虑；对次要杆件，动荷载系数按1.15考虑。

二、PDPWAVE 使用要点

1. PDPWAVE 可以解决的问题

PDPWAVE 可以回答下列问题：

（1）是否可以用给定的打桩锤，锤垫，桩和土壤条件把桩安全地打到持力层（可打性研究）？

（2）根据打桩记录，可以估计打桩过程桩的静力承载能力值（静力承载能力过程分析）？

（3）PDPWAVE 程序可以预测单击或者连续打桩的打桩深度。程序可以用于打桩过程中可打性研究，预测桩锤的情况，动力打桩应力，击数和静力承载能力。

2. PDPWAVE 安装

（1）在 CD-ROM 驱动器中插入 PDPWAVE 程序光盘；

（2）从 Start 菜单选择 Run；

（3）输入 d:\setup（"d"在这里是指 CD-ROM 驱动器）；

（4）根据屏幕上的安装指示安装（Setup 将指导你完成安装步骤）。

注意：在安装保护钥匙驱动程序出现问题时从 CD 盘运行 Hdd32.exe 程序。

3. PDPWAVE 运行

（1）从 Windows Start 工具条，点击 Programs；

（2）选择 PDPWAVE；

（3）点击 PDPWAVE，PDPWAVE 主屏幕将显示出来。

或者从 Windows 屏幕点击 PDPWAVE，双击 PDPWAVE 图标，PDPWAVE 屏幕也会显示出来。

在主屏幕显示后，PDPWAVE 将以一个闪现屏幕作为开始形式。

4. 桩锤模型输入

桩锤的类型数据包括桩帽、桩锤垫块、桩垫等都已存储在桩锤库中。在 PDPWAVE 软件中，可以根据所选择的桩锤类型和桩的组合，从桩锤库中读取桩帽、桩锤垫块、桩垫等数据，用户也可以根据实际进行修改。

桩锤模型库中包括4种桩锤类型：柴油驱动桩锤，液压驱动桩锤，蒸汽驱动桩锤和自由落体撞击锤。对于自由落体撞击锤来说，需要用户输入数据。而对于柴油驱动桩锤，液压驱动桩锤，蒸汽驱动桩锤来说，可以通过从桩锤库中选择生产厂商的桩锤进行读取。桩锤库中数据的标准化是为了对生产厂商的桩锤进行模式化。

为了模式化非标准的桩锤或者为了设计的考虑，可以对桩锤库中的数据进行修改。

从桩锤模型数据库中选取桩锤数据，选择一种桩锤型式，桩锤制造商和一系列的桩锤种类就会列在表格中，该桩锤，桩锤垫块，桩帽和桩垫的数据就会自动从桩锤库中调出来。

5. 桩模型输入

程序中已定义了桩的物理特性和几何特性。因为桩的材质和尺寸作为已知条件,所以桩的模型就比较直接。

按下 Pile Input 按钮,进入桩模型的输入表格。

输入桩的断面数据后,与桩有关的一些数据就会自动计算出来,并会在屏幕右边显示。

6. 土壤模型输入

土壤模型的输入主要是输入土壤调查数据,程序将把土壤调查结果转换成 TNOWAVE 的土壤模型参数。这将为新手提供便利,可以得到实际参数值的范围值。有经验的用户可以使用这一选项得到初步的土壤模型参数,然后根据自己的经验对参数进行调整。

基本土壤模型参数包括:

屈服强度(Yield Stresses);

振动值(Quake Values);

屈服系数(Yield Factors);

阻尼系数(Damping Factors);

土壤疲劳系数(Soil Fatigue Factors)。

土壤模型输入有以下 4 种方式:

(1)图形方式;

(2)扩展表格方式;

(3)图形和扩展表格结合方式;

(4)GEF File(Geotechnical Exchange File)。

这几种输入形式是相互交叉影响的。从图形输入可以生成扩展表格数据,扩展表输入可以生成一个图形,一个 GEF 文件可以生成一个图形和一个扩展表格。在应用土壤调查数据后,程序把这些数据转换成 TNOWAVE 土壤模型参数。

基本输入数据包括:土壤层数、土壤调查类型和土壤模型类型。

其他可选的输入项有:基线、桩头穿深和钻孔数据。

1)土壤调查类型

TNOWAVE 支持的土壤调查方法有:

CPT:静力触探试验结果;

SPT:标准贯入试验结果;

Cu:不排水剪切强度实验结果;

DMT:膨胀沉淀测试结果;

PMT:压力器测试结果。

2)土壤模型类型

可以使用下面三种类型土壤模型:

TNO 模型;Smith 模型;Randolp – Deeks 模型。

3)基线

基线可以用下面几种方式描述:

基线是指桩头开始穿入土壤的层。

基线是指土壤最顶部的那层。

基线是指海上的泥线或者靠近海边的泥线。

4) 桩头穿深

桩头穿深是指桩头和基线之间的距离。

土层的性质用每一层土壤的顶层和底层定义,包括土壤厚度和土壤类型,在该层中土壤是同一类型的,其强度只是线性变化的。

按下确认键确认输入,输入数据将被转换成程序算法的基础的静力和动力参数。

7. 运行程序

按下 Run TNOWAVE 按钮进行程序运行。下拉菜单中有 4 个选项:

```
Single Run...
Multiple Penetrations...
SRD vs Blowcount...
Static Load-Displacement Curve...
```

The Single Run 选项将产生在定义的桩头穿深处的单击结果。

The Multiple Penetrations 将产生在多个深度范围内的锤击结果。

SRD vs Blow Count (SRD = Static Resistance During Driving)程序将计算在一定的穿深深度一定的击数范围内的静力土壤抗力。

The Static Load – Displacement Curve 选项将产生在给定的土壤输入模型参数静力荷载位移值。

8. 输出结果

1) 选择图表

按下 Graph Type 按钮,弹出的菜单中就会出现可选择的表格形式。

```
Graphs as Function of Time
Graphs as Function of Penetration
Graphs as Function of Capacity
Graphs as Function of Depth
Static Load Displacement Diagrams
```

2) Graphs as Function of Time

Graphs as function of time 表示单击的结果(Single Run),范围从在冲击撞锤前的很短的时间到结束打桩或者到桩的运动已经停止。

Time graphs 可以从 Graphs as fuction of time Toolbar 选择。

结果可以显示桩顶,桩头,桩中或者用户定义的任一层。

3) Graphs as Function of Penetration

Graphs as Function of Penetration 是 Multiple Penetrations Run 的运行结果。

表格可以从 Penetration Graphs Toolbar 进行选择。

  1 – Impact Energy as function of penetration

  2 – Transferred Energy as function of penetration

  3 – Blow Count as function of penetration

  4 – Maximum Compression as function of penetration

  5 – Maximum Tension

  6 – Static Soil Resistance(SRD) as function of penetration

附录5 附属结构算例

一、吊耳设计算例

吊耳的形式见附图5-1。

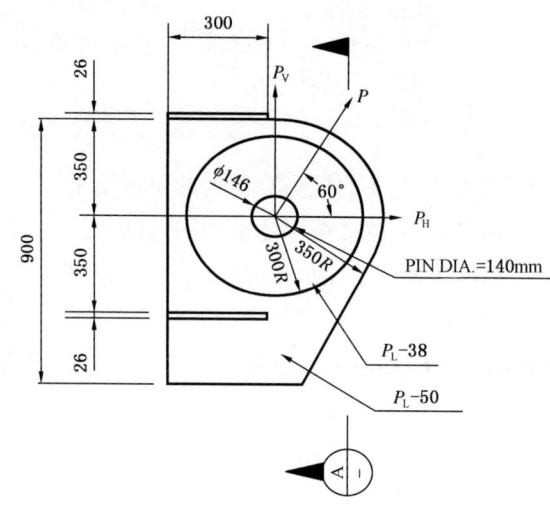

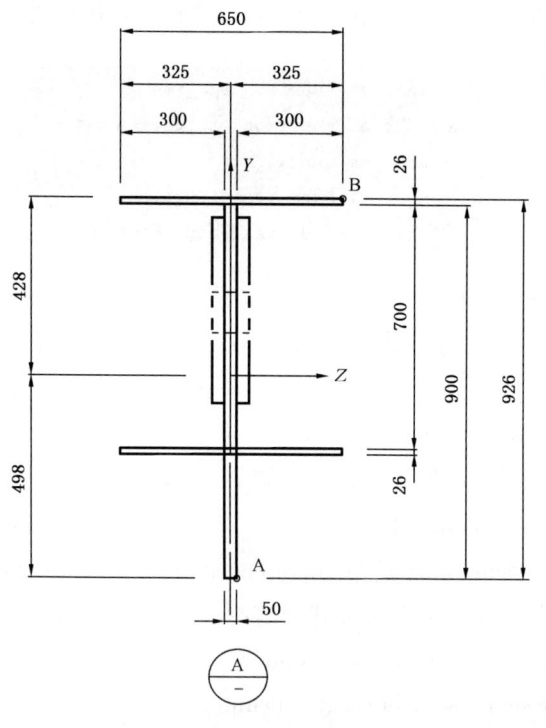

附图5-1 吊耳形式

1. 设计条件

吊绳最大力：$P = 4600$ kN

注意：最大力是静力2300kN乘以2.0的动力荷载系数。

2. 尺寸和材质

(1) 吊耳直径: $\phi 146$
    卸扣直径: $\phi 140$
    卸扣的安全工作荷载: 300T

(2) 吊耳板材质:
    GB 712—88AH32 $F_y = 31.5 \text{kN/cm}^2$

3. 吊耳设计

$$P_V = 4600\sin 60° = 3984 \text{ kN}$$

$$P_H = 4600\cos 60° = 2300 \text{ kN}$$

1) 轴向应力(吊耳孔部分)

$$f_p = P/A = P/(D_2 T)$$

式中 D_2——卸扣直径;
  T——吊耳孔厚度, $T = t_1 + 2t_2$;
  t_1——吊耳板厚度;
  t_2——桅颊板厚度。

$$f_p = 4600/[(5 + 3.8 \times 2) \times 14.0] = 26.08 \text{ kN/cm}^2$$

容许轴向应力:

$$F_p = 0.9 F_y = 0.9 \times 31.5 = 28.35 \text{ kN/cm}^2$$

$$f_p < F_p$$

满足要求!

2) 剪应力(吊耳孔部分)

$$\begin{aligned} A_s &= 4(R_4 - R_1)t_2 + 2(R_3 - R_1)t_1 \\ &= 4(30 - 7.3) \times 3.8 + 2(35 - 7.3) \times 5 \\ &= 345 + 277 \\ &= 622 \text{ cm}^2 \end{aligned}$$

式中 R_1——吊耳半径;
  R_3——吊耳板半径;
  R_4——桅颊板半径;
  t_1——吊耳板厚度;
  t_2——桅颊板厚度。

$$f_v = 4600/622 = 7.4 \text{ kN/cm}^2$$

容许轴向应力:

$$F_v = 0.4 F_y = 0.4 \times 31.5 = 12.6 \text{ kN/cm}^2$$

$$f_v < F_v$$

满足要求!

3) 桅颊板的焊缝

$$\begin{aligned} A_w &= P t_1 / F_w T = 4600 \times 5 / [12.6 \times (5 + 3.8 \times 2)] \\ &= 145 \text{ cm}^2 \end{aligned}$$

$$F_w = 0.4F_y = 0.4 \times 31.5 = 12.6 \text{ kN/cm}^2$$

需要的焊缝宽度：

$$S = 2^{0.5} A_w / (2\pi R_4)$$
$$= 2^{0.5} \times 145 / (2 \times 3.14 \times 30)$$
$$= 11 \text{ mm}$$

采用20mm填角焊缝。

4) 吊耳板的拉伸和弯曲应力

附表 5-1 平面内弯矩

Section cm × cm	A, cm²	Y, cm	I_{z0}, cm⁴	AY_1^2, cm⁴
90 × 5	450	4.8	303750	9941
2.6 × 65	169	41.50	95	291060
2.6 × 30	78	31.1	44	75442
2.6 × 30	78	31.1	44	75442
∑	775		303933	451885

$$Y = [450 \times (45 + 2.6) + 169 \times 1.23 + 78 \times 73.9 \times 2]/775$$
$$= 42.8 \text{ cm} = 428 \text{ mm}$$

式中　Y——形心距最上面的环板的 Y 向距离，如附图 5-1 所示；

Y_1——各个断面形心距形心的 Y 向距离。

$$I_z = I_{zo} + AY_1^2 = 303933 + 451885 = 755818 \text{ cm}^4$$

$$I_y = I_{y0} + AZ^2 = 71202 + 47776 = 118978 \text{ cm}^4$$

附表 5-2 平面外弯矩

Section cm × cm	A, cm²	Z, cm	I_{y0}, cm⁴	AZ^2, cm⁴
90 × 5	450	0	938	0
2.6 × 65	169	0	59502	0
2.6 × 30	78	17.5	5850	23888
2.6 × 30	78	17.5	5850	23888
∑	775		71202	47776

5) 点 A

$$M_z = -P_H \times D_H + P_V \times D_V$$
$$= -2300 \times (42.8 - 37.6) + 3984 \times 43$$
$$= 159352 \text{ kN} \cdot \text{cm}$$

$$f_{bz} = M_z \times Y_A / I_z$$
$$= 159352 \times 49.8 / 755818$$
$$= 10.5 \text{ kN/cm}^2$$

式中　Y_A——A 点距形心的 Y 向距离；

D_H——水平力臂；

D_V——垂直力臂。

平面外弯曲：

$$M_y = 5\% \times 4600 \times 43 = 9890 \text{ kN} \cdot \text{cm}$$

$$f_{bY} = M_y \times Z_A/I_y$$

$$= 9890 \times 2.5/118978$$

$$= 0.2 \text{ kN/cm}^2$$

式中 Z_A——A 点距形心的 Z 向距离。

垂直力：

$$f_a = P_H/A$$

$$= 2300/775$$

$$= 3.0 \text{ kN/cm}^2$$

$$f_a/0.6F_y + f_{bz}/0.66F_y + f_{by}/0.66F_y = 3.0/18.9 + 10.5/20.79 + 0.2/20.79$$

$$= 0.16 + 0.51 + 0.01$$

$$= 0.68 < 1.0$$

满足要求！

6) 点 B

平面内弯曲：

$$M_z = 159352 \text{ kN} \cdot \text{cm}$$

$$f_{bz} = M_z Y_B/I_z$$

$$= 159352 \times 42.8/755818$$

$$= 9.0 \text{ kN/cm}^2$$

式中 Y_B——B 点距形心的 Y 向距离。

平面外弯曲：

$$M_y = 9890 \text{ kN} \cdot \text{cm}$$

$$f_{by} = M_y Z_B/I_y$$

$$= 9890 \times 32.5/118978$$

$$= 2.7 \text{ kN/cm}^2$$

式中 Z_B——B 点距形心的 Z 向距离。

垂直力：

$$f_a = 3.0 \text{ kN/cm}^2$$

$$f_a/0.6F_y + f_{bz}/0.66F_y + f_{by}/0.66F_y = 3.0/18.9 + 9.0/20.79 + 2.7/20.79$$

$$= 0.16 + 0.43 + 0.13$$

$$= 0.72 < 1.0$$

满足要求！

7) 拉应力

$$f_a = F/A = 4600/775 = 6.0 \text{ kN/cm}^2$$

$$F_a = 0.6F_y = 18.9 \text{ kN/cm}^2$$

$$f_a < F_a$$

满足要求!

二、防沉板设计算例

防沉板设计包括在下部结构安装过程中下部结构强度校核和防沉板稳定性计算。采用安装条件下的环境工况。计算结果表明结构强度和防沉板稳定性计算满足规范要求。

1. 环境条件

最大波高： 3.0m
最大波周期： 6.0s
平均海平面： +4.0m
流：
表层流速： 0.76m/s
中层流速： 0.66m/s
底层流速： 0.45m/s

2. 结构分析

1) 结构模型

采用 SACS 程序建立结构分析模型。

2) 荷载工况及荷载组合

基本荷载工况和组合荷载工况见附表 5-3。

附表 5-3 荷载组合

工况	基本工况	组合工况				
		11	12	13	14	15
1	下部结构自重 + 附属结构重	1.1	1.1	1.1	1.1	1.1
2	波浪 + 流 0°		1.1			
3	波浪 + 流 90°			1.1		
4	波浪 + 流 116.2°				1.1	
5	波浪 + 流 180°					1.1
6	反力(死荷载)	1.1				
7	反力(死荷载 + 波浪 + 流 0°)		1.1			
8	反力(死荷载 + 波浪 + 流 90°)			1.1		
9	反力(死荷载 + 波浪 + 流 116.2°)				1.1	
10	反力(死荷载 + 波浪 + 流 180°)					1.1

组合荷载工况用于进行结构分析。第一种荷载工况是下部结构水下重量。后 4 种荷载工况是下部结构水下重量与 0°,90°,116.2°,180° 方向的波浪和流荷载的组合。对后 4 种荷载工况容许应力提高三分之一。

3) 荷载值

附表 5-4 基本工况荷载值

LD	F_x kN	F_y kN	F_z kN	M_x kN·m	M_y kN·m	M_z kN·m
1	0	0	-994.533	2908.928	1977.700	0
2	171.118	-0.085	17.418	-59.300	4898.947	511.543
3	0.199	115.655	1.795	-3164.068	28.159	278.236
4	-64.273	118.203	-7.947	-3190.333	-1742.119	38.469
5	-150.640	-0.038	-17.024	60.304	-4504.792	-446.746
6	0	0	994.650	-2908.914	-1977.725	0
7	0	0	976.801	-2849.112	-6876.604	0
8	0	0	992.965	254.844	-2005.675	0
9	0	0	1002.643	281.079	-235.719	0
10	0	0	1011.569	-2969.232	2527.073	0

附表 5-5 组合工况荷载值

LD	F_x kN	F_y kN	F_z kN	M_x kN·m	M_y kN·m	M_z kN·m
11	0	0	0.117	0.014	-0.025	0
12	188.229	-0.094	-0.346	0.567	0.047	562.698
13	0.219	127.220	0.249	-0.325	0.202	306.038
14	-70.700	130.024	0.179	-0.360	-0.153	42.316
15	-165.704	-0.041	0.013	0	-0.022	-491.421

3. 分析结果

按照 API RP 2A - WSD 进行杆件应力和节点冲剪应力校核。杆件应力计算结果表明,最大的 U.C 值小于 1.0,表明在座底状态没有杆件破坏。

节点冲剪应力计算结果表明,最大的 U.C 值小于 1.0,表明在座底状态没有节点冲剪破坏。

4. 座底稳定性

1) 防沉板特性

防沉板形式见附图 5-2,图中三角形截面参数计算如下:

$$Y = (b+c)/3 \quad X = h/3 \quad I_y = bh^3/36$$

$$I_x = bh(b^2 - bc + c^2)/36$$

附表 5-6 整个防沉板 Y 向截面特性(1)

Section m×m	A m²	b m	c m	h m	X m	X' m	I_{y0} m⁴	AX'^2 m⁴
9.15×8.07/2	36.92	8.07	4.035	9.15	3.05	9.76	172	3517
9.15×10/2	45.75	10	5.964	9.15	3.05	4.88	213	1090
9.15×10/2	45.75	10	4.036	9.15	3.05	4.88	213	1090
∑	128.42						598	5697

$$I_y = \sum I_{y0} + \sum AX'^2 = 598 + 5697 = 6295 \text{ m}^4$$

$$W_y = I_y/(H \times 2/3) = 6295/(23.79 \times 2/3) = 397 \text{ m}^3$$

其中,H 为防沉板整个截面积的高度(m)。

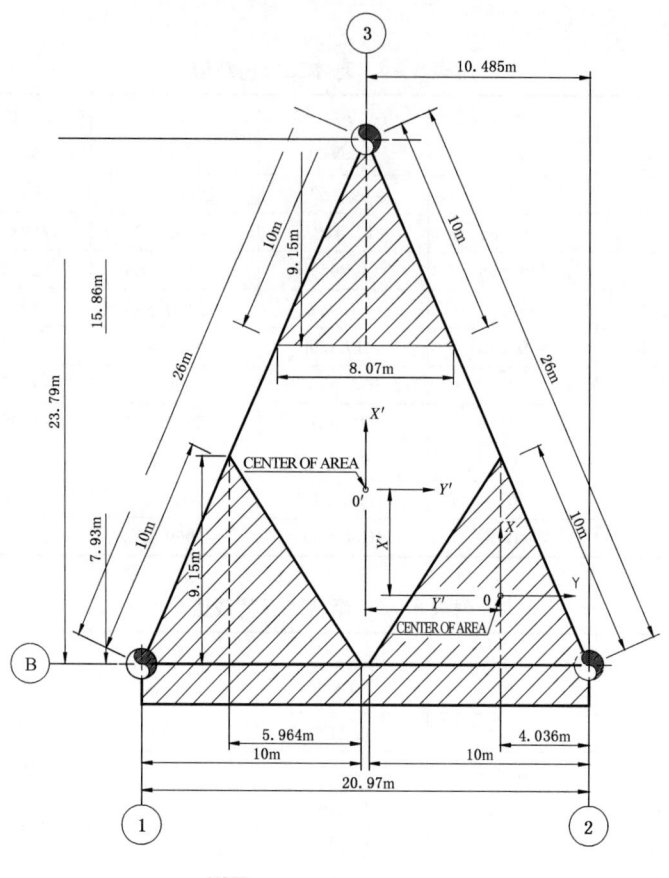

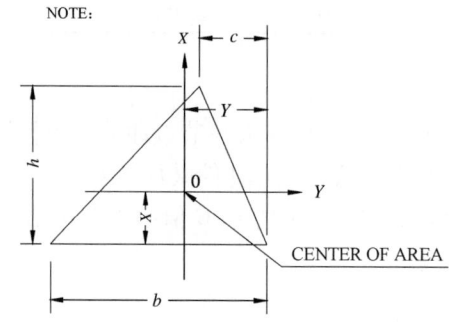

附图 5–2 防沉板形式

附表 5–7 整个防沉板 X 向截面特性（2）

Section m×m	A m^2	b m	c m	h m	Y m	Y' m	I_{x0} m^4	Ay'^2 m^4
9.15×8.07/2	36.92	8.07	4.035	9.15	4.035	0	100	0
9.15×10/2	45.75	10	5.964	9.15	5.321	5.805	193	1542
9.15×10/2	45.75	10	4.036	9.15	4.679	5.805	193	1542
∑	128.42						486	3084

$$I_x = \sum I_{x0} + \sum AY'^2 = 486 + 3084 = 3570 \text{ m}^4$$
$$W_x = I_x/(B/2) = 3570/(20.97/2) = 340 \text{ m}^3$$

其中，B 为防沉板整个截面积的宽度（m）。

2）土壤轴向承载力

假定在下部结构冲水后，座底重量由土壤承担。在这种情况下，抵抗土壤极限承载力最小安全系数是2.0。考虑在座底稳定分析中由波浪和流引起的轴向力荷载效应,在这种情况下,抵抗土壤极限承载力最小安全系数是1.5。

(1) 由垂直荷载引起的压应力:

$$\sigma = F_z/A$$
$$= 994.533/128.42$$
$$= 7.75 \text{ kN/m}^2$$

(2) 由倾覆力距引起的压应力:

自重:

$$\sigma_{mx} = M_x/W_x$$
$$= 2908.928/340$$
$$= 8.56 \text{ kN/m}^2$$
$$\sigma_{my} = M_y/W_y$$
$$= 1977.700/397$$
$$= 4.98 \text{ kN/m}^2$$

0°波浪 + 流:

$$\sigma_{mx} = M_x/W_x$$
$$= 59.3/340$$
$$= 0.17 \text{ kN/m}^2$$
$$\sigma_{my} = M_y/W_y$$
$$= 4898.947/397$$
$$= 12.34 \text{ kN/m}^2$$

90°波浪 + 流:

$$\sigma_{mx} = M_x/W_x$$
$$= 3164.068/340$$
$$= 9.31 \text{ kN/m}^2$$
$$\sigma_{my} = M_y/W_y$$
$$= 28.159/397$$
$$= 0.07 \text{ kN/m}^2$$

116.2°波浪 + 流:

$$\sigma_{mx} = M_x/W_x$$
$$= 3190.333/340$$
$$= 9.38 \text{ kN/m}^2$$
$$\sigma_{my} = M_y/W_y$$
$$= 1742.119/397$$
$$= 4.39 \text{ kN/m}^2$$

180°波浪 + 流:

$$\sigma_{mx} = M_x/W_x$$
$$= 60.304/340$$
$$= 0.18 \text{ kN/m}^2$$
$$\sigma_{my} = M_y/W_y$$
$$= 4504.792/397$$
$$= 11.35 \text{ kN/m}^2$$

(3)最大压应力:

$$\sigma_n = 7.75 + 8.56 + 4.98 = 21.29 \text{ kN/m}^2$$

0°:

$$\sigma_{max} = \sigma_n + \sigma_{mX} + \sigma_{mY}$$
$$= 21.29 + 0.17 + 12.34$$
$$= 33.7 \text{ kN/m}^2$$

90°:

$$\sigma_{max} = \sigma_n + \sigma_{mx} + \sigma_{my}$$
$$= 21.29 + 9.31 + 0.07$$
$$= 30.67 \text{ kN/m}^2$$

116.2°:

$$\sigma_{max} = \sigma_n + \sigma_{mx} + \sigma_{my}$$
$$= 21.29 + 9.38 + 4.39$$
$$= 35.06 \text{ kN/m}^2$$

180°:

$$\sigma_{max} = \sigma_n + \sigma_{mx} + \sigma_{my}$$
$$= 21.29 + 0.18 + 11.35$$
$$= 32.82 \text{ kN/m}^2$$

(4)土壤承载力:

当 $B/L = 0$ 时:

$$q_{umin} = 5S_u(1 + 0.2B/L)$$
$$= 5 \times 104$$
$$= 520 \text{ kN/m}^2$$

式中 q_{umin}——海底面单位极限承载力,kPa;
S_u——防沉垫基以下一定深度内土的平均不排水抗剪强度;
B——防沉板宽度,m;
L——防沉板长度,m。

(5)土壤承载力校核:

条件1:只有下部结构的水下重量:

$$\sigma_{nmax} = 21.29 \text{ kN/m}^2$$
$$q_u = 520 \text{ kN/m}^2$$
$$S.F = q_u/\sigma_{nmax} = 24.42 > 2.0$$

条件2:下部结构的水下重量+波浪+流:

$$\sigma_{nmax} = 35.06 \text{ kN/m}^2$$
$$S.F = q_u/\sigma_{nmax} = 14.83 > 1.5$$

(6)土壤滑移稳定性:

$$H = S_U \times A$$
$$= 104 \times 128.43$$
$$= 13356.72 \text{ kN}$$

最大的水平力是 171.118kN。

13356.72/171.118 = 78 > 1.5 满足要求!

(7)板应力校核:

防沉板采用 8mm 板($F_y = 23.5 \text{kN/cm}^2 = 235000 \text{N/cm}^2$)

条件1:

$$q_{max} = 21.29 \times 1.0 = 21.29 \text{ kN/m}$$

$$M_{max} = ql^2/12$$

$$= 21.29 \times 0.715^2/12$$

$$= 0.91 \text{ kN} \cdot \text{m}$$

$$W_x = (1.0 \times 0.008^2)/6 = 1.067 \times 10^{-5} \text{m}^3$$

$$\sigma = M_{max}/W_x = 0.91/1.067 \times 10^{-5}$$

$$= 85286 \text{ kN/m}^2$$

$$[\sigma] = 0.66 F_y$$

$$= 0.66 \times 235000 = 155100 \text{ kN/m}^2$$

$$\sigma < [\sigma] \quad \text{OK}$$

条件2:

$$q = 35.06 \text{ kN/m}$$

$$M_{max} = ql^2/12$$

$$= 35.06 \times 0.715^2/12$$

$$= 1.494 \text{ kN} \cdot \text{m}$$

$$W_x = (1.0 \times 0.008^2)/6 = 1.067 \times 10^{-5} \text{m}^3$$

$$\sigma = M_{max}/W_x = 1.494/1.067 \times 10^{-5}$$

$$= 139983 \text{ kN/m}^2$$

$$[\sigma] = 1.33 \times 0.66 \times F_y = 206283 \text{ kN/m}^2$$

$$\sigma < [\sigma] \quad \text{OK}$$

(8)梁校核

条件1:

$$q_{max} = 21.29 \times 0.915 = 19.48 \text{ kN/m}$$

$$M_{max} = ql^2/8$$

$$= 19.48 \times 4.12^2/8$$

$$= 41.33 \text{ kN} \cdot \text{m}$$

$$W_{REQ} = 41.33 \times 100/(0.66 \times 23.5)$$

$$= 267 \text{ cm}^3$$

条件2:

$$q = 35.06 \times 0.915$$

$$= 32.08 \text{kN/m}$$

$$M_{max} = ql^2/8$$
$$= 32.08 \times 4.12^2/8$$
$$= 68.07 \text{ kN} \cdot \text{m}$$
$$W_{REQ} = M_{max}/[\sigma]$$
$$= 68.07 \times 100/(0.66 \times 1.33 \times 23.5)$$
$$= 330 \text{ cm}^3$$

选择 H200×200×8×12 $W_x = 472 \text{ cm}^3$

三、靠船防撞构件设计算例

靠船防撞构件计算简图见附图5–3(1)至附图5–5(3)。

1. 设计标准

供应船的主尺度

长度	61.80m
宽度	14.00m
深度	5.80m
吃水	4.88m
排水量	3150t

2. 靠泊能量

动能用下面的公式:

$$E_o = \frac{1}{2} C_m \frac{W}{g} v^2$$

式中 W——船的总排水量,3150t;
v——靠近速率,0.5m/s;
C_m——系数,1.25;
g——重力加速度,9.81m/s^2。

靠泊能量:

$$E_o = 1/2 \times 1.25 \times 3150 \times 0.5^2/9.81 = 50.17 \text{t} \cdot \text{m} = 492.19 \text{ kN} \cdot \text{m}$$

$$E = KE_o/n$$

式中 E——每一个靠船件的靠泊能量;
K——系数(2.0);
n——靠船件的数量($n=2$);
E——492.19kN·m。

3. 靠船件设计

1) 反力

反力通过靠船件性能曲线获得。
反力 $P = 1660$kN。

2) 垂直梁设计

材料性能: $F_Y = 34.5 \text{kN/cm}^2$。
断面特性:

$$I = (1/12 \times 1.9 \times 55^3 + 1/12 \times 160 \times 2.5^3 + 2.5 \times 160 \times 28.75^2) \times 2 = 714352.1 \text{ cm}^4$$

$$W = 23812 \text{ cm}^3$$

强度校核：

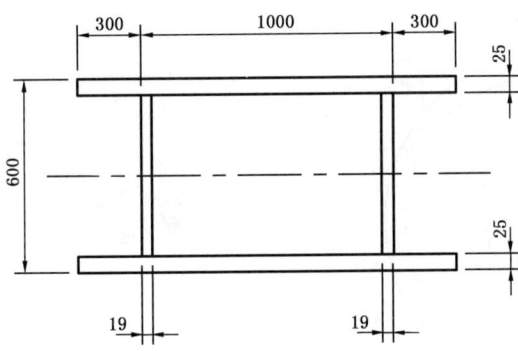

附图 5-3 防撞构件计算简图(1)

假定半刚性支撑条件：

$$M_{\max} = 3/16 PL = 3/16 \times 1660 \times 8.0 = 2490 \text{ kN} \cdot \text{m}$$

$$f_b = 249000/23812 = 10.45 \text{ kN/cm}^2 < F_b$$

$$F_b = 0.6 \times 34.5 = 20.7 \text{ kN/cm}^2$$

附图 5-4 防撞构件计算简图(2)

3）支撑设计

(1) 断面特性：

杆件尺寸 $\phi 609.6 \times 25.0$

材质 $F_y = 34.5 \text{ kN/cm}^2$

面积 $A = 459.14 \text{ cm}^2$

断面模量 $W = 6447 \text{ cm}^3$

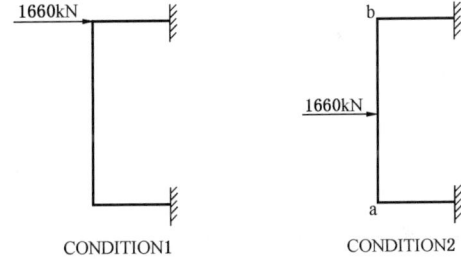

附图 5-5 防撞构件计算简图(3)

(2) 条件1：最大压应力校核：

考虑极端荷载工况：

$$f_a = 1660/459.14 = 3.62 \text{ kN/cm}^2 < F_a$$

$$F_a = 0.6 \times 34.5 = 20.7 \text{ kN/cm}^2$$

(3) 条件2：弯曲应力 + 压应力：

假定半刚性支撑条件：

$$M_a = M_b = 1/16 \times 1660 \times 8.0 = 830 \text{ kN} \cdot \text{m}$$

$$f_b = 83000/6447 = 12.87 \text{ kN/cm}^2$$

$$f_a = 0.5 \times 1660/459.14 = 1.81 \text{ kN/cm}^2$$

$$F_b = 0.66 \times 34.5 = 22.77 \text{ kN/cm}^2$$

$$F_a = 0.6 \times 34.5 = 20.7 \text{ kN/cm}^2$$

$$f_a/F_a + f_b/F_b = 1.81/20.7 + 12.87/22.77 = 0.653 < 1.0 \quad \text{满足要求！}$$

四、桩腿连接设计算例

下面是进行桩腿连接的应力校核。对于在极端工况下的最大力和弯矩,容许应力提高三分之一。桩腿连接计算简图见附图5-6、附图5-7。

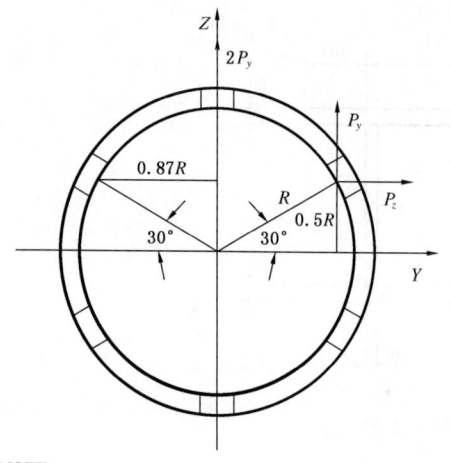

NOTE:
P_y & P_z ARE PERPENDICULAR TO THIS CROSS SECTION.

附图5-6 桩腿连接计算简图(1)   附图5-7 桩腿连接计算简图(2)

1. 极端工况条件设计

最大轴向力:$P_{max} = 3006$ kN。

最大弯矩:$M_y = 1576$ kN·m, $M_z = 3226$ kN·m。

$$2P_y \cdot D + 2P_y \cdot \frac{1}{2}R \cdot 2 = M_y$$

$$P_y = 430.6 \text{ kN}$$

$$2P_z \cdot \frac{\sqrt{3}}{2}R \cdot 2 = M_z$$

$$P_z = 1526.7 \text{ kN}$$

式中 R——桩内壁半径;
    D——桩内壁直径;
    P_z——由 M_z 产生的应力;
    P_y——由 M_y 产生的应力。

2. 剪应力校核

剪切长度:

$$a = 350 - 120 - 50 \times 2 + (440 - 50) \times 2 + 60\pi + 50\pi$$

$$= 1255.4 \text{ mm} = 125.54 \text{ cm}$$

焊缝总剪应力:

$$P_1 = P_{max}/6 + P_y + P_z = 2458.3 \text{ kN}$$

$$P_2 = P_{max}/6 + 2P_y = 1362.2 \text{ kN}$$

$$P_1 > P_2$$

假定焊缝高度为30mm：
那么：

$$f_v = \frac{P_1}{a \times 3/\sqrt{2}} = 9.23 \text{ kN/cm}^2$$

容许剪应力：

$$F_v = 1.333 \times 0.4 F_y = 1.333 \times 0.4 \times 31.5 = 16.8 \text{kN/cm}^3 > f_v \quad \text{OK}$$

垫片材质：PL 880×350×38，GB 712-88 AH32，$F_y = 31.5 \text{kN/cm}^2$。

采用30mm填角焊。

3. 操作工况条件设计

最大轴向力：$P_{max} = 2736$ kN。

最大弯矩：$M_y = 274$ kN·m，$M_z = 869$ kN·m。

$$2P_y \cdot D + 2P_y \cdot \frac{1}{2} R \cdot 2 = M_y$$

$$P_y = 74.86 \text{kN}$$

$$2P_z \cdot \frac{\sqrt{3}}{2} R \cdot 2 = M_z$$

$$P_z = 411.26 \text{ kN}$$

4. 剪应力校核

焊缝的总剪应力：

$$P_1 = P_{max}/6 + P_y + P_z = 942.12 \text{ kN}$$

$$P_2 = P_{max}/6 + 2P_y = 605.72 \text{ kN}$$

$$P_1 > P_2$$

假定焊缝高度为30mm：
那么：

$$f_v = \frac{P_1}{a \times 3/\sqrt{2}} = 3.54 \text{ kN/cm}^2$$

容许剪应力：

$$F_v = 1.0 \times 0.4 F_y = 12.6 \text{ kN/cm}^2 > f_v \quad \text{满足要求！}$$

垫片材质：PL 880×350×38，GB712-88 AH32，$F_y = 31.5$ kN/cm^2。

采用30mm填角焊。

五、直升机甲板设计算例

1. 概述

直升飞机的参数如下：

直升飞机的类型是365-N Dauphin2。总重是39.24kN。下面是对直升飞机着陆轮的描述。

(1) 类型：轮

前轮数是2。

后轮数也是2。

(2) 轮占总重的比例：

前轮：22%

后轮：78%

(3) 后轮的接触面积：426cm²

(4) 连接间距是2.0m，前后轮的间距是3.6m。

直升机甲板结构布置见附图5-8。

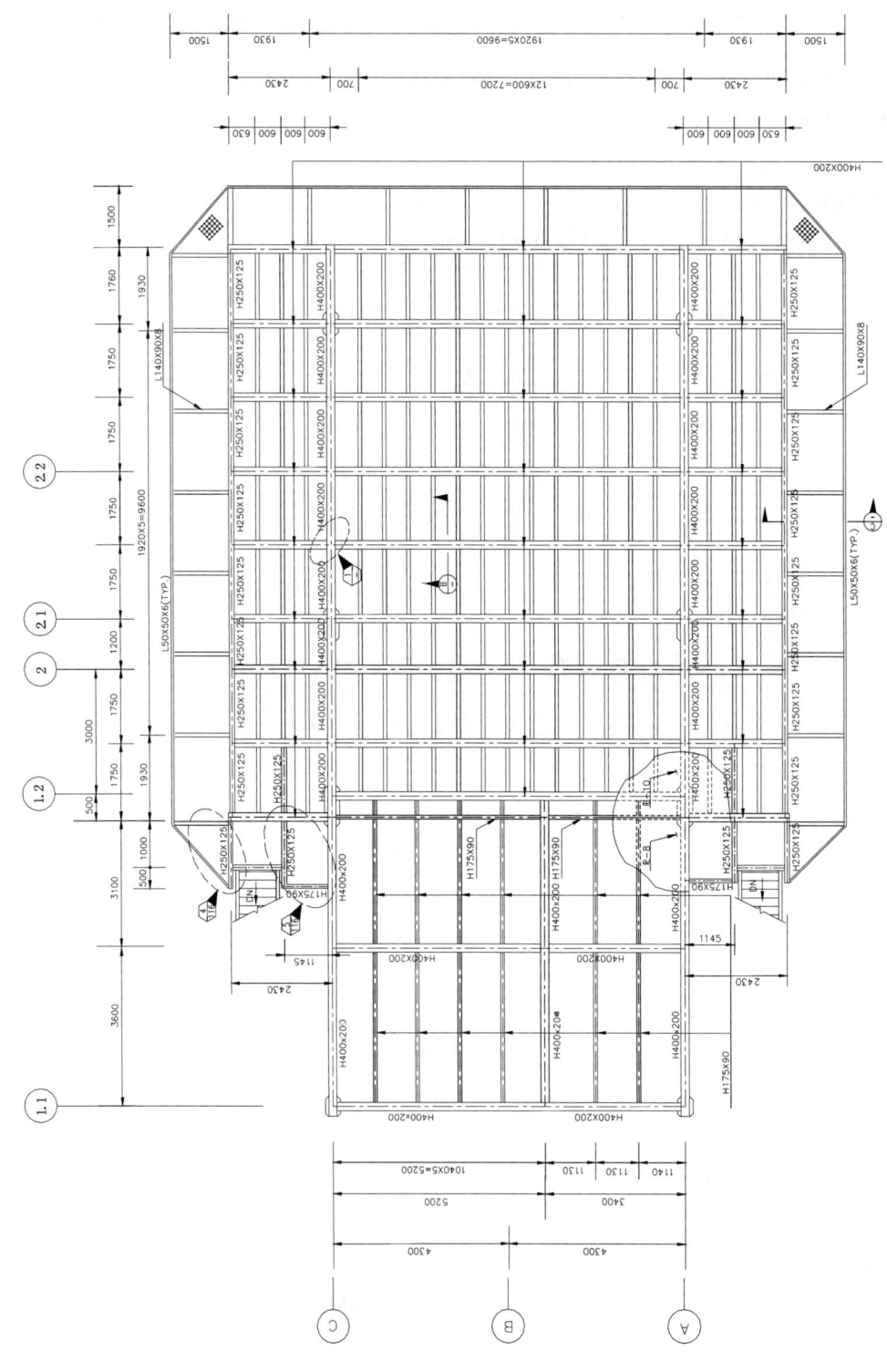

附图5-8 直升机甲板结构

2. 直升机甲板板的设计

按照下面的公式确定直升机甲板板的设计:

$$t = 0.72\sqrt{F(1-a/2s)} + 1$$

式中 F——直升机总重的 3 倍,kN;
 a——直升机着陆点宽度,mm;
 s——甲板加强筋的间距,mm。

已知参数:$a = 300\text{mm}, s = 600\text{mm}$。

直升机甲板板厚应不小于:

$$t = 0.72\sqrt{3 \times 39.24 \times \left(1 - \frac{300}{2 \times 600}\right)} + 1 = 7.77 \text{ mm}$$

所以,采用板厚 $t = 10\text{mm}$。

3. 直升机甲板加强筋的设计

加强筋尺寸:$L140 \times 90 \times 8$;

加强筋距离:$L = 1750\text{mm}$。

设计荷载如下:

1) 死荷载

板重:

$$Q_p = 0.01 \times 7.85 \times 0.6 \times 9.81 = 0.462 \text{ kN/m}$$

$L140 \times 90 \times 8$ 加强筋:$Q_s = 0.142 \text{kN/m}$。

总的作用在加强筋上的均布荷载:

$$Q_d = Q_p + Q_s = 0.462 + 0.142 = 0.604 \text{ kN/m}$$

2) 直升机着陆荷载

$$P_1 = 0.78 \times 1.5 \times 39.24 \times 0.5 = 22.96 \text{ kN}$$

其中 1.5 是在飞机着陆时飞机与甲板的冲击系数。

3) 活荷载

直升飞机甲板上活荷载采用 2.0kN/m^2

那么: $Q_l = 2 \times 0.6 = 1.2 \text{ kN/m}$

4) 风荷载

基本风速率:采用 50 年一遇 1min 振风风速。

$$v = 56\text{m/s}(\text{在海平面以上 10m 的风速})$$

直升飞机甲板高程:$h = 21.5\text{m}$(相对海图基准面)。

直升飞机甲板风速:

$$V_y = (21.5/10)^{1/13} \times 56 = 59.40 \text{ m/s}$$

根据 API RP 2A:

$$Q_w = \left(\frac{W}{2g}\right) \times V^2 \times C_s \times A$$

$$= 0.0473 \times (59.4 \times 3.6)^2 \times 1.0 \times 0.6/1000$$

5) 加强筋校核

(1) 设计内力计算。

根据 API RP 2L,计算以下 3 种荷载组合:

① 死荷载 + 活荷载:

$$q = 0.604 + 1.2 = 1.804 \text{ kN/m}$$

如果考虑为固端梁:

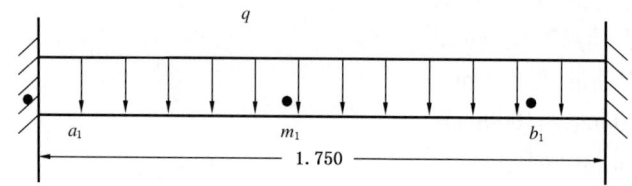

附图 5-9　直升机甲板计算简图(1)

$$M_{a1} = M_{b1} = ql^2/12 = 1.804 \times 1.750^2/12 = 0.46 \text{ kN} \cdot \text{m}$$
$$M_{m1} = ql^2/24 = 0.23 \text{ kN} \cdot \text{m}$$

如果考虑为简支梁:

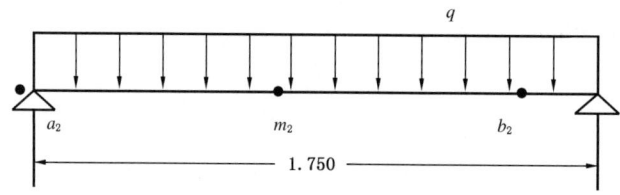

附图 5-10　直升机甲板计算简图(2)

$$M_{a2} = M_{b2} = 0$$
$$M_{m2} = ql^2/8 = 1.804 \times 1.750^2/8 = 0.69 \text{ kN} \cdot \text{m}$$

计算如下:

$$M_a = (M_{a1} + M_{a2})/2 = 0.46/2 = 0.23 \text{ kN} \cdot \text{m}$$
$$M_b = M_a = 0.23 \text{ kN} \cdot \text{m}$$
$$M_m = (M_{m1} + M_{m2})/2 = (0.23 + 0.69)/2 = 0.46 \text{ kN} \cdot \text{m}$$

② 死荷载 + 设计着陆荷载:

死荷载:$Q_d = 0.604 \text{kN/m}$;

着陆荷载:$P = 22.96 \text{kN}$。

如果考虑为固端梁:

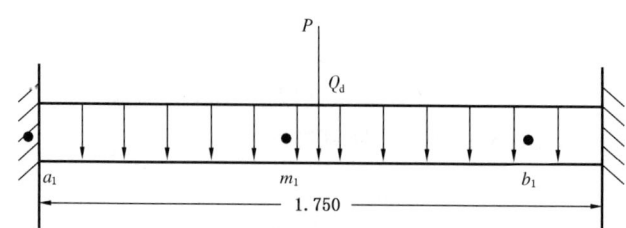

附图 5-11　直升机甲板计算简图(3)

$$M_{a1} = M_{b1} = Q_d l^2/12 + Pl/8$$
$$= 0.604 \times 1.75^2/12 + 22.96 \times 1.75/8$$
$$= 5.18 \text{ kN} \cdot \text{m}$$

$$M_{m1} = Q_d l^2/24 + Pl/8 = 0.604 \times 1.75^2/24 + 22.96 \times 1.75/8 = 5.10 \text{ kN} \cdot \text{m}$$

如果考虑为简支梁:

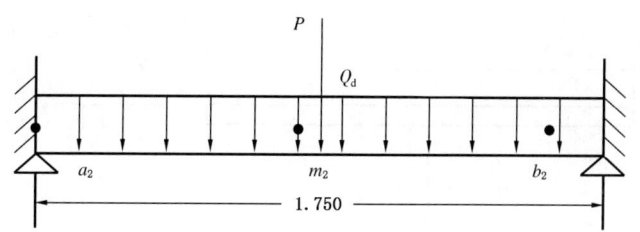

附图 5-12 直升机甲板计算简图(4)

$$M_{a2} = M_{b2} = 0$$

$$M_{m2} = ql^2/8 + Pl/4 = 0.604 \times 1.75^2/8 + 22.96 \times 1.75/4 = 10.28 \text{ kN} \cdot \text{m}$$

计算如下：

$$M_a = (M_{a1} + M_{a2})/2 = 5.18/2 = 2.59 \text{ kN} \cdot \text{m}$$

$$M_b = M_a = 2.59 \text{ kN} \cdot \text{m}$$

$$M_m = (M_{m1} + M_{m2})/2 = (5.10 + 10.28)/2 = 7.69 \text{ kN} \cdot \text{m}$$

③ 死荷载 + 活荷载 + 风荷载。

$$Q = Q_d + Q_l + Q_w$$
$$= 0.604 + 1.2 + 1.30$$
$$= 3.104 \text{ kN/m}$$

如果考虑为固端梁：

$$M_{a1} = M_{b1} = Ql^2/12 = 3.104 \times 1.750^2/12 = 0.79 \text{ kN} \cdot \text{m}$$

$$M_{m1} = 0.395 \text{ kN} \cdot \text{m}$$

如果考虑为简支梁：

$$M_{a2} = M_{b2} = 0$$

$$M_{m2} = ql^2/8 = 3.104 \times 1.75^2/8 = 1.188 \text{ kN} \cdot \text{m}$$

计算如下：

$$M_b = M_a = 0.395 \text{ kN} \cdot \text{m}$$

$$M_m = (M_{m1} + M_{m2})/2 = (0.395 + 1.188)/2 = 0.79 \text{ kN} \cdot \text{m}$$

(2) 加强筋 L140×90×8 的校核。

根据 AISC, Section 1.9.1.1,

$$b_f/t = 2 \times (95/\sqrt{F_y}) = 2 \times (95/\sqrt{34}) = 32.6$$

因此采用 $b_f = 30t = 300$ mm。

如附图 5-13 所示，板与角钢组合截面特性如下：

$$A = 48.04 \text{ cm}^2$$

$$I = 1.752 \times 10^7 \text{ mm}^4 = 1.752 \times 10^3 \text{ cm}^4$$

屈服应力：$F_y = 23.5 \text{ kN/cm}^2$

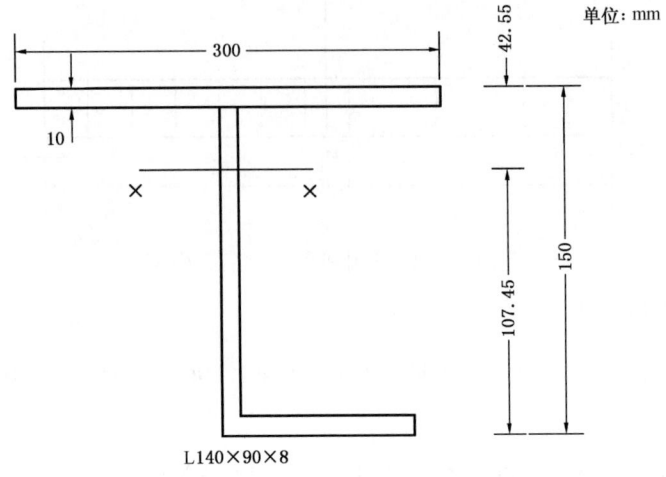

附图 5-13　直升机甲板计算简图(5)

① 对于荷载条件:死荷载+活荷载

容许应力:

$$F_b = 0.6F_y = 0.6 \times 23.5 = 14.1 \text{ kN/cm}^2$$

$$M_{max} = 0.46 \text{ kN} \cdot \text{m}$$

$$f_b = M_{max}y/I = 0.46 \times 10.75 \times 100/1.752 \times 10^3 = 0.28 \text{ kN/cm}^2$$

$f_b < F_b$　　满足要求!

② 对于荷载条件:死荷载+设计着陆荷载

　　　　　　　死荷载+活荷载+风荷载

容许应力增加三分之一:

$$F_b = 0.6F_y \times 1.33 = 0.6 \times 23.5 \times 1.33 = 18.75 \text{ kN/cm}^2$$

$$M_{max} = 7.69 \text{ kN} \cdot \text{m}$$

$$f_b = M_{max}y/I = 7.69 \times 10.75 \times 100/1.752 \times 10^3 = 4.72 \text{ kN/cm}^2$$

$f_b < F_b$　　满足要求!

直升机甲板计算的简图见附图 5-9 至附图 5-13。

4. 直升飞机甲板主梁和支撑桁架设计

直升飞机甲板主梁和支撑桁架采用 SACS 程序校核。

1)基本荷载工况

基本荷载工况见附表 5-8。

附表 5-8　直升机甲板主梁和支撑桁架基本荷载工况

荷载工况	描　述
1	死荷载
2	活荷载
3	风荷载(50年一遇)
4~9	直升机着陆荷载(6个位置)

9个基本荷载工况荷载值见附表5-9。

附表5-9 SEASTATE BASIC LOAD CASE SUMMARY

LOAD CASE	LOAD LABEL	F_x kN	F_y kN	F_z kN	M_x kN·m	M_y kN·m	M_z kN·m	DEAD LOAD kN	BUOYANCY kN
1	1	0.000	0.000	-3009.715	10208.643	2694.825	0.000	6186.616	3176.888
2	2	0.000	0.000	-362.561	4796.682	0.000	0.000	0.000	0.000
3	3	474.386	0.868	0.081	-49.720	28028.916	1908.760	0.000	0.000
4	4	0.000	0.000	-45.920	755.385	-263.305	0.000	0.000	0.000
5	5	0.000	0.000	-45.920	755.386	0.000	0.000	0.000	0.000
6	6	0.000	0.000	-45.920	755.385	263.305	0.000	0.000	0.000
7	7	0.000	0.000	-45.920	459.200	-263.305	0.000	0.000	0.000
8	8	0.000	0.000	-45.920	459.201	0.000	0.000	0.000	0.000
9	9	0.000	0.000	-45.920	459.200	263.305	0.000	0.000	0.000

2)荷载组合

组合荷载工况如附表5-10。

附表5-10 直升机甲板组合荷载工况

工况	描述
10	死荷载+活荷载
11~16	死荷载+着陆荷载(6个位置)
17	死荷载+活荷载+风荷载

组合荷载工况荷载值见附表5-11。

附表5-11 SEASTATE COMBINED LOAD CASE SUMMARY

LOAD CASE	LOAD LABEL	F_x kN	F_y kN	F_z kN	M_x kN·m	M_y kN·m	M_z kN·m
10	10	0.000	0.000	-3974.219	17047.053	3233.791	0.000
11	11	0.000	0.000	-3657.579	13005.756	2970.485	0.000
12	12	0.000	0.000	-3657.579	13005.757	3233.791	0.000
13	13	0.000	0.000	-3657.579	13005.756	3497.096	0.000
14	14	0.000	0.000	-3657.579	12709.571	2970.485	0.000
15	15	0.000	0.000	-3657.579	12709.572	3233.791	0.000
16	16	0.000	0.000	-3657.579	12709.571	3497.096	0.000
17	17	474.386	0.868	-3974.138	16997.332	31262.707	1908.760

3)分析结果

分析结果表明所有杆件的最大的 U.C 值小于1.0,杆件的应力结果见附表5-12,节点的冲剪结果见附表5-13。

附表 5–12 杆件的应力结果

SACS IV – MEMBER GROUP SUMMARY
API RP2A 20TH/AISC 9TH

GRUP ID	CRITICAL MEMBER	LOAD COND	MAX. UNITY CHECK (N/mm²)	DIST FROM END (m)	APPLIED STRESSES AXIAL (N/mm²)	APPLIED BEND-Y (N/mm²)	APPLIED BEND-Z (N/mm²)	ALLOWABLE AXIAL (N/mm²)	ALLOWABLE EULER (N/mm²)	ALLOWABLE BEND-Y (N/mm²)	ALLOWABLE BEND-Z (N/mm²)	EFFECTIVE CRIT COND	EFFECTIVE LENGTHS KLY (m)	EFFECTIVE LENGTHS KLZ	EFFECTIVE VALUES Y (cm)	EFFECTIVE VALUES Z (cm)
P1H	894 – 810	8	0.12	1.0	1.43	–16.38	0.09	133.56	1969.17	141.00	176.25	TN + BN	1.0	1.0	0.85	0.85
P2H	808 – 838	5	0.16	2.4	0.48	–23.01	0.67	118.59	359.51	141.0	0176.25	TN + BN	2.4	2.4	0.85	0.85
P3H	829 – 827	8	0.15	8.6	0.06	–9.18	0.15	28.80	28.80	62.52	176.25	BEND	8.6	8.6	0.85	0.85
P4H	828 – 826	6	0.65	0.0	–0.31	–39.82	–0.02	28.80	28.80	62.52	176.25	C <.15	8.6	8.6	0.85	0.85
P5H	846 – 845	8	0.16	0.0	–0.19	–9.26	–0.03	28.80	28.80	62.52	176.25	C <.15	8.6	8.6	0.85	0.85
P6H	868 – 823	8	0.15	2.1	–0.71	–22.05	–0.58	122.05	460.76	141.00	176.25	C <.15	2.1	2.1	0.85	0.85
P7H	843 – 844	3	0.64	0.0	–0.56	–38.74	0.00	28.80	28.80	62.52	176.25	BEND	8.6	8.6	0.85	0.85
P8H	819 – 822	8	0.17	8.6	0.25	–10.43	–0.11	28.80	28.80	62.52	176.25	BEND	8.6	8.6	0.85	0.85
P9H	816 – 815	8	0.17	0.0	0.57	–10.37	0.09	28.80	28.80	62.52	176.25	C <.15	8.6	8.6	0.85	0.85
PA1	838 – 828	8	0.24	0.0	1.99	–32.71	–2.31	132.11	1479.07	141.00	176.25	TN + BN	1.2	1.2	0.85	0.85
PC1	837 – 826	1	0.22	0.0	1.85	–30.98	1.77	132.11	1479.07	141.00	176.25	TN + BN	1.2	1.2	0.85	0.85
PE1	832 – 834	2	0.21	1.7	–0.77	27.94	–0.14	113.17	262.28	141.00	176.25	C <.15	1.7	1.7	0.85	0.85
PF1	833 – 840	4	0.21	1.7	–0.76	27.93	0.14	113.17	262.28	141.00	176.25	C <.15	1.7	1.7	0.85	0.85
PV1	737 – 824	8	0.28	0.0	–25.70	–18.25	–4.13	122.75	156.15	236.25	236.25	C >.15A	3.7	7.5	0.85	0.85
PV2	824 – 823	8	0.20	1.8	–17.62	–12.15	19.46	171.89	1123.92	236.25	236.25	C <.15	1.8	1.8	0.85	0.85

附表 5–13 节点的冲剪结果

JOINT CAN SUMMARY
(UNITY CHECK ORDER)
ORIGINAL LOAD DESIGN STRENGTH DESIGN

JOINT	LOAD DIAMETER (cm)	LOAD THICKNESS (cm)	LOAD YLD STRS (kN/cm²)	UC	LOAD DIAMETER (cm)	LOAD THICKNESS (cm)	LOAD YLD STRS (kN/cm²)	UC	STRN DIAMETER (cm)	STRN THICKNESS (cm)	STRN YLD STRS (kN/cm²)	UC
779	18.000	0.800	31.500	0.014	18.000	0.613	31.500	0.281	18.000	0.800	31.500	0.613
821	27.300	1.300	31.500	0.139	27.300	0.487	31.500	0.603	27.300	0.983	31.500	0.852
824	27.300	1.300	31.500	0.144	27.300	0.487	31.500	0.629	27.300	0.983	31.500	0.852

六、火炬臂设计算例

火炬臂截面为三角形。其单个杆件需要设计成能够抵抗100年一遇阵风荷载。其静力分析已包含在结构整体计算分析中。吊装分析和吊耳设计包含在本节中。

1. 吊装分析

1）死荷载

火炬臂吊装重量是119kN。

2）附属结构和管线

在火炬臂走道上的管线有以下两种形式。

ϕ8.625in × 0.322in　　　　1根

ϕ4.5in × 0.237in　　　　　1根

在走道上的分布荷载估计是170kN/m。

作用在火炬臂上的分布荷载估计是230kN/m。

3）荷载组合

与吊耳直接相连的杆件荷载系数是2.0。不与吊耳直接相连的杆件荷载系数是1.35。

4）计算模型

吊装分析的模型中模拟了2根吊绳。

5）计算结果

采用SACS程序进行计算分析，计算结果表明火炬臂杆件应力符合规范要求。

2. 吊耳设计

有关吊耳设计详见本附录的一吊耳设计算例。

七、桩结构自由站立算例

本节是有关桩在安装过程中自由站立长度计算。计算结果表明桩符合规范要求。

桩结构自由站立计算简图见附图5-14(1)至附图5-19(6)。

1. 基础数据

(1) 桩锤重：　　　　282.24kN

自由入土深度：　　0m

(2) 桩的截面特性（见附表5-14）。

附表5-14　桩的截面特性

D, mm	t, mm	q, t/m	A, cm^2	W, cm^3	r, cm
1220	32	0.937	1193.7	34548.1	42.0
1220	50	1.442	1836.9	51621.4	41.4
1220	38	1.107	1410.4	40419.8	41.8
1220	26	0.765	974.8	28490.6	42.2

(3) 钢材材质（见附表5-15）。

附表5-15　钢材材质

GB	712-88B	$F_y = 23500$	N/cm^2
GB	712-88AH32	$F_y = 31500$	N/cm^2

2. 垂直桩

1) 第一段

自由站立长度:

61.6 - (41.2 + 7.5) - 0 = 12.9m

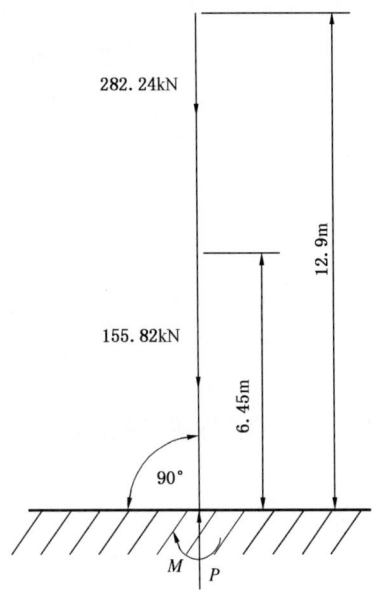

附图 5-14 桩结构自由站立计算简图(1)

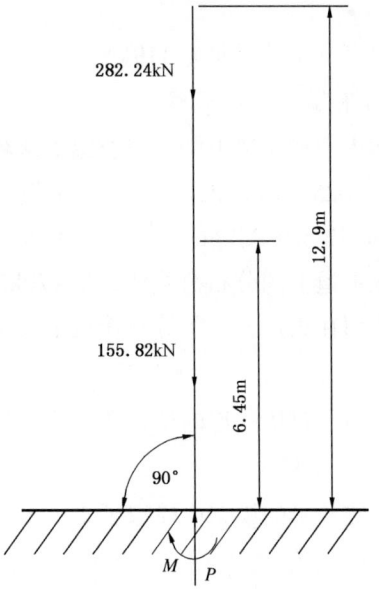

附图 5-15 桩结构自由站立计算简图(2)

$$P = 282.24 + 160.21 = 442.45 \text{ kN}$$

$$f_a = P/A = 442.45 \times 10^3/1193.7 = 370.65 \text{ N/cm}^2$$

校核Ⅰ:根据 API RP 2A-WSD

$$\beta = kl/r = 2.1 \times 12.9 \times 10^2/42.0 = 64.5$$

$$C_c = (2\pi^2 E/F_y)^{1/2} = (2 \times 3.14^2 \times 207000/315)^{1/2} = 113.83$$

$$C_c > \beta$$

$$F_a = \frac{\left[1 - \frac{1}{2}\left(\frac{\beta}{C_c}\right)^2\right]F_y}{5/3 + \frac{3}{8}\left(\frac{\beta}{C_c}\right) - \frac{1}{8}\left(\frac{\beta}{C_c}\right)^3} = 14239.92 \text{ N/cm}^2$$

$$f_a/F_a = 370.65/14239.92 = 0.03 < 1.0 \quad 满足要求!$$

校核Ⅱ:根据 API RP 2A-WSD

$$f_a + f_b = 370.65 \text{N/cm}^2 < F_y/2 = 15750 \text{ N/cm}^2 \quad 满足要求!$$

2) 接桩段

自由站立长度:

$$23.45 + 3 - 0.6 = 25.85 \text{ m}$$

$$P = 282.24 + 237.37 = 519.61 \text{ kN}$$

$$f_a = P/A = 519.61/1193.7 = 435.29 \text{ N/cm}^2$$

校核Ⅰ:校核打桩过程中的应力

$$\beta = kl/r = 2.1 \times 25.85 \times 10^2/42.0 = 129.25$$

$$C_c = (2\pi^2 E/F_y)^{1/2} = 113.83$$

$$C_c < \beta$$

$$F_a = \frac{12\pi^2 E}{23(kl/r)^2} = \frac{12 \times 3.14^2 \times 2.07 \times 10^7}{23 \times 129.25^2} = 6374.15 \text{ N/cm}^2$$

$$f_a/F_a = 435.29/6374.15 = 0.07 < 0.15 \qquad 满足要求!$$

校核Ⅱ:校核打桩过程中的应力

$$f_a + f_b = 435.29 < F_y/2 = 15750 \text{ N/cm}^2 \qquad 满足要求!$$

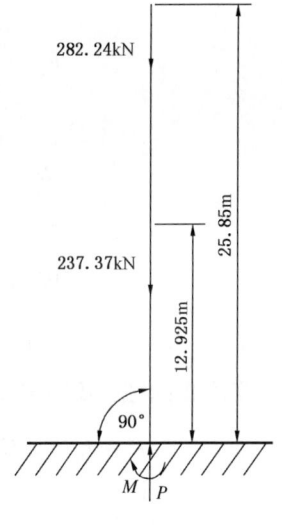

附图 5-16 桩结构自由站立计算简图(3)

3. 斜桩

1)第一段

自由站立长度:

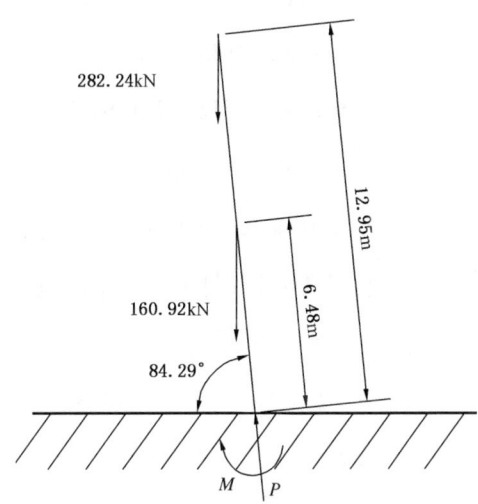

附图 5-17 桩结构自由站立计算简图(4)

$$61.89 - (41.2 + 7.5)/\cos 5.71° - 0 = 12.95 \text{ m}$$

$$P = (282.24 + 160.92)\cos 5.71° = 440.96 \text{ kN}$$

$$M = (282.24 \times 12.95 + 160.92 \times 6.48)\sin 5.71° = 467.40 \text{ kN·m}$$

$$f_a = P/A = 440.96 \times 10^3/1193.7 = 369.41 \text{ N/cm}^2$$

$$f_b = M/W = 467.40 \times 10^5/34548.1 = 1352.90 \text{ N/cm}^2$$

校核Ⅰ:根据 API RP 2A-WSD

$$\beta = kl/r = 2.1 \times 12.95 \times 10^2/42.0 = 64.75$$

$$C_c = (2\pi^2 E/F_y)^{1/2} = (2 \times 3.14^2 \times 207000/315)^{1/2} = 113.83$$

$$C_c > \beta$$

$$F_a = \frac{\left[1 - \frac{1}{2}\left(\frac{\beta}{C_c}\right)^2\right]F_y}{5/3 + \frac{3}{8}\left(\frac{\beta}{C_c}\right) - \frac{1}{8}\left(\frac{\beta}{C_c}\right)^3} = 14216.89 \text{ N/cm}^2$$

$D/t = 1220/32 = 38.125 < 60$

$F_b = 0.66F_y = 20790 \text{ N/cm}^2$

因为:$f_a/F_a = 369.41/14216.89 = 0.03 < 0.15$

所以:$f_a/F_a + f_b/F_b = 0.09 < 1.0$ 满足要求!

校核Ⅱ:根据 API RP 2A-WSD

$f_a + f_b = 1722.31 \text{N/cm}^2 < F_y/2 = 15750 \text{ N/cm}^2$ 满足要求!

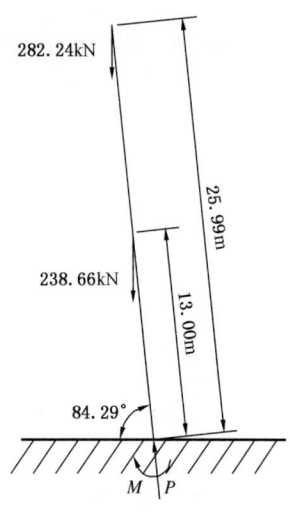

附图 5-18 桩结构自由站立计算简图(5)

2)接桩段

自由站立长度:

$23.593 + 3 - 0.6 = 25.99 \text{ m}$

$P = (282.24 + 238.66)\cos 5.71°$

$= 518.32 \text{ kN}$

$M = (282.24 \times 25.99 + 238.66 \times 13.00)\sin 5.71°$

$= 1038.39 \text{ kN} \cdot \text{m}$

$f_a = P/A = 518.32/1193.7$

$= 434.21 \text{ N/cm}^2$

$f_b = M/W = 1038.39 \times 10^3/34548.1 = 3005.64 \text{ N/cm}^2$

校核Ⅰ:校核打桩过程中的应力

$\beta = kl/r = 2.1 \times 25.99 \times 10^2/42.0 = 129.95$

$C_c = (2\pi^2 E/F_y)^{1/2} = 113.83$

$C_c < \beta$

$F_a = \frac{12\pi^2 E}{23(kl/r)^2} = \frac{12 \times 3.14^2 \times 2.07 \times 10^7}{23 \times 129.95^2} = 6305.66 \text{N/cm}^2$

$D/t = 1220/32 = 38.125 < 60$

$F_b = 0.66F_y = 20790 \text{ N/cm}^2$

因为: $f_a/F_a = 434.21/6305.66 = 0.07 < 0.15$

所以: $f_a/F_a + f_b/F_b = 0.21 < 1.0$ 满足要求!

校核Ⅱ:校核打桩过程中的应力

$f_a + f_b = 3439.85 < F_y/2 = 15750 \text{ N/cm}^2$ 满足要求!

4. 水下桩

自由站立长度:

$70 - 10.7 - 0 = 59.3 \text{ m}$

$$P = 282.24 + 571.38 = 853.62 \text{ kN}$$

$$f_a = P/A = 853.62 \times 10^3/1410.4 = 605.23 \text{ N/cm}^2$$

校核 I：根据 API RP 2A – WSD

$$l/r = 59.3 \times 10^2/41.8 = 141.87 > 120$$

$$k = 1$$

$$\beta = kl/r = 1 \times 59.3 \times 10^2/41.8 = 141.87$$

$$C_c = (2\pi^2 E/F_y)^{1/2} = (2 \times 3.14^2 \times 207000/315)^{1/2} = 113.83$$

$$C_c < \beta$$

$$F_a = \frac{12\pi^2 E}{23(kl/r)^2} = \frac{12 \times 3.14^2 \times 2.07 \times 10^7}{23 \times 141.87^2} = 5290.56 \text{ N/cm}^2$$

$$f_a/F_a = 605.23/5290.56 = 0.11 < 0.15 \qquad 满足要求！$$

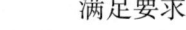

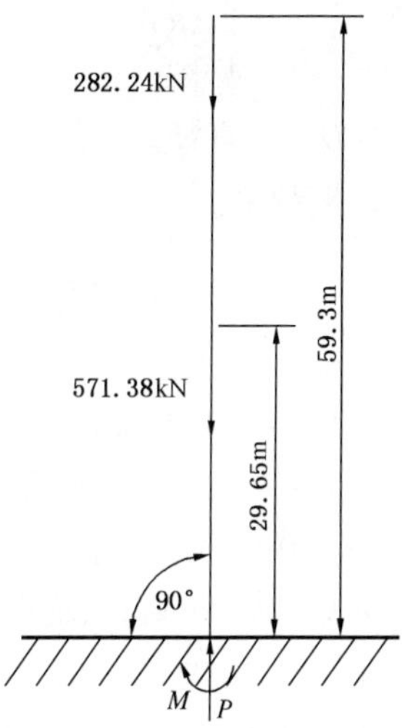

附图 5 – 19　桩结构自由站立计算简图(6)

校核 II：根据 API RP 2A – WSD

$$f_a + f_b = 605.23 \text{ N/cm}^2 < F_y/2 = 15750 \text{ N/cm}^2 \qquad 满足要求！$$

八、涡激振动算例

1. 由风引起的涡激振动

由风引起的涡激振动校核是根据 DNV CN30.5(2000)"Environmental Conditions And Environmental Loads"。

速率：

$$v_r = v/(f_n D)$$

式中　f_n——自振频率；
　　　v——速率；
　　　D——直径。

自振频率：

$$f_n = [f(4.73 - p_i) + p_i]^2 \times \text{SQRT}(EI/m)/(2PI \times L^2)$$

式中　L——长度；
　　　EI——弯曲刚度；
　　　m——单位长度质量。

当 $1.7 < v_r < 3.2$ 且 $K_s \leq 1.8$ 时，可发生沿流向的激振。若无大的集中质量被激励，沿流向的激振一般不会发生。

当 $4.7 < v_r < 8.0$ 时，可能发生横向激励。若无更精确资料，横向激励的稳定性参数 K_s 的上限可取 25。

2. 由流引起的涡激振动

由流引起的涡激振动校核是根据 DNV CN30.5(2000)"Environmental Conditions And Environmental Loads"。

速率：

$$v_r = v/(f_n D)$$

式中 f_n——自振频率；
v——速率；
D——直径。

自振频率：

$$f_n = [f(4.73-p_i)+p_i]^2 \times \mathrm{SQRT}(EI/m)/(2PI \times L^2)$$

式中 L——长度；
EI——弯曲刚度；
m——单位长度质量。

当 $1.0 \leq v_r \leq 3.5$ 且 $K_s \leq 1.8$ 时，沿流向的（平行于流）激振。

如果 $3.0 \leq v_r \leq 16$，横向（与流垂直）激振可能出现，但最大响应出现在 $4.8 \leq v_r \leq 8$ 范围内。

3. 校核结果

由风引起的涡激振动计算结果表明符合规范要求，计算结果见附表5-16。

附表5-16 风引起的涡激振动计算结果

No.	Grp.	D, m	$W.T.$, m	L, m	C	z, m	U_o m/s	$u(z,t)$ m/s	I m^4	m kg/m	f, Hz	v_r, m/s	K_s	Cross-flow Vibration
1	XB1	0.914	0.025	27.476	3.56	14.26	27.70	32.17	6.90×10^{-3}	547.82	2.42	14.54	160.71	OK
2	X11	0.914	0.025	25.278	3.56	14.26	27.70	32.17	6.90×10^{-3}	547.82	2.86	12.31	160.71	OK
3	B04	0.762	0.025	19.600	3.56	20.84	27.70	32.89	3.93×10^{-3}	454.16	3.94	10.94	191.69	OK
4	B03	0.762	0.032	19.600	3.56	20.84	27.70	32.89	4.90×10^{-3}	575.80	3.91	11.04	243.03	OK
5	B02	0.762	0.025	22.200	3.56	20.84	27.70	32.89	3.93×10^{-3}	454.16	3.07	14.04	191.69	OK
6	B10	0.508	0.019	15.021	3.56	20.84	27.70	32.89	8.73×10^{-4}	229.01	4.46	14.53	217.49	OK
7	A04	0.762	0.025	17.800	3.56	29.84	27.70	33.58	3.93×10^{-4}	454.16	4.78	9.21	191.69	OK
8	A03	0.762	0.032	17.800	3.56	29.84	27.70	33.58	4.90×10^{-4}	575.80	4.74	9.30	243.03	OK
9	A02	0.762	0.025	20.400	3.56	29.84	27.70	33.58	3.93×10^{-4}	454.16	3.64	12.10	191.69	OK
10	A10	0.508	0.019	13.764	3.56	29.84	27.70	33.58	8.73×10^{-4}	229.01	5.31	12.45	217.49	OK

由流引起的涡激振动计算结果表明符合规范要求，计算结果见附表5-17。

附表5-17 流引起的涡激振动计算结果

No.	Grp.	D, m	$W.T.$, m	L, m	C	z, m	v_{max} m/s	I m^4	m kg/m	f, Hz	v_r, m/s	K_s	Cross-flow Vibration
1	XB1	0.914	0.025	27.476	2.989	14.26	1.73	6.90×10^{-3}	1203.61	4.29	0.44	56.23	OK
2	X11	0.914	0.025	25.278	2.989	14.26	1.73	6.90×10^{-3}	1203.61	5.07	0.37	56.23	OK
3	B04	0.762	0.025	19.600	2.989	20.84	1.73	3.93×10^{-3}	909.96	7.32	0.31	61.16	OK
4	B03	0.762	0.032	19.600	2.989	20.84	1.73	4.90×10^{-3}	1031.61	7.67	0.30	69.33	OK
5	B02	0.762	0.025	22.200	2.989	20.84	1.73	3.93×10^{-3}	909.96	5.71	0.40	61.16	OK
6	B10	0.508	0.019	15.021	2.989	20.84	1.73	8.73×10^{-4}	431.59	8.53	0.40	65.27	OK
7	A04	0.762	0.025	17.800	2.989	29.84	1.73	3.93×10^{-3}	909.96	8.88	0.26	61.16	OK
8	A03	0.762	0.032	17.800	2.989	29.84	1.73	4.90×10^{-3}	1031.61	9.30	0.24	69.33	OK
9	A02	0.762	0.025	20.400	2.989	29.84	1.73	3.93×10^{-3}	909.96	6.76	0.34	61.16	OK
10	A10	0.508	0.019	13.764	2.989	29.84	1.73	8.73×10^{-4}	431.59	10.16	0.34	65.27	OK
11	RS1	0.508	0.025	5.800	2.989	29.84	1.73	1.11×10^{-4}	500.22	59.89	0.06	75.64	OK

九、冰荷载局部应力算例

1. 概述

为了确定导管架腿壁厚,不仅需要考虑总冰力,还需要考虑局部冰力。作用在圆柱截面杆件上局部冰荷载应力的计算是在总的破碎冰力作用宽度是杆件直径的百分之三十的假定基础上。作用在圆柱截面杆件上的冰力计算是根据 API RP 2N:

$$F = If_C C_x Dt$$

式中　F——破碎冰力,kN；

　　　t——冰厚,cm；

　　　D——孤立柱直径或者是堵塞冰区结构的宽度,cm；

　　　C_x——冰轴向压应力,N/cm²；

　　　I——不规则系数；

　　　f_C——接触系数。

对于非堵塞冰条件:

$$I = (1 + 5t/D)0.5, f_C = 3.57t^{0.1}/(I\,D^{0.5})$$

考虑两种工况,第一种为叠冰,第二种为层冰。考虑层冰的原因是层冰具有较高的轴向压应力。冰的参数见附表 5 – 18:

附表 5 – 18　冰的参数

冰	厚度,cm	C_x,N/cm²
叠冰	55	173
层冰	37	210

2. 叠冰应力校核

1)弯曲应力校核

叠冰力 F_C 计算如下:

$$F_C = 3.57 C_x D^{0.5} t^{1.1} = 3.57 \times 173 \times 135.94^{0.5} \times 55^{1.1} = 591.3 \text{ kN}$$

简化的结构模型如附图 5 – 20 所示。

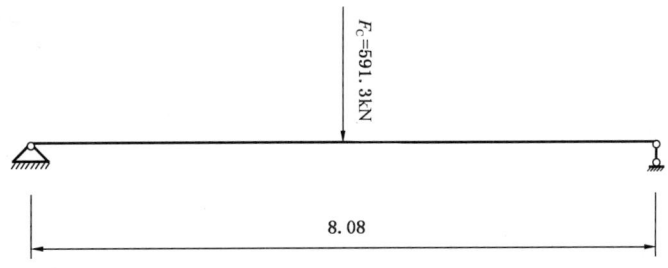

附图 5 – 20　冰荷载局部应力计算简图(1)

2)最大的弯矩

最大的弯矩是:

$$M_{max} = F_C L/4 = 591.3 \times 8.08/4 = 1194.4 \text{ kN} \cdot \text{m}$$

采用导管架腿的截面特性:$\phi 135.94 \times 3.2\,\text{cm}$。

考虑截面腐蚀余量 6.0mm 和冰蚀余量 2.0mm($134.34\,\text{cm} \times 2.4\,\text{cm}$)。

$$Z = 32238\ \text{cm}^3$$

$$f_b = M_{max}/Z = 3.70\ \text{kN/cm}^2$$

$$F_b = 0.6F_y = 0.6 \times 34.5 = 20.70\ \text{kN/cm}^2$$

$$U.C = f_b/F_b$$

$$= 3.70/20.70 = 0.18 < 1.0 \quad 满足要求!$$

3)环向应力校核

局部均布荷载 q 计算如下:

$$q = F_c/t(0.3D_1)$$

$$= 591.3/55(0.3 \times 134.34)$$

$$= 0.267\ \text{kN/cm}^2$$

式中 D_1——考虑截面腐蚀余量的导管架腿柱直径。

环向 1cm 高的分布荷载是:

$$q = 0.267\ \text{kN/cm}$$

腿和桩的截面如附图 5-21 所示。

截面特性见附表 5-19。

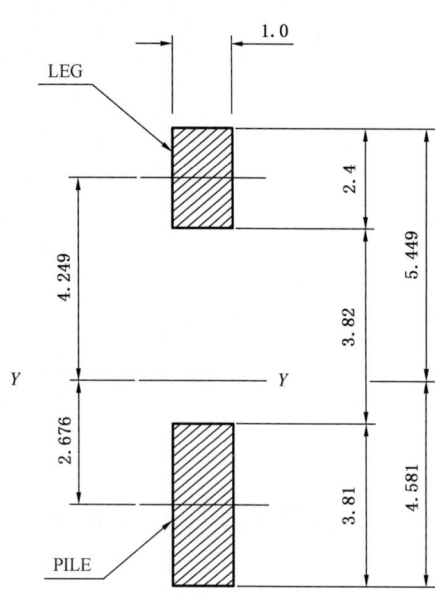

附图 5-21 冰荷载局部应力计算简图(2)

附表 5-19 截面特性

	直径,cm	壁厚,cm	F_y
腿	134.34	2.4	34.5
桩	121.9	3.81	34.5

$$w = 14.02\ \text{cm}^3$$

环的弯距计算采用下面的公式:

$$M = krp$$

其中:

$p = 2rq\sin\phi_0$

$r = D/2 = 135.94/2 = 67.97\ \text{cm}$

$q = 0.267\ \text{kN/cm}$

$\sin\phi_0 = 0.3$

$p = 2 \times 67.97 \times 0.267 \times 0.3 = 10.89\ \text{kN}$

$k_{max} = 0.175$

$M_{max} = 0.175 \times 67.97 \times 10.89 = 129.53\ \text{kN}\cdot\text{cm}$

$f_b = M_{max}/w = 129.53/14.02 = 9.239\ \text{kN/cm}^2 < F_b$

$F_b = 0.6F_y = 20.70\ \text{kN/cm}^2 \quad 满足要求!$

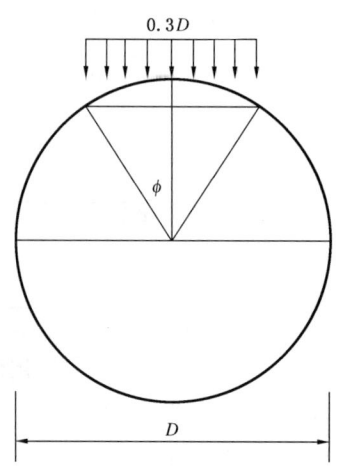

附图 5-22 冰荷载局部应力计算简图(3)

3. 层冰应力校核

1）弯曲应力校核

层冰力 F_C 计算如下：

$$F_C = 3.57 C_x D^{0.5} t^{1.1} = 3.57 \times 210 \times 135.94^{0.5} \times 37^{1.1} = 464.1 \text{ kN}$$

因为总的层冰力比叠冰力小，所以就不必进行层冰的弯曲应力校核。腿和桩在层冰和叠冰弯曲应力作用下安全。

2）环向应力校核

局部均布荷载 q 计算如下：

$$q = F_C/t(0.3 D_1) = 464.1/37(0.3 \times 134.34) = 0.311 \text{ kN/cm}^2$$

式中　D_1——考虑截面腐蚀余量的导管架腿柱直径。

环向 1cm 高的分布荷载是：

$$q = 0.311 \text{ kN/cm}$$

环的弯距计算采用下面的公式：

$$M = krp$$

其中：

$$p = 2rq\sin\phi_0$$

$$r = D/2 = 135.94/2 = 67.97 \text{ cm}$$

$$q = 0.311 \text{ kN/cm}$$

$$\sin\phi_0 = 0.3$$

$$p = 2 \times 67.97 \times 0.311 \times 0.3 = 12.68 \text{ kN}$$

$$k_{max} = 0.175$$

$$M_{max} = 0.175 \times 67.97 \times 12.68 = 150.83 \text{ kN} \cdot \text{cm}$$

$$f_b = M_{max}/w = 10.76 \text{ kN/cm}^2 < F_b$$

$$F_b = 0.6 F_y = 20.70 \text{ kN/cm}^2 \qquad 满足要求！$$

附录一 《概念设计、基本设计、详细设计技术文件典型目录》

表格目录

- 表1 总体专业(略)
- 表2 工艺专业(略)
- 表3 安全消防(略)
- 表4 机械设备(略)
- 表5 电气(略)
- 表6 仪表(略)
- 表7 配管(略)
- **表8 结构**
- **表9 浮体及舾装**
- 表10 海底管线(略)
- 表11 通信(略)
- **表12 防腐**
- 表13 环境保护(略)
- 表14 安全评价(略)
- 表15 职业卫生(略)
- 表16 工程经济(略)

注：欲看全部表格，请参见第一册《海洋石油工程设计概论与工艺设计》附录一。

表8　结　构

序号	图纸及技术文件名称		概念设计	基本设计	详细设计
8	图纸文件目录		○	○	○
8.1	规格书				
	(1)结构设计规格书			○	○
	(2)结构材料规格书			○	○
	(3)结构制造规格书			○	○
	(4)安装规格书			○	○
8.2	设计报告				
	(1)在位静力分析		○	○	○
	(2)地震分析			○	○
	(3)疲劳分析			○	○
	(4)吊装分析			○	○
	(5)装船分析			○	○
	(6)拖航分析			○	○
	(7)导管架下水分析			○	○
	(8)导管架扶正分析			○	○
	(9)导管架就位分析			○	○
	(10)导管架座底稳定性分析			○	○
	(11)打桩分析			○	○
	(12)重量控制报告			○	○
8.3	导管架、图纸与料表				
	(1)导管架结构图纸				
		• 平、立面图	○	○	○
		• 节点详图			○
		• 桩分段图		○	○
		• 注水灌浆管线图			○
		• 桩—套管连接图			○
		• 防撞结构图		○	○
		• 靠船构件图		○	○
		• 隔水套管分段图		○	○
		• 防沉板图			○
		• 走道及斜梯图			○
		• 隔水导管支撑结构图			○
		• 吊装布置和吊耳结构图		○	○
	(2)材料表			○	○
8.4	组块图纸与料表				
	(1)组块结构图				
		• 甲板平、立面图	○	○	○
		• 直升机甲板平、立面图		○	○
		• 吊机底座、支座图			○
		• 斜梯、扶手栏杆图			○
		• 典型节点图		○	○
		• 生活楼工作间平、立面图		○	○
		• 防火墙结构图			○
		• 挡风墙结构图			○
		• 吊装布置和吊耳结构图		○	○
	(2)材料表			○	○

续表

序号	图纸及技术文件名称	概念设计	基本设计	详细设计
8.5	FPSU 工艺模块及火炬塔结构图			
	(1) 各模块平、立、剖面图	○	○	○
	(2) 节点详图			○
	(3) 管架图			○
	(4) 其他			○

表9 浮体及舾装

序号	图纸及技术文件名称	概念设计	基本设计	详细设计
9	图纸文件目录	○	○	○
9.1	船舶(或浮体)结构			
	(1) 规格书			
	• 船舶(或浮体)技术规格书	○	○	○
	• 焊接规格书			○
	• 倾斜试验及航行试验大纲			○
	• 密性试验大纲			○
	(2) 计算书			
	• 浮体主尺度的论证及确定	○	○	
	• 重量重心计算书	○	○	○
	• 各种性能计算书(静水力、舱容、装载及稳性、载重线、干舷、吨位、航速等)	○ 仅作静水力、舱容	○	○
	• 总纵强度及局部结构强度计算书		○	○
	• 浮体的运动性能分析计算		○	○
	• 海上结构物驳运/自浮拖航运动性能及稳性分析计算	○	○	○
	(3) 图纸			
	• 总布置图与主尺度	○	○	○
	• 线型图及型值表		○	○
	• 各种液舱容积图(表)	○	○	○
	• 干舷图		○	○
	• 吃水及载重线标志图		○	○
	• 舯剖面结构图	○	○	○
	• 基本结构图和分段结构图		○	○
	• 外板展开图		○	○
	• 大型旋转设备基座			○
	• 材料清单		○	○
9.2	系泊系统			
	(1) 规格书			
	• 系泊系统技术规格书	○	○	○
	• 海上安装及解脱大纲			○
	• 维护检修大纲			○
	(2) 计算书			
	• 系泊系统方案论证及选择	○	○	
	• 环境载荷与系泊力计算书	○	○	○
	• 系泊缆、锚、万向绞接器等强度计算书		○	○
	• 旋转轴承的强度与疲劳计算书		○	○

续表

序号	图纸及技术文件名称	概念设计	基本设计	详细设计
9.2	(3)图纸			
	• 系泊系统布置图	○	○	○
	• 各种旋转接头装配图		○	○
	• 各系泊部件及设备清单		○	○
9.3	船舶(或浮体)舾装文件与图纸			
	(1)规格书			
	• 各种舾装设备技术规格书		○	○
	(2)图纸			
	• 锚泊、系泊和拖曳设备布置图	○	○	○
	• 舵系统布置及安装图	○	○	○
	• 舱面属具(门、窗、梯、盖)布置及安装图		○	○
	• 扶手栏杆布置图		○	○
	• 救生艇、筏等救生设备布置及安装图		○	○
	• 生活区布置图	○	○	○
	• 防火结构设计图		○	○
	• 舱室保温、隔音、绝缘、装饰设计图		○	○
	• 地板敷料布置图		○	○
	• 居住舱室及工作间设备布置及安装图		○	○
	• 直升飞机甲板滑网、系留、风标等布置图			○
	• 公用设施供应品清单			○
	• 材料、标准件、通用件清单			○

表12 防 腐

序号	图纸及技术文件名称	概念设计	基本设计	详细设计
12	图纸文件目录	○	○	○
12.1	防腐蚀报告	○	○	○
12.2	海底管线			
	(1)涂装设计规格书		○	○
	(2)涂层材料表			○
	(3)阴极保护设计规格书			○
	(4)阴极保护设计计算书①	○	○	○
	(5)阳极块制造与检验规格书		○	○
	(6)阳极块材料表			○
	(7)绝缘胶带材料表			○
	(8)绝缘胶垫片图及料表			○
	(9)缓蚀剂设计规格书		○	○
	(10)缓蚀剂材料表			○
	(11)阳极块结构图		○	○
	(12)阳极块配置图		○	○

续表

序号	图纸及技术文件名称	概念设计	基本设计	详细设计
12.3	导管架及其他基础设施			
	(1)涂装设计规格书			○
	(2)涂层材料表		○	○
	(3)阴极保护设计规格书		○	○
	(4)阴极保护设计计算书①	○	○	○
	(5)阳极块制造与检验规格书		○	○
	(6)阳极块材料表			○
	(7)阳极块结构图			○
	(8)阳极块配置图			○
12.4	地面设施			
	(1)组块涂装保护规格书		○	○
	(2)生活住房涂装保护规格书		○	○
	(3)涂层材料表			○
	(4)海(污)水罐阴极保护规格书			○
	(5)海(污)水罐阴极保护计算书①			○
	(6)海(污)水罐阳极块制造检验规格书			○
	(7)阳极块材料表			○
	(8)阳极块结构图			○
	(9)阳极块配置图			○
	(10)直升机甲板着陆标志图			○

① 内部文件。